园艺作物

绿色高质高效技术模式

YUANYI ZUOWU
LüSE GAOZHI GAOXIAO JISHU MOSHI

农业农村部种植业管理司
全国农业技术推广服务中心　组编

中国农业出版社
农村读物出版社
北　京

图书在版编目（CIP）数据

园艺作物绿色高质高效技术模式 / 农业农村部种植业管理司，全国农业技术推广服务中心组编．—北京：中国农业出版社，2020.3

ISBN 978-7-109-26569-1

Ⅰ.①园… Ⅱ.①农… ②全… Ⅲ.①园艺作物—栽培技术 Ⅳ.①S6

中国版本图书馆 CIP 数据核字（2020）第 026148 号

中国农业出版社出版

地址：北京市朝阳区麦子店街 18 号楼

邮编：100125

责任编辑：王琦瑢

版式设计：杜 然　　责任校对：赵 硕

印刷：中农印务有限公司

版次：2020 年 3 月第 1 版

印次：2020 年 3 月北京第 1 次印刷

发行：新华书店北京发行所

开本：787mm×1092mm　1/16

印张：13.25

字数：300 千字

定价：68.00 元

主　编　王　戈　杨礼胜

副主编　李　莉　李增裕

编委会（按姓氏笔画排序）

马　平　王　林　王　晨　王　睿　王玮玮

王和阳　王娟娟　毛妃凤　旦　增　白晨辉

吕　涛　许靖波　孙跃武　李　岩　李　婧

李珍珍　肖　勇　吴传秀　余　平　狄政敏

冷　杨　汪　洋　张春祥　张香萍　张称心

高文胜　郭　飞　郭　兰　蒋靖怡　韩富任

景　慧　谢　洁　霍国琴

前·言

我国是园艺产品生产和消费大国，水果、蔬菜、茶叶等园艺作物面积、产量均居世界第一位。随着农业供给侧结构性改革的深入推进，人民群众对园艺产品的品种类型、风味口感、质量安全等方面的要求日益提高，对园艺产业绿色高质量发展提出新的更高要求。

园艺作物绿色高质高效行动是新时期贯彻落实新发展理念，推进园艺产业转型升级，促进高质量发展的重大举措。通过项目实施，各地紧紧围绕绿色兴农、质量兴农、品牌强农，聚焦提高产业质量和效益，立足技术集成和模式创新，突出肥药双减、质效双增、绿色发展，集成“全环节”绿色高效技术，构建“全过程”社会化服务体系，打造“全链条”产业融合模式样板，带动“全县域”农业绿色发展，取得显著成效。

农业农村部种植业管理司、全国农业技术推广服务中心组织专家征集遴选了各地近年来在推进绿色高质高效行动中集成的好模式、建立的好机制、总结的好经验，编撰成书。本书主要由各级农业农村部门管理、技术推广机构的专家编写而成，内容丰富、数据翔实、通俗易懂、简便易行，可供各级农业农村相关部门管理人员、农技人员和新型经营主体学习参考。本书得到了各级农业农村部门、技术推广部门人员的大力支持，在此表示衷心感谢！由于时间紧迫，水平有限，书中不足和不妥之处在所难免，恳请读者、同行和专家批评指正。

编　者

2019年12月

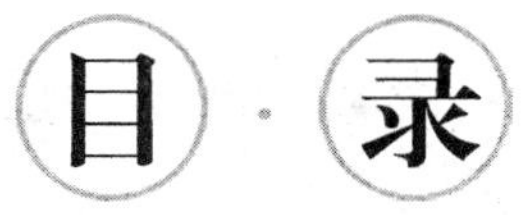

目录

第二部分

第一部分

第一章 北京市绿色高质高效技术模式

林下栗蘑绿色高效生产技术

一、技术概况

在栗蘑绿色生产过程中，推广应用依据栗蘑生长需要的营养，科学合理的搭配原材料，采用绿色安全的制袋工艺及生产流程，生产全程应用物理阻隔与合理化学诱杀的病虫害综合防治措施。重点推广使用制袋、发菌空间气体熏蒸消毒，覆土及出菇场所石灰消毒、药剂诱杀结合的病虫害防治技术。合理安排生产季节，利用温度、湿度、光照、通风等环境调控来抑制病虫害的发生，达到生态环保安全生产，促造农业增产、农民增收。它的实施有利于提高栗蘑绿色生产水平，有利于保障农产品的质量安全。

二、技术效果

合理配方＋物理阻隔＋药剂诱杀＋环境调控。通过紫外线、气体熏蒸对制袋接种、发菌场所的消毒处理能高效抑制菌袋的污染率在5%以内；石灰及消毒药剂对出菇场所及覆土消毒处理能有效抑制出菇期杂菌的污染率在1%以内；通过出菇小拱棚内环境的调控抑制出菇期畸形菇、烂菇等；通过药剂诱杀、黄板诱捕可以抑制虫害的发生，降低农药的使用量。此技术的综合应用能降低农药使用的70%，降低成本10%，农产品合格率达到100%。

三、技术路线

指导示范区选用主推高产品种，健康优良菌袋，科学合理应用各项栽培技术，减少农药使用，绿色高效生产。

1. 科学栽培

（1）品种选择：选用适合本地区栽培的优良高产品种。如迁西3号、3303等栗蘑品种。

（2）合理选择原材料配方，制作优良菌袋。

配方：结合当地资源选用以栗树木屑、棉籽壳（中壳中绒）为主的配方。

制袋：选择低温季节制袋。采用高压灭菌，空间采用必洁仕气雾熏蒸消毒接种发菌。发满菌后，后熟2周下地覆土栽培。

(3) 田间栽培及管理。

① 栽培季节：栗蘑属中高温食用菌，各地需根据气候条件合理安排生产。仿野生栽培栗蘑的适宜出菇期在5月上旬至10月上旬。栗蘑脱袋覆土的时间掌握5厘米地温10℃左右为最佳。

② 场地：除盐、碱地外，一般土壤均可作为栽培栗蘑的场地，但是不同土壤栽培栗蘑的产量会有差异。场地要求水源充足、交通方便、通风良好、远离畜禽养殖场、利于排水，土质要求持水性好并具团粒结构，以沙壤土为好。

③ 挖畦：在场地挖成东西走向的长宽2米×0.5米小畦。在畦四周打土埂，以便挡水。

④ 脱袋覆土浇水：脱掉栗蘑菌袋，直立靠紧摆入畦床内，覆土1.5～3厘米，浇一次透水，等水下渗后，进行二次覆土。

⑤ 包护帮、搭拱棚：包护帮，将畦四周土埂用薄膜包好。搭拱棚，拱棚有两种：拱型和坡型，高度为30～70厘米。拱棚上加盖塑料布，在塑料布加盖草帘子，以遮阳、隔热、降温，拱棚的两端要留有通风孔。

⑥ 装微喷：在畦地里安装微喷装置。

⑦ 出菇管理：俗话说三分种七分管。精细的管理是栗蘑优质、高产的关键。根据栗蘑生理特性，协调温度、湿度、光照、气体“四大要素”进行科学管理。

出菇前阶段：控制好温度和湿度，此管理阶段覆土层不干不喷，每2～3天喷水1次，喷水量为每2～3千克/米^2，棚室湿度控制在75%左右，每次通风半小时左右，通风口不宜过大。

出菇后管理：温度一般控制在22～28℃，最高不要超过30℃。湿度，一般控制在85%～90%。通风，菇体开始分化后，要增大通风量，保持棚内空气清新无异味。处理好通风与温度的关系，一般以增加通风次数，缩短单次通风时间为原则。光照，栗蘑生长需要较强的散射光，避免直射光照射到菇体上。总之，要正确处理好温、光、水、气的关系，根据栗蘑的不同生长阶段，创造适宜栗蘑的最佳生长环境，生产优质菇，提高经济效益。

(4) 采收：当子实体背面出现菌孔时，即可采摘了，采收过早产量低，过晚菇质纤维化，味淡口感差。采收方法：两手平伸插到栗蘑底部，用力向一侧抬起，及时用小刀清理菇根及泥沙，保持菇体的洁净完整。

2. 病虫害防治

(1) 栗蘑病害。

① 生理性病害：小老菇、鹿角菇和空心菇。

② 真菌性病害：木霉、青霉、毛霉或根霉、红色脉孢霉等真菌感染培养料或菇体。

③ 细菌性病害：细菌性腐烂病。

(2) 栗蘑虫害：有跳虫、血线虫、菇蛆、蛞蝓和鼠妇等的危害。

(3) 栗蘑病虫害以预防为主。病害采取温度、湿度、光照、空气四大因素的协调，使其达到栗蘑生长的最佳条件，避免病害发生。虫害防治，在栽培畦四周撒放杀虫剂，通风口加盖防虫网，棚内挂黄板的措施预防诱捕诱杀。

四、效益分析

1. 经济效益 林下栗蘑绿色高效生产技术应用，可以提高产品的商品率10%，节水30%以上，省工30%，每亩*增产鲜菇50千克，按市场销售价格20元/千克计算，每亩增收1 000元以上。

2. 生态、社会效益 出完菇的菌糠有较高的含氮量，纤维组织被分解、成为优质的有机肥。出菇结束后，将其就地混入耕作层，可明显提高有机质，改善土壤结构，增加土壤的透气性和保肥能力，变废为宝，对生态环境可起到生态平衡良性循环的作用。如果利用的是果树林下栽培栗磨可使当年果子增加20%的产量，因此发展前景广阔。

五、适宜地区

北方经济林、平原绿化造林等林地。

（吴尚军）

* 亩为非法定计量单位，15亩=1公顷，下同。——编者注

林下栗蘑绿色高效生产技术模式

项目		2月	3月	4月	5月	6月	7月	8月	9月	10月
生育期	夏茬	菌种繁育、菌袋制作			入地覆土	收获期				
措施		选择优良品种、科学制袋			配套微喷、消毒、诱杀等栽培技术		控温、保湿、通风、遮（补）光			
技术路线		选种：选择迁西 3 号、3303 等优良品种 合理选择原材料配方，制作优良菌袋：配方，根据原材料价格，选用以栗蘑木屑、棉籽壳为主的配方，棉籽壳以中壳中绒为宜。制袋，选择低温季节制袋。采用高压灭菌，空间采用必洁仕气雾熏蒸消毒接种发菌。发满菌后，后熟 2 周下地覆土栽培 栽培及管理：选择早春及时入地栽培；安装小拱棚、微喷等配套设施；出菇前、中、后期的环境调控管理；病虫害的综合防治；适时采收 产品的加工包装销售：采收的子实体削除菇根、杂质；存放在专用的包装盒或容器内；及时鲜品销售或 4 ℃冷库短时保存；也可以撕条后晾（烘）干存入密封的塑料袋内贮存								
适宜地区		北方经济林、平原绿化造林等林地								
经济效益		林下栗蘑绿色高效生产技术应用，可以提高产品的商品率10%，节水30%以上，省工30%，每亩增产鲜菇50千克，按市场销售价格20元/千克计算，每亩增收1 000元以上								

第二章 天津市绿色高质高效技术模式

露地辣椒绿色高质高效栽培技术

一、技术概况

在露地辣椒上应用集约化育苗移栽、水肥一体化、辣椒专用肥、病虫害绿色防控等技术，增强病虫害抵抗力和丰产能力，提高辣椒产量和品质。

二、技术效果

实现露地辣椒灌水、施肥、用药等一体化管理，产量提高10%以上，比传统沟灌冲施肥要节水、节肥40%以上，比传统栽培要节省农药8%和省工40%以上，农产品合格率达100%。

三、技术路线

1. 科学栽培

（1）选择优良品种：津蕴3号、红宝、津红2号等露地辣椒品种。

（2）集约化育苗移栽。

① 穴盘选择：塑料穴盘规格为54厘米×28厘米，有72孔和105孔。新穴盘可以直接使用；旧穴盘需先清洗晾干，用1 000倍液高锰酸钾浸泡消毒处理后，再用水清洗后晾干。

② 基质选择：选用德国进口草炭，辅以蛭石、珍珠岩。夏季育苗基质配比按草炭∶蛭石∶珍珠岩（6∶2∶2）混合；冬季育苗基质配比按草炭∶蛭石∶珍珠岩（6∶3∶1）混合。混合均匀后喷水至含水量达到60%，随水加杀菌剂多菌灵进行除菌。

③ 苗期管理：苗期温度白天在26～28 ℃，晚上在15～16 ℃。给秧苗充足光照，中午温度过高时适当遮阳降温。移苗后第二天晴天上午施肥。每次施肥间隔3～5天，如发生穴盘四周苗子缺水，及时补水，如发现大面积萎蔫，第二天补浇肥。秧苗生长中后期，可通过控制水分、降低温度等方法来控制秧苗高度，培育壮苗；也可以叶面喷施磷酸二氢钾500～1 000倍液2～3次。定植前7～8天逐渐降低环境温度和基质含水量进行炼苗。

④ 移栽：育苗移栽一般在4月下旬到5月上旬定植，选择植株健壮无病虫植株，一般4～5片叶。移栽时尽量少伤根，晴天定植。栽后立即浇定植水，隔5～7天浇缓苗水，水后中耕、蹲苗。

（3）增施有机肥：可选自然界腐熟的有机肥，也可选商品有机肥，并配合其他肥料。深耕后，将有机肥作底肥一次性深施或盖入土里。每亩增施有机肥 1～2 吨，减少化肥用量 10%。

（4）起垄覆膜一体机：应用深松旋耕机深翻土壤，应用起垄覆膜一体机进行起垄作业，达到轻简化栽培的目的。

（5）水肥一体化：根据作物的长势判断施肥浇水时间及用量。

① 系统设备及水源设置：设备主要包括过滤器、施肥器、阀门控制装置。自来水供水的出水口在温室中部为最佳；无自来水的温室，设置蓄水池或贮水桶，水位高于灌溉地面 1 米。

② 露地辣椒水分管理：缓苗期灌水定额 10～12 吨/亩；中耕蹲苗至门椒膨大，视情况滴水一次或不滴水，灌水定额 10 吨/亩；以后根据自然环境情况 5～7 天滴水一次，滴水 2～3 次，每次灌水定额 10～12 吨/亩。

③ 肥料管理：施商品有机肥 1 吨/亩、过磷酸钙 50 千克/亩、复合肥 30 千克/亩、磷酸氢二铵 10 千克/亩，微量元素肥料 1 千克/亩，混匀后翻施到 25 厘米耕层内。追肥以水溶肥料为主，7～10 天随水给肥一次，每次施肥 4～6 千克/亩，整个生育期追肥 6～7 次。

④ 系统维护：灌溉结束后及时清洗过滤器，施肥罐底部的残渣要经常清理。在灌溉季节，定时将滴灌管尾部敞开，冲出污物。

2. 病虫害绿色防控

（1）农业生态调控：推广抗病虫品种、优化作物布局、培育健康种苗、改善水肥管理等健康栽培措施。

（2）生物防治：示范植物源农药、农用抗生素、植物诱抗剂等生物生化制剂应用技术。定植后，选用赤·引乙·芸薹素内酯 2 000 倍液喷施，调节辣椒生长，尤其是在低温天气使用，增加植株抗逆性。生长后期，临近采摘期炭疽病发病重的地块，应用植物源仿生型杀菌剂乙蒜素。

（3）物理防治：推广性引诱剂、诱虫板（黄板、蓝板）防治蔬菜等农作物害虫。性引诱剂应用，成虫扬飞前，将信息素诱芯及配套诱捕器悬挂于田间，高出蔬菜 10～15 厘米为宜，每亩放置 3 套。诱虫板应用，在田间张挂黄、蓝诱虫板，每亩悬挂 30～40 张，悬挂于距离作物上部 15～20 厘米处，随作物生长高度不断调整诱虫板的高度。

（4）化学防治。

① 防治疫病：发现中心病株即刻拔除，并对病株周围植株进行根茎喷施，病害严重时，整块地均需进行根茎喷施，推荐药剂：银法利、增威赢绿、双炔酰菌胺（瑞凡）。

② 防治炭疽病：温度高湿度大的炭疽病高发期，雨后加喷一次药剂。为减缓抗药性，轮换应用不同类型的防治药剂：45%咪鲜胺水乳剂、苯醚甲环唑、75%肟菌酯·戊唑醇水分散粒剂（拿敌稳）+甲基硫菌灵。

四、效益分析

1. 经济效益分析 提高鲜椒产量 10%以上，每亩节本增效 1 750 元。

2. 生态、社会效益分析 降低人工，减少用药量，提高水肥效率，增产增收，促进环境友好。

五、适宜地区

适宜华北地区露地加工型辣椒栽培种植区。

（王睿）

露地辣椒绿色高质高效栽培技术模式

<table>
<tr><td colspan="2" rowspan="2">项　目</td><td colspan="3">2月</td><td colspan="3">3月</td><td colspan="3">4月</td><td colspan="3">5月</td><td colspan="3">6月</td><td colspan="3">7月</td><td colspan="3">8月</td><td colspan="3">9月</td><td colspan="3">10月</td></tr>
<tr><td>上</td><td>中</td><td>下</td><td>上</td><td>中</td><td>下</td><td>上</td><td>中</td><td>下</td><td>上</td><td>中</td><td>下</td><td>上</td><td>中</td><td>下</td><td>上</td><td>中</td><td>下</td><td>上</td><td>中</td><td>下</td><td>上</td><td>中</td><td>下</td><td>上</td><td>中</td><td>下</td></tr>
<tr><td>生育期</td><td>露地种植</td><td colspan="4"></td><td colspan="3">播种</td><td colspan="5">苗期</td><td colspan="6">开花结果期</td><td colspan="7">收获期</td><td></td><td></td></tr>
<tr><td colspan="2" rowspan="4">措施</td><td colspan="7">优良品种选择</td><td colspan="20">水肥一体化</td></tr>
<tr><td colspan="4"></td><td colspan="6">集约化育苗移栽</td><td colspan="15">病虫害绿色防控</td><td></td><td></td></tr>
<tr><td colspan="4"></td><td colspan="6">增施有机肥</td><td colspan="15"></td><td></td><td></td></tr>
<tr><td colspan="4"></td><td colspan="6">起垄覆膜一体机</td><td colspan="15"></td><td></td><td></td></tr>
<tr><td colspan="2">技术路线</td><td colspan="27">选择优良品种：津蕴3号、红宝、津红2号等露地辣椒品种
集约化育苗移栽技术：①穴盘规格主要为54厘米×28厘米，72孔或105孔，旧穴盘需消毒处理后再使用；②基质选择与配比，夏季育苗基质配比按草炭：蛭石：珍珠岩（6：2：2）混合，冬季配比按6：3：1混合；③苗期管理。苗期温度白天在26～28℃，晚上在15～16℃。每次施肥间隔3～5天。定植前7～8天逐渐降低环境温度和基质含水量进行练苗；④移栽。育苗移栽一般在4月下旬到5月上旬定植。晴天定植，栽后浇定植水
增施有机肥技术：作底肥一次性深施，每亩增施有机肥1～2吨
起垄覆膜一体机：应用深松旋耕机深翻土壤，起垄覆膜一体机进行起垄作业
水肥一体化技术：①定植至拉秧生育期180天左右，滴水5～6次，总灌水量50～60吨/亩；②施商品有机肥1吨/亩、过磷酸钙50千克/亩、复合肥30千克/亩、磷酸氢二铵10千克/亩，微量元素肥料1千克/亩，混匀后翻施到25厘米耕层内。追肥以水溶肥料为主，7～10天随水给肥一次，每次施肥4～6千克/亩，整个生育期追肥6～7次
病虫害绿色防控技术：①农业生态调控，推广抗病虫品种、改善水肥管理等健康栽培措施；②生物防治，定植后，选用赤·引乙·芸薹素内酯2 000倍液喷施，调节辣椒生长。生长后期，临近采摘期炭疽病发病重的地块，应用乙蒜素；③物理防治，将信息素诱芯及配套诱捕器悬挂于田间，高出蔬菜10～15厘米为宜，放置3套/亩。在田间张挂黄、蓝诱虫板，每亩悬挂30～40张，悬挂于距离作物上部15～20厘米处；④化学防治，防治疫病，银法利、增威赢绿、双炔酰菌胺（瑞凡）。防治炭疽病：45%咪鲜胺水乳剂、苯醚甲环唑、75%肟菌酯·戊唑醇水分散粒剂（拿敌稳）＋甲基硫菌灵</td></tr>
<tr><td colspan="2">适宜地区</td><td colspan="27">适宜华北地区露地加工型辣椒栽培种植区</td></tr>
<tr><td colspan="2">经济效益</td><td colspan="27">提高鲜椒产量10%以上，节约水、肥、药和人力成本，每亩节本增效1 750元</td></tr>
</table>

第三章

河北省绿色高质高效技术模式

青县大棚羊角脆甜瓜优质高效集成栽培技术

一、技术概况

在大棚羊角脆甜瓜栽培过程中，推广应用大棚多膜覆盖、集约化育苗、嫁接（贴接）、绿色防控、棚内农机具、瓜秧粉碎沤肥、土壤生物活化等技术。从而有效调控羊角脆甜瓜健康生长，保障羊角脆甜瓜质量安全和农业生态环境安全，促进农业增产、农民增收。栽培技术的综合应用有利于提高羊角脆甜瓜的绿色高效生产水平，保障农产品安全和环境安全。

二、技术效果

通过推广多膜覆盖、集约化育苗、嫁接、绿色防控等技术，羊角脆甜瓜可提早定植20～25天，产量可提高10%以上，减少投入和用工成本30%。

三、技术路线

引进选用优质、高产、抗病品种，采用集约化育苗，培育健康种苗，采用熊蜂授粉、丽蚜小蜂防治技术，提高青县羊角脆甜瓜的品质和市场占有率。采取嫁接技术、土壤生物活化技术、绿色防控技术等措施，提高羊角脆甜瓜的丰产能力，增强对病、虫、杂草的抵抗力，改善羊角脆甜瓜的生长环境，减轻病虫害的发生。

1. 科学栽培

（1）选择优良品种：羊角脆甜瓜选用符合市场需求、品质优良、丰产性好、抗逆性强、品质优的品种；砧木选择甜瓜专用嫁接品种。

（2）嫁接育苗。

① 嫁接方法：采用贴接法，当南瓜幼苗两片子叶展平能看见1片真叶，羊角脆2片真叶1心时进行嫁接。选择晴天嫁接。嫁接时，南瓜砧木子叶基部斜向下呈35°角切一刀，去掉生长点，只剩1片子叶；选用与砧木大小相近的接穗，然后在子叶下1厘米处由上向下呈30°角斜着切断，切口长度与砧木切口相同，然后将切好的接穗苗切口与砧木苗切口对准，贴合在一起，用嫁接夹夹牢贴接口。

② 嫁接后管理：嫁接好的羊角脆苗立即放入小拱棚内，嫁接后1～3天是形成愈合组织交错结合期，床温白天控制在25～28 ℃，夜间保持在20 ℃左右；空气相对湿度达到

95%以上；为防止阳光直射萎蔫，一定要用草帘、遮阳网等进行遮光。3天后可在早晨、傍晚除去覆盖物，接受弱光、散光，以后逐渐增加透光时间。7天后只在上午10点至下午2点，这段时间内遮光，10天后嫁接苗长出新叶，幼苗不再萎蔫时，撤除覆盖物，恢复正常苗期管理。

（3）壮苗标准：苗龄45～50天，嫁接苗长到3叶1心，茎秆粗壮、子叶完整、叶色浓绿、生长健壮，根系紧紧缠绕基质，嫩白密集，形成完整根坨，不散坨；无黄叶，无病虫害；整盘苗整齐一致。

（4）定植。

① 整地施肥：一般每亩施优质腐熟粪肥5 000千克、硫基平衡复合肥50千克、生物菌肥80～120千克、微量元素钙镁硼锌铁2千克。造足底墒，基肥撒施后，深翻地30～40厘米，混匀、耙平，按行距100厘米作畦。

② 扣棚膜挂天幕：早春大棚采用“多膜覆盖”（即大棚膜＋天幕＋天幕＋小拱棚），比单膜大棚可提早定植20天以上。定植前20天扣大棚膜，提高地温。定植前5～7天挂天幕2层，间隔15～30厘米，选用流滴地膜。

③ 适期定植：一般在2月下旬至3月上旬，大棚内10厘米地温连续3天稳定在12℃以上时，选择晴天上午进行定植。苗子在定植前1天用75%百菌清可湿性粉剂600倍液喷雾杀菌。按行距1米在畦中间开沟，浇定植水，待水渗至一半时按株距30厘米左右放苗，每亩定植2 000株左右。定植后2个畦扣1小拱棚，选用流滴地膜。

（5）定植后田间管理。

① 环境调控：刚定植后，地温较低，应保持大棚密闭，即使短时气温超过35℃也不放风，以尽快提高地温促进缓苗。缓苗后根据天气情况适时放风，白天25～30℃，夜间温度15～18℃。随着外界温度升高，逐步撤除小拱棚、天幕，增加透光率，瓜秧开始吊绳前撤除小拱棚，在3月下旬撤除下层天幕，4月上旬撤第二层天幕。坐瓜后可适当提高温度，白天温度28～32℃，夜间保持在15～20℃，利于羊角脆甜瓜的糖分积累。随着外界气温升高逐步加大风口，当外界气温稳定在15℃以上时，可昼夜通风。

② 肥水管理：定植后根据墒情可浇一次缓苗水，以后不干不浇。当瓜胎长至鸡蛋大时，选择晴天上午结合浇小水，每亩地冲施硝酸铵钙5千克、硫酸钾10千克；或硝酸钾10千克、微量元素钙镁硼锌铁2千克，每茬果实膨大期可浇水追肥2～3次，采收前7～10天停止浇水追肥。

③ 植株调整：采用单蔓整枝法，主蔓长至30厘米长时吊蔓，长至25片叶左右打头，在10～13节选留子蔓留瓜，坐果后留1片叶打头，每株留3～4瓜，10节以下与14～20节的子蔓全部去掉，在21～23节子蔓开始选留二茬瓜。三、四茬瓜在孙蔓选留。

④ 保花保果：可采用熊蜂授粉，于大量开花前1～2天（开花数量大约5%时）放入；也可采用氯吡脲沾花。

2. 主要病虫害防治 不同类型药剂交替使用，7～10天喷药1次，连喷2～3次，安全间隔期7～14天。

（1）霜霉病：每亩用45%百菌清烟剂150～250克熏烟，或用80%烯酰吗啉2 000倍液、72.2%霜霉威800倍液、100克/升氰霜唑1 000倍液、60%丙森·霜脲氰800倍液喷雾。

（2）白粉病：发病初期选用42.8%氟菌·肟菌酯1 500倍液、42.4%唑醚·氟酰胺2 000倍液、29%吡萘·嘧菌酯1 500倍液、13%四氟咪唑2 000倍液、10%宁南霉素800倍液、30%氟菌唑2 000倍液、1%蛇床子素500倍液、0.5%大黄素甲醚1 000倍液、25%乙嘧酚剂800倍液喷雾。

（3）灰霉病：每亩用15%腐霉利烟剂200～300克熏烟，或选用400克/升嘧霉胺800倍液、65%甲硫·乙霉威600倍液、50%啶酰菌胺1 500倍液、500克/升异菌脲悬800倍液喷雾。

（4）角斑病：选用20%噻森铜500倍液、3%中生菌素1 000倍液、33.5%喹啉铜800倍液、47%春雷·王铜750倍液、20%叶枯唑800倍液、46%氢氧化铜1 500倍液喷雾。

（5）虫害：用黄板诱杀白粉虱、蚜虫；用蓝板诱杀蓟马，每亩挂20～30块，挂在行间。在大棚的放风处设防虫网，阻止昆虫进入。

白粉虱、蚜虫用70%吡虫啉15 000倍液、10%氯噻啉1 500倍液喷雾；或每亩用10%异丙威烟剂300～400克熏烟。

蓟马用60克/升乙基多杀菌素15 000倍液、10%溴氰虫酰胺750倍液喷雾。

3. 适时采收 根据开花日期、果皮颜色变化来判断成熟度。应在清晨进行，采收后存放于阴凉处。

四、效益分析

1. 经济效益分析 大棚羊角脆甜瓜栽培过程中采用大棚多膜覆盖、集约化育苗、嫁接（贴接）、土壤生物活化等技术，可提高羊角脆甜瓜产量10%以上，每亩可增收1 200元左右，节约农药成本200元。

2. 生态、社会效益分析 大棚羊角脆甜瓜优质高效集成栽培技术的应用，提高了羊角脆甜瓜的产量，减轻了农民的工作量，增产增收切实地增加了农民效益；减少了农药的使用量，农民减少了农药投入费用，减轻了环境残留；提高了羊角脆甜瓜的外观表现和内在品质，保障了农产品质量安全，提高了市场占用率。

五、适宜地区

河北中部及以南地区。

（宋立彦、崔华、狄政敏、张建峰、马宝玲）

大棚羊角脆甜瓜优质高效集成栽培技术模式

<table>
<tr><td colspan="2" rowspan="2">项　目</td><td colspan="3">1月</td><td colspan="3">2月</td><td colspan="3">3月</td><td colspan="3">4月</td><td colspan="3">5月</td><td colspan="3">6月</td><td colspan="3">7月</td><td colspan="3">8月</td><td colspan="3">9月</td></tr>
<tr><td>上</td><td>中</td><td>下</td><td>上</td><td>中</td><td>下</td><td>上</td><td>中</td><td>下</td><td>上</td><td>中</td><td>下</td><td>上</td><td>中</td><td>下</td><td>上</td><td>中</td><td>下</td><td>上</td><td>中</td><td>下</td><td>上</td><td>中</td><td>下</td><td>上</td><td>中</td><td>下</td></tr>
<tr><td>生育期</td><td>春夏秋一大茬</td><td colspan="5">育苗期</td><td colspan="2">定植</td><td colspan="5">定植后田间管理</td><td colspan="15">收获期</td></tr>
<tr><td colspan="2" rowspan="2">措施</td><td colspan="5">选择优质、抗病品种、嫁接</td><td colspan="4">土壤活化、多膜覆盖</td><td colspan="15">熊蜂授粉、肥水管理</td><td></td><td></td><td></td></tr>
<tr><td colspan="27">绿色防控、环境调控（温度、湿度）</td></tr>
<tr><td colspan="2">技术路线</td><td colspan="27">选择优良品种：羊角脆甜瓜选用符合市场需求、品质优良、丰产性好、抗逆性强的品种；砧木选择甜瓜专用嫁接品种
嫁接育苗：采用贴接法，嫁接后1～3天，床温白天控制在25～28℃，夜间保持在20℃左右；空气相对湿度达到95%以上；要用草帘、遮阳网等进行遮光。3天后可在早晨、傍晚除去覆盖物，接受弱光、散光，以后逐渐增加透光时间。7天后只在上午10点至下午2点，这段时间内遮光，10天后嫁接苗长出新叶，幼苗不再萎蔫时，撤除覆盖物
定植：①土壤活化。一般每亩施优质腐熟粪肥5 000千克、硫基平衡复合肥30千克、生物菌肥80～120千克、微量元素钙镁硼锌铁2千克；②多膜覆盖，即大棚膜＋天幕＋天幕＋小拱棚
熊蜂授粉：于大量开花前1～2天（开花数量大约5%时）放入
肥水管理：当瓜胎长至鸡蛋大时，每亩地冲施硝酸钾10千克，每茬果实膨大期可浇水追肥2～3次，采收前7～10天停止浇水追肥
环境调控：刚定植后，应保持大棚密闭，即使短时气温超过35℃也不放风。缓苗后白天25～30℃，夜间温度15～18℃。坐瓜后可适当提高温度，白天温度28～32℃，夜间保持在15～20℃，当外界气温稳定在15℃以上时，可昼夜通风
绿色防控：不同类型药剂交替使用，7～10天喷药1次，连喷2～3次，安全间隔期7～14天</td></tr>
<tr><td colspan="2">适宜地区</td><td colspan="27">河北中部及以南地区</td></tr>
<tr><td colspan="2">经济效益</td><td colspan="27">采用大棚多膜覆盖、集约化育苗、嫁接（贴接）、土壤生物活化等技术，可提高羊角脆甜瓜产量10%以上，每亩可增收1 200元左右，节约农药成本200元</td></tr>
</table>

第四章

山西省绿色高质高效技术模式

越冬茬黄瓜套种越夏苦瓜绿色高质高效生产技术模式

一、技术概况

在黄瓜套种苦瓜绿色生产栽培过程中，推广应用现代生物工程技术，改善土壤微生物环境，改良盐渍化土壤，激活土壤养分，提高蔬菜产量和质量。组合传统和现代测土配方技术，应用水肥一体化，提高水资源利用率，减控化肥投入量。推广应用农业、物理、化学综合病虫害防控技术，结合现代生物工程技术对病虫害进行防控。同时利用温控手段，促使产量提升，控管病虫害发生。

二、技术效果

在生产优质高效的黄瓜、苦瓜产品过程中，从传统的靠接改为贴接和插接，节省了割根、摘除砧木萌出的新芽等多道工序，减少用工投入15%，减少成本10%；通过使用现代生物工程技术，商品率提高，且提早成熟5～7天，产量提高10%以上；通过农业、物理、生物工程等绿色防控技术，农药投入量减少5%。

三、技术路线

1. 品种选择　黄瓜品种：津绿21-10、津优365；苦瓜品种：维吉特MVP；砧木品种：金丝藤、创凡9号。

2. 培育壮苗　播种期为9月中下旬。

3. 嫁接

（1）嫁接方法：贴接法用刀片削去砧木1片子叶和生长点，椭圆形切口长5～8毫米。接穗在子叶下8～10毫米处向下斜切1刀，切口为斜面，切口大小应和砧木斜面一致，然后将接穗的斜面紧贴在砧木的切口上，并用嫁接夹固定。

插接法选择大小适宜的砧木，用刀片剔除生长点，用插接针由中心部呈45°角插入，形成斜楔形孔，斜面向下，针尖刚露出茎秆为止，插接针不拔出，取接穗苗，在子叶节下1.5厘米处，用刀片切一楔形面，长度1厘米，把接穗斜面向下插入砧木插孔中，稍微露出砧木茎为止。

（2）苦瓜嫁接：苦瓜的嫁接方法和管理方法同黄瓜。

4. 栽培管理

（1）土壤处理：在播种前7～10天，将云大中天土壤消毒剂每亩用量1千克兑水20

千克制成母液，随水浇灌于土壤，使耕作层土壤充分浸湿，处理 3～5 天后，结合缓苗水每亩用消毒伴侣 5 千克，及时补充土壤中的有益菌含量。

（2）粪肥发酵：每 5 000 千克生粪中加入激抗菌 968 发酵剂 1 千克和复合益生菌 1 千克进行发酵腐熟。

（3）深翻施肥：把有机肥翻入土壤旋耕耙翻两遍。结合整地，每亩再施氮磷钾平衡复合肥 15－15－15 含量的 40～50 千克（忌含氯元素肥料），复合生物有机肥 200 千克。施底肥时土壤要深翻 30 厘米。

（4）定植苦瓜与黄瓜一同定植：每 5 株黄瓜套种 1 株苦瓜，每亩定植 460 株。

（5）结瓜期管理。

① 蹲苗管理：蹲苗期间白天温度应控制在 28～30 ℃，夜间温度应控制在 10 ℃左右，适当控水浇水。

② 水肥管理灌溉设施采用水肥一体化。在根瓜长到 15～18 厘米时，每亩应随水冲施甲壳素 5 千克、激抗菌 968 冲施肥 10 千克。以后随着黄瓜量的大小，每亩追施功能性肥料果乐 5 千克＋复合生物有机肥坤优（或果优 5 千克或 HAC 水溶肥 5 千克，三肥选一，与果乐配合，交替使用）。初瓜期每隔 20 天施一次，盛瓜期 10 天施一次。同时配合喷施肽滋奶叶面肥：45 毫升兑水 15 千克，每次追用 135 毫升。每个月冲施益根钙一次，每次 5 千克。

5. 苦瓜管理 黄瓜价格逐渐低于苦瓜，转入以苦瓜管理为主。

6. 主要病虫害防治

（1）霜霉病。

① 物理防治：叶面喷洒 100 倍液葡萄糖或白糖和尿素 150～200 倍液的混合液。间隔 5 天喷一次，连喷 5 次。采取 42 ℃高温闷棚 1.5～2 小时，闷棚前一天浇透水。

② 化学防治：用 72.2％克露可湿性粉剂 500～600 倍液，烯酰吗啉 25％可湿性粉剂 800～1 000 倍液，银法利 600 倍液兑水喷雾。

（2）细菌性角斑病：发病初期用 3％中生菌素可湿性粉剂 800～1 000 倍液进行喷雾，共喷施 3～4 次，间隔 7～10 天。50％喹啉铜可湿性粉剂 1 000 倍液，46.1％的可杀得 3 000水分散粒剂 1 500 倍液喷雾。

（3）白粉病：露娜森 10 毫升兑水 15 千克，乙嘧酚水剂 1 000 倍液喷雾。

（4）灰霉病：10％速克灵烟剂每亩 200～250 克，或 45％百菌清烟剂每亩用 250 克烟熏；或喷洒 50％速克灵可湿性粉剂 2 000 倍液，或露娜森 2 500 倍液、施佳乐 1 000 倍液、凯泽 1 000 倍液交替使用。

（5）靶斑病：露娜森 10 毫升兑水 15 千克或四霉素 600～1 000 倍液喷雾。

（6）蚜虫、白粉虱、灰飞虱。

① 防虫网在风口处设置 60 目的防虫网。

② 挂黄板、蓝板利用害虫对不同颜色的趋性，在设施内放置黄板、蓝板。每亩挂 20 块。

③ 用亩旺特 1 500 倍液＋敌杀死 1 200 倍液喷雾。

（7）美洲斑潜蝇：危害初期，用 1.8％阿维菌素乳油 3 000 倍液喷雾。

四、效益分析

1. 经济效益分析 在黄瓜套种苦瓜生产过程中，利用生物技术工程、苗期温控手段、复合生物有机肥、功能性肥等绿色生产技术，提高黄瓜产量10%以上，减少农药的投入量5%，按照棚室生产平均收益计算，每亩可增收3 000元以上，节省肥药1 000元。

2. 生态、社会效益分析 黄瓜套种苦瓜绿色高效栽培技术从发酵粪肥使用激抗菌968发酵剂、底肥使用复合生物有机肥开始，再使用益生菌剂灌根、喷施肽滋奶等技术，注重提高产品的产量和品质，大大减少了化肥农药投入量；生产的蔬菜产品达到绿色农产品要求，有益于保障食品安全；减轻了农业生产过程中对自然环境的污染，环保意义重大。

五、适宜地区

北方设施栽培黄瓜产区。

（焦艳荣）

越冬茬黄瓜套种苦瓜肥药双减绿色高效栽培技术模式

<table>
<tr><td colspan="2" rowspan="2">项　目</td><td colspan="3">10月</td><td colspan="3">11月</td><td colspan="3">12月</td><td colspan="3">1月</td><td colspan="3">2月</td><td colspan="3">3月</td><td colspan="3">4月</td><td colspan="3">5月、6月</td><td colspan="2">7月、8月</td><td colspan="2">9月</td></tr>
<tr><td>上</td><td>中</td><td>下</td><td>上</td><td>中</td><td>下</td><td>上</td><td>中</td><td>下</td><td>上</td><td>中</td><td>下</td><td>上</td><td>中</td><td>下</td><td>上</td><td>中</td><td>下</td><td>上</td><td>中</td><td>下</td><td>上</td><td>中</td><td>下</td><td>上</td><td>中</td><td>中</td><td>下</td></tr>
<tr><td rowspan="2">生育期</td><td rowspan="2">越冬茬</td><td rowspan="2">嫁接</td><td colspan="2" rowspan="2">定植</td><td colspan="2" rowspan="2">定植后的管理</td><td colspan="16">结瓜期的管理</td><td colspan="3"></td><td colspan="2" rowspan="2">土壤深翻晒垡、备肥、粪肥发酵</td><td colspan="2" rowspan="2">播种</td></tr>
<tr><td colspan="19">收获期</td></tr>
<tr><td colspan="2" rowspan="2">措施</td><td colspan="5">土壤深翻晒垡；备肥、粪肥发酵；选择优良品种、插接、贴接技术</td><td colspan="23">现代生物工程使用技术、功能性肥植哺肽绿色使用技术
选择优种、穴盘育苗、水肥一体化使用技术</td></tr>
<tr><td colspan="5">病虫害防治技术</td><td colspan="23">温控管理、高温闷棚
生物防治、物理防治、药剂等综合防治技术</td></tr>
<tr><td colspan="2">技术路线</td><td colspan="28">选种：津优 365、津优 315；苦瓜品种：维吉特 MVP；砧木品种：金丝藤、创凡 9 号等
嫁接：贴接法、插接法
定植：黄瓜定植时间在 10 月中下旬
结瓜期管理：①蹲苗管理蹲苗期间白天温度应控制在 28～30 ℃，夜间温度应控制在 10～13 ℃，控制浇水；②水肥管理结瓜期以功能性肥料为主，配合生物菌肥
苦瓜管理：苦瓜与黄瓜一同定植，每 5 株黄瓜套种 1 株苦瓜，每亩定植 460 株
生物工程技术应用：①土壤处理，使用云大中天土壤消毒剂再用消毒伴侣补充土壤中的有益菌含量；②粪肥发酵，使用激抗菌 968 发酵剂、复合益生菌剂；③深翻施肥，深翻后施复合生物有机肥 200 千克/亩；④在根瓜长到 15～18 厘米时开水肥；⑤结瓜期水肥管理，每亩追施功能性肥料果乐 5 千克＋复合生物有机肥坤优或果优 5 千克
主要防治病害、虫害：霜霉病、灰霉病、白粉病、细菌性角斑病、靶斑病（黄点病）；蚜虫、白粉虱、灰飞虱、美洲斑潜蝇</td></tr>
<tr><td colspan="2">适宜地区</td><td colspan="28">北方设施栽培黄瓜产区</td></tr>
<tr><td colspan="2">经济效益</td><td colspan="28">在黄瓜生产过程中，使用生物技术工程、苗期温控手段和复合生物有机肥、第二代功能性肥料植哺肽以及益生菌剂绿色生产技术，提高黄瓜产量 10%以上，减少农药的投入量 5%，节约了农药使用成本和人力成本 3 000 元/亩以上，节省肥药 1 000 元/亩</td></tr>
</table>

第五章 内蒙古自治区绿色高质高效技术模式

设施草莓肥药双减绿色高效栽培技术

一、技术概况

在草莓绿色生产栽培过程中，重点推广应用水肥一体化智能控制系统及农业、生物、物理与化学防治结合的绿色防控集成技术，从而达到有效节水、减少化肥使用量、减少农药使用量及降低农药残留等目的，保障草莓生产安全、农产品质量安全和农业生态环境安全，促进增产增效，农民增收。该技术的实施有益于提高草莓绿色生产水平，有益于保障农产品的质量安全。

二、技术效果

水肥一体化智能控制系统能实现自动感知、自动上传、自动分析、自动管理等功能，是物联网技术与农业管理的完美结合。再结合绿色防控集成技术，可达到省肥节水、省工省力、降低湿度、减轻病害、改善果实品质、增产高效、减少环境污染的作用，让农业生产更安全、更简单，促进现代农业的发展。农药使用量减少 2%，化肥使用量减少 10%，节水 30%，减少投入和用工成本 30%，农产品合格率达 100%。

三、技术路线

指导示范区选用高产、优质、抗病品种，选用脱毒健康壮苗，棚膜更换进口 PO 膜，应用绿色防控集成技术，改善草莓的生长环境，避免、控制、减轻草莓相关病虫害的发生和蔓延，提高草莓丰产能力。

1. 科学栽培

（1）品种选择：选用适合本地区栽培、花芽分化早、休眠浅、抗病性强的优质高产品种，如隋珠、妙香 7 号和甘露等草莓品种。选用脱毒无病种苗。

（2）整地起垄：清除作物残株，深翻土壤并耙平，定植前 7～10 天起垄，起垄栽培有东西垄和南北垄两种方式。南北垄采取双行栽植，垄高 30～40 厘米，上宽 40～50 厘米，下宽 60～70 厘米，垄间距 30 厘米。东西垄采取单行栽植，上宽 30 厘米，下宽 40 厘米，前板高 15～20 厘米，后板高 35～40 厘米，前后板下埋 5～10 厘米，垄间距 30 厘米。

（3）定植：南北垄定植双行按“品”字形栽植，株距 15～18 厘米，行距 20 厘米，每亩定植 8 000～10 000 株。东西垄定植单垄栽植株距 15～20 厘米，每亩栽植 5 000～6 000 株。

定植时以“深不埋心，浅不露根”为原则，根系顺直，弓背向外。应避开晴天的中午，温度过高时，用遮阳网或草帘遮阴。

（4）温湿度管理：外界最低气温降到8～10℃时或平均气温在16℃时，开始扣棚升温。棚内夜温降到15℃时盖帘保温。顶花芽显蕾时覆盖地膜，破膜提苗。依据草莓生长发育阶段进行温度管理，草莓适宜生长的温度指标如表5-1。

表5-1 草莓适宜生长的温度指标

生产发育阶段	温度（℃）	
	昼	夜
现蕾前	26～28	15～18
现蕾期	25～28	8～12
开花期	22～25	8～10
果实膨大期	20～25	6～8
成熟期	20～23	5～7

整个生长期都应尽可能降低温室内的湿度。开花期，白天的相对湿度应控制在40%～50%；结果期应保持在50%～60%。

（5）水肥一体化智能控制系统：水肥一体化智能控制系统由水肥一体化灌溉设备、农业环境感知设备、一体化管理平台，以及配套的通信设备、手机APP端等软硬件构成。借助压力灌溉系统，把可溶性固体、液体肥料溶解在灌溉水中，根据作物的水肥需求规律，通过可控管道系统直接输送到作物根部附近的土壤供给作物吸收，能够通过控制系统精准地控制灌水量和施肥量。

（6）植株管理：一是摘叶除茎。缓苗后及时摘除老叶，随时摘除病叶、枯黄叶和匍匐茎。二是掰芽。在顶花序抽出后，选留1～2个方位好而壮的腋芽保留，其余掰掉。三是去花序。结果后的花序要及时去掉。四是疏花疏果。花序上高级次的无效花、无效果要及早疏除，每个花序保留5～7个果实。

（7）放蜂：当植株5%开花时，按每棚室（半亩）放入1箱蜜蜂。一般蜜蜂数量以1株草莓一只蜜蜂为宜。

（8）补光：在日落后补光3～4小时，选用植物专业补光灯即植物钠灯。

2. 绿色防控

（1）高温闷棚：将腐熟的农家肥施入土壤，深翻，灌透水，土壤表面覆盖地膜或旧棚膜，密封棚室，进行太阳热高温消毒，持续30天。

（2）色板诱杀：在行间距植株30厘米高处，每亩悬挂30～40块黄色或蓝色粘虫板，诱杀蚜虫、白粉虱和蓟马等趋黄色、蓝色的害虫。

（3）灯光诱杀：在棚外悬挂杀虫灯，约50亩悬挂一盏，诱杀棚区鳞翅目成虫。

（4）阻隔防虫：在日光温室放风口设置25～30目防虫网，防止害虫侵入。

（5）生物防治：“以螨治螨”，投放捕食螨预防红蜘蛛。

（6）高效低毒农药防治。

① 白粉病：可选用露娜森、嘧菌酯、氟菌唑等药剂。

② 灰霉病：可选用嘧霉胺、腐霉利、啶酰菌胺等药剂。

③ 红蜘蛛：可选用0.5%藜芦碱、0.5%阿维菌素、43%联苯肼酯等药剂。

④ 蚜虫：可选用苦参碱、吡虫啉等药剂。

四、效益分析

1. 经济效益分析 该技术的应用可提高草莓产量10%以上，同时降低化肥、农药使用成本和人力成本。按照草莓棚室生产平均收益计算，每亩可增收6 000元，节省农药、化肥成本1 000元。

2. 生态、社会效益分析 该技术的应用减少了农药使用，降低草莓农药残留，百分之百达到绿色农产品要求，保障食品安全。也减轻了农业生产过程中对自然环境的污染，环保意义重大。

五、适宜地区

内蒙古自治区设施草莓栽培。

（汪海霞、杨阳、杨宁）

设施草莓肥药双减绿色高效栽培技术模式

<table>
<tr><td colspan="2" rowspan="2">项目</td><td colspan="3">8月</td><td colspan="3">9月</td><td colspan="3">10月</td><td colspan="3">11月</td><td colspan="3">12月</td><td colspan="3">1月</td><td colspan="3">2月</td><td colspan="3">3月</td><td colspan="3">4月</td><td colspan="3">5月</td><td colspan="3">6月</td><td colspan="3">7月</td></tr>
<tr><td>上</td><td>中</td><td>下</td><td>上</td><td>中</td><td>下</td><td>上</td><td>中</td><td>下</td><td>上</td><td>中</td><td>下</td><td>上</td><td>中</td><td>下</td><td>上</td><td>中</td><td>下</td><td>上</td><td>中</td><td>下</td><td>上</td><td>中</td><td>下</td><td>上</td><td>中</td><td>下</td><td>上</td><td>中</td><td>下</td><td>上</td><td>中</td><td>下</td><td>上</td><td>中</td><td>下</td></tr>
<tr><td>生育期</td><td>越冬茬</td><td></td><td colspan="4">定植</td><td colspan="8">种植期</td><td colspan="18">采摘期</td><td colspan="5"></td></tr>
<tr><td colspan="2" rowspan="3">措施</td><td>整地起垄</td><td colspan="4">选择优质高产、脱毒无病种苗</td><td colspan="26">水肥一体化、绿色防控、植株标准化管理</td><td colspan="2"></td><td colspan="3">高温闷棚</td></tr>
<tr><td colspan="12"></td><td colspan="6">补光灯补光</td><td colspan="18"></td></tr>
<tr><td colspan="7"></td><td colspan="23">放蜂</td><td colspan="6"></td></tr>
<tr><td colspan="2">技术路线</td><td colspan="36">选种：选择隋珠、妙香7号和甘露等优良品种
应用水肥一体化智能控制系统
绿色防控：①高温闷棚。将腐熟的农家肥施入土壤，深翻，灌透水，土壤表面覆盖地膜或旧棚膜，密封棚室，进行太阳热高温消毒，持续30天；②色板诱杀。在行间距植株30厘米高处，每亩悬挂30～40块黄色或蓝色粘虫板，诱杀蚜虫、白粉虱和蓟马等趋黄、蓝色的害虫；③灯光诱杀。在棚外悬挂杀虫灯，约50亩悬挂一盏，诱杀棚区鳞翅目成虫；④阻隔防虫。在日光温室放风口设置25～30目防虫网，防止害虫侵入；⑤生物防治。“以螨治螨”，投放捕食螨预防红蜘蛛；⑥高效低毒农药防治。a. 白粉病。可选用露娜森、嘧菌酯、氟菌唑等药剂。b. 灰霉病。可选用嘧霉胺、腐霉利、啶酰菌胺等药剂。c. 红蜘蛛。可选用0.5%藜芦碱、0.5%阿维菌素、43%联苯肼酯等药剂。d. 蚜虫。可选用苦参碱、吡虫啉等药剂</td></tr>
<tr><td colspan="2">适宜地区</td><td colspan="36">内蒙古自治区设施草莓栽培</td></tr>
<tr><td colspan="2">经济效益</td><td colspan="36">提高草莓产量10%以上，同时降低化肥、农药使用成本和人力成本。按照草莓棚室生产平均收益计算，每亩可增收6 000元，节省农药、化肥成本1 000元</td></tr>
</table>

第六章

辽宁省绿色高质高效技术模式

番茄绿色高质高效“4＋秸秆综合利用”栽培技术

一、技术概况

在番茄绿色高质高效生产栽培过程中，通过推广应用工厂化育苗、水肥一体化、病虫害绿色防控（粘虫板捕虫、植物补光灯补光、弥粉机）、每亩增施500千克以上生物有机肥＋秸秆综合利用等措施，从而解决土壤连作障碍、农药残留等问题，达到提质增效的目的，确保农产品质量安全。

二、技术效果

4＋秸秆综合利用技术模式，解决蔬菜废弃物随意堆放、丢弃而污染环境，提高土壤有机质含量，破除土壤板结。利用蔬菜秸秆＋有机物料腐熟剂＋高温闷棚15～20天，使创建区番茄达到绿色高质高效生产。

三、技术路线

指导示范区选用高产、抗病的品种，一是工厂化育苗，达到统一品种，统一上市时间；二是水肥一体化，做到节水、节肥、节工；三是病虫害绿色防控，推广粘虫板、植物生长补光灯、生物农药等，做到减药控害；四是增施生物有机肥，减少化肥施用，改善土壤结构，提升产品质量；五是秸秆综合利用，使蔬菜秸秆循环利用，提高棚内土壤有机质含量，克服土壤连作障碍。

1. 科学栽培

（1）选用高产优质品种：选择抗逆性强、抗病、耐低温、耐贮运、植株长势强的无限生长型凯德系列品种。

（2）工厂化苗木选择：番茄苗木标准四叶一心、子叶不脱落、苗木健壮、无病虫害、根系发育正常无激素所致畸形苗，单盘苗木整齐，无空穴，不徒长、无机械损伤。

（3）秸秆综合利用：一般在6～8月休闲季节进行土壤高温棚闷消毒，此时正处于夏季温度最高时期，光照最强，实施效果最佳。操作步骤：①上茬生产结束后，利用秸秆粉碎还田机把上茬作物植株打碎，把粪肥施入棚内后，进行旋耕土壤，旋耕深度30～40厘米；②将准备好的玉米秸秆（粉碎或铡成4～6厘米的小段）均匀撒于地表，每亩用量600～1 200千克。然后在秸秆表面均匀喷施有机物料腐熟剂，每亩4.5千克；③深翻：用旋耕机将秸秆翻入土壤，深度 30～40 厘米为宜；④密封地面：用透明的塑料薄膜，（尽量不要用地膜）将土壤表面密封起来；⑤灌水：从薄膜下往畦内灌水或用喷灌喷施，直至浇透为止；⑥封闭棚室，注意棚室不要漏风。一般晴天时，20～30 厘米的土层能较长时间保持在 40～50 ℃，室内可达到 70 ℃以上的温度。这样的状况持续 15～20 天左右；⑦棚闷结束，打开棚室通风口、揭开地面薄膜，晒晾 3～4 天，翻耕土壤。

（4）定植：一般在 7 月份定植。定植前每亩施硫酸钾 20 千克，活性钙或硝酸铵钙 20～25 千克，硼肥 1 千克，锌肥 1 千克，施用生物有机肥 500 千克。将有机肥和无机肥混合拌匀，均匀撒施，然后旋耕起垄，垄距 1 米，株距 33 厘米，每亩保苗 2 000～2 200 株。穴深与苗坨高度一致，防止立枯病等土传病害的发生。

2. 定植后的管理

（1）温度管理：在缓苗前一般温度不超过 30 ℃不需放风，以 28 ℃左右为宜。温度高时应加强通风，洒水，遮阴降温。9 月中旬以后，晚上注意保温，把底风关好，并逐步缩小顶部放风口。最适宜的昼温 25～28 ℃，最适宜的夜温 14～17 ℃。

（2）水肥管理。

① 安装滴灌装置，铺设输水管并在前部与吸肥器连接，做到水肥并施。同时，覆上地膜。

② 缓苗后到坐果前，保持见干见湿，并适当中耕；坐果后保持水分的均匀供应。施肥以钾肥为主，并根据秧苗长势，适当配施氮、磷肥。第一次追肥在第一穗果长到鸡蛋黄大小时进行，一般每亩温室壮苗每次施用平衡肥 7.5～10 千克；以后，每穗果膨果时都要追一次中钾肥。坐果后，要及时补充钙肥，每亩冲施 5 千克/次，20 天一次，冲施 2～3 次。

（3）光照管理：要经常保持棚膜光洁，11 月至翌年 2 月，应用植物生长灯补光，在掀开草帘和覆盖草帘前后分别使用 2 小时，可达到促进番茄生长，提高商品品质，增强植株抗性，减少药剂的使用，节约生产成本。

3. 植株调整　采用单干整枝，每株留 6 穗果，顶穗果上留 3 片叶掐尖，每穗留果 4～6 个。及时吊绳，防止倒秧。当植株第一穗花序开放时开始绑蔓，便于喷花、疏花和疏果操作。及时挠秧，使其生长有序，不造成相互遮挡。

4. 授粉与坐果

（1）保果技术：待花开到 3～5 朵时，一起蘸花，有利于坐果和果形整齐，同时又对畸形果和空洞果有一定的预防作用。蘸花一般在晴天上午进行，温度在 20～25 ℃时较为适合，当温度在 30 ℃以上时尽量停止蘸花，否则易出现小叶现象。一般选用丰产剂 2 号、1.5%防落素或 CPM 番茄丰收素蘸花。番茄开花授粉后 4～5 天果实开始膨大，40～50 天开始着色，达到成熟。

（2）番茄授粉器授粉：番茄授粉器与传统的授粉方式相比，一是安全性提高，降低了激素污染。二是促进坐果，提高产量。三是提高果实品质。四是节省成本，预防病害。

5. 打叶　秋冬和早春栽培，为了提早成熟，在 1～2 穗果长到够大时，将果以下的叶片全部打掉。打叶片时，一定不要留叶柄，要贴近茎秆掰掉。在高温季节就不能打叶子过狠，否则会造成裂果。低温期打叶，伤口要用甲霜灵、福美双等药剂涂抹。

6. 病虫害防治

（1）病虫害防治一定要贯彻“预防为主，综合防治”的方针，重点在防。定植前棚室风口及时上防虫网，定植后及时张挂捕虫板。

（2）用弥粉机喷粉防治温室内各种病虫害。利用弥粉机施药，比传统喷雾提高农药利用率30%，节省农药用量50%以上，省时又省力。喷施化学药剂后，一定要达到农药安全间隔期才能进行采收。

四、效益分析

1. 经济效益分析 番茄绿色高质高效生产中，每亩还田1 000千克秸秆和增施500千克生物有机肥，可有效提高土壤有机质含量，减少化肥施用量10%以上，通过粘虫板捕虫、弥粉机打药，每亩施药量50克一次，比常规施药节省50%。冬季使用植物生长灯补光，有效解决因光照不足（阴、雨、雪、雾、霾天气）造成的开花延迟、落花、落果、畸形果等问题，可增产10%以上。按照番茄“4+秸秆综合利用”栽培技术模式生产，平均每亩可增收1 500元以上，节省农药化肥成本300元左右。

2. 生态、社会效益分析 通过推广应用新品种、新技术，减少了农药化肥等投入，降低了番茄农药残留，有效提高蔬菜产品质量，使蔬菜达到绿色标准，进而获得绿色高质高效的农产品；滴灌是农业最节水的灌溉技术之一，应用滴灌设备浇水，比漫灌节省用水30%以上；通过秸秆还田利用，解决蔬菜废弃物随意堆放、丢弃而污染环境；蔬菜秸秆还田可提高土壤有机质含量，破除土壤板结，改善棚室土壤理化性状，克服连作障碍，大幅度提高产量，农民增产增收；同时提高了劳动效率，改善了设施农业生产条件，对保护和改善农村生态环境、建设社会主义新农村必将起到积极推动作用。

五、适宜地区

北方设施栽培番茄产区。

（辽宁省朝阳市喀左县保护地技术服务总站）

番茄绿色高质高效栽培技术模式

<table>
<tr><td colspan="2" rowspan="2">项　目</td><td colspan="3">6月</td><td colspan="3">7月</td><td colspan="3">8月</td><td colspan="3">9月</td><td colspan="3">10月</td><td colspan="3">11月</td><td colspan="3">12月</td></tr>
<tr><td>上</td><td>中</td><td>下</td><td>上</td><td>中</td><td>下</td><td>上</td><td>中</td><td>下</td><td>上</td><td>中</td><td>下</td><td>上</td><td>中</td><td>下</td><td>上</td><td>中</td><td>下</td><td>上</td><td>中</td><td>下</td></tr>
<tr><td>生育期</td><td>秋冬茬</td><td colspan="3">闷棚期</td><td colspan="4">定植</td><td colspan="7">开花结果期</td><td colspan="7">采收期</td></tr>
<tr><td colspan="2" rowspan="2">措施</td><td colspan="3">秸秆还田利用、
高温闷棚</td><td colspan="4">增施生物
有机肥</td><td colspan="7">黄板、蓝板捕虫</td><td colspan="7">植物补光灯补光</td></tr>
<tr><td colspan="3">选择优良品种</td><td colspan="18">弥粉机打药防治病害</td></tr>
<tr><td colspan="2">技术路线</td><td colspan="21">品种：选择凯德 198、凯德 398、凯德力王
工厂化苗木选择：番茄苗木标准四叶一心、子叶不脱落、苗木健壮、无病虫害、叶色浓绿，根毛白色，多而粗壮，无病虫，大小均匀一致，植株上的茸毛较多，苗平顶而不突出。根系发育正常无激素所致畸形苗，单盘苗木整齐，无空穴，不徒长、无机械损伤，番茄苗木生理苗龄达到 4～5 片真叶，日历苗龄 25～30 天，每亩定植 2 000～2 200 株
秸秆综合利用：①上茬生产结束后，利用秸秆粉碎还田机把上茬作物秧子打碎，在粪肥施入棚内进行旋耕土壤，旋耕深度 30～40 厘米；②将准备好的玉米秸秆（粉碎或铡成 4～6 厘米的小段，以利翻耕）均匀撒于地表，每亩用量 600～1 200 千克。然后在秸秆表面均匀喷施有机物料腐熟剂，每亩 4.5 千克；③深翻：用旋耕机将秸秆深翻入土壤，深度 30～40 厘米为佳。翻耕应尽量均匀；④密封地面：用透明的塑料薄膜，（尽量不要用地膜）将土壤表面密封起来。覆膜一定要封严，不要漏气；⑤灌水：从薄膜下往畦灌水，直至畦湿透为止。或用喷灌喷施，一定要喷透，但地面不能一直有积水；⑥封闭棚室，注意棚室出入口、灌水沟口不要漏风。一般晴天时，20～30 厘米的土层能较长时间保持在 40～50 ℃，室内可达到 70 ℃以上的温度。这样的状况持续 15～20 天；⑦棚闷结束，打开棚膜，揭地膜：打开棚室通风口、揭开地面薄膜，晒晾 3～4 天，翻耕土壤
安装滴灌装置：在水源与输水管的接口处装过滤网，防止水中杂质进入，然后铺设输水管并在前部与吸肥器连接，做到水肥并施
11 月至翌年 2 月，应用植物生长灯补光，正常晴天冬季日光温室生产中，在掀开草帘和覆盖草帘前后分别使用 2 小时，可达到促进番茄生长，明显提高商品品质，增强植株抗性，减少药剂的使用，节约生产成本。有效解决因光照不足（阴、雨、雪、雾、霾天气）造成的开花延迟、落花、落果、畸形果等问题
病虫害防治：一定要贯彻“预防为主，综合防治”的方针，重点在防。定植前及时上防虫网，定植后及时张挂捕虫板。每亩使用 20 厘米×30 厘米，黄板、蓝板各 20 片。用弥粉机喷粉防治温室内各种真菌、细菌、害虫等，在大棚内直接喷粉，不仅能够解决大棚高湿环境下无法打药的难题，也大大降低了棚内湿度，药剂利用率高，经过机器处理后，喷出的药粉带静电，可均匀地吸附在作物叶片正反面，比传统喷雾提高农药利用率 30%。节省农药用量 50%以上，同时这种喷粉的施药方式还大大降低了棚户的喷药劳动强度，省时又省力</td></tr>
<tr><td colspan="2">适宜地区</td><td colspan="21">北方设施栽培番茄产区</td></tr>
<tr><td colspan="2">经济效益</td><td colspan="21">每亩还田 1 000 千克秸秆和增施 500 千克生物有机肥，可有效提高土壤有机质含量，减少化肥施用量 10%以上，通过粘虫板捕虫、弥粉机打药，每亩施药量 50 克一次，比常规施药节省 50%，同时这种喷粉的施药方式还大大降低了棚户的喷药劳动强度，省时又省力。冬季使用植物生长灯补光，有效解决因光照不足（阴、雨、雪、雾、霾天气）造成的开花延迟、落花、落果、畸形果等问题，可增产 10%以上。按照番茄“4+秸秆综合利用”栽培技术模式生产，平均每亩可增收 1 500 元以上，节省农药化肥成本 300 元左右</td></tr>
</table>

第七章 吉林省绿色高质高效技术模式

集安鸭绿江河谷山葡萄绿色优质高效栽培技术模式

一、技术概况

山葡萄是酿酒葡萄，葡萄酒酿造讲求“七分原料，三分工艺”，原料的好坏直接决定酒的品质。在山葡萄绿色优质高效栽培过程中，推广应用架式选择、整形修剪、土肥管理、合理负载、物理和低残留化学农药病虫害综合防控技术，重点推广架式选择、合理负载、物理和低残留化学农药病虫害综合防控技术，从而有效控制山葡萄产量，提高品质，使生产出的葡萄原料有最好的表现，以期酿造出最优质的葡萄酒。

二、技术效果

通过推广应用架式选择、整形修剪、土肥管理、合理负载、物理和低残留化学农药病虫害综合防控技术。葡萄产量（冰冻果）控制在400千克左右，农药施用减少30%，不施化肥，根据葡萄长势情况，少施或不施农家肥。减少投入和用工成本20%，葡萄果实优质率达到95%以上，原料品质显著提高。

三、技术路线

指导示范基地选择地势干燥，排水良好，光照充足，土质疏松、透水性能好，交通方便，不易受晚霜危害，相对集中连片的地块建园。选用优质、抗寒山葡萄品种，培育健康壮苗，应用先进架式、轻简化修剪、土肥管理、合理负载、物理和低残留化学农药病虫害综合防控等措施，改善山葡萄的生长环境，控制、避免、减轻山葡萄病虫害的发生和蔓延。

1. 品种选择 选用酸度低、含糖量高、抗寒、可酿制冰红葡萄酒新品种——北冰红。

2. 架式选择 采用倾斜水平龙干形，又称“厂”字形，行距2～2.5米，株距1.0～1.5米。该树形树体健壮，产量与品质能保持均衡稳定；葡萄采收之后，龙干形架式保留叶片较多，落叶稍晚，葡萄树体贮藏营养物质得到较好的生息与回流，利于缓解树体早衰和来年的花芽分化；果实品质好。主干容易压倒，可避免劈裂受伤，方便埋土，减少了用土量，降低了埋土出土费用。其缺点是树体负载量相对较小，产量低，适合酿酒葡萄采用该架式。

3. 轻简化栽培技术 倾斜式水平龙干树形（厂形架）—直立叶幕。

（1）基本结构：主蔓基部倾斜30°～45°角，上扬到第一道铁线，沿同一方向形成一条龙干，长度视株距而定。龙干上间隔15～20厘米培养结果枝组，每个结果枝组上留1～2

个结果母枝。

（2）整形方法。

① 栽植当年：选留一个生长健壮的新梢，在架面上直立生长，当高度超过 180 厘米摘心，冬季修剪时一年生枝保留充分成熟部分剪截，最长保留 180 厘米，剪口粗度要求 0.8 厘米以上。

② 栽植第二年：萌芽前按上架方向将一年生枝基部倾斜 30°～45°角，上扬并水平绑缚在第一道铁线上，选留适量的新梢沿架面直立生长。

③ 栽植第三年：春季萌芽后，选留一定量新梢垂直架面绑缚；冬剪时按预定枝组数量进行修剪，即单臂上形成 4～5 个结果枝组，每结果枝组选留 1～2 个结果母枝进行短梢修剪。

4. 土肥管理 根据树势情况，每年少施或不施农家肥。全园实施自然生草法，碎草还田，杜绝使用除草剂。

5. 摘除叶片降酸技术 着色期对结果带摘叶，增加通风透光，改善葡萄果穗周边微气候环境，提高果实成熟度，减少病虫害。

6. 主要病虫害防治

（1）田园卫生（清园措施、处理落叶和病残组织）、田间管理（合理叶幕，通风透光性良好；夏季控制副梢量等）。

（2）防治霜霉病：保护性杀菌剂，50％保倍福美双可湿性粉剂 1 500～2 000 倍液。波尔多液是最普通的杀菌剂，施用 1：0.5～1：200～240 倍液，雨季 8 天左右 1 次，干旱时 15～20 天一次。内吸性杀菌剂，50％金科克是葡萄霜霉病的特效治疗剂，施用 4 000～4 500倍液，每个生长季节最好不超过 2 次，最多 3 次，或用 80％霜脲氰 2 500 倍液。

（3）防治灰霉病：保护性杀菌剂，50％腐霉利 600 倍液，50％异菌脲 500～600 倍液。内吸性杀菌剂：40％嘧霉胺 800～1 000 倍液；22.2％抑霉唑 1 000～1 200 倍液。

四、效益分析

1. 经济效益分析 通过推广应用先进架式、轻剪化修剪、土肥管理、合理负载、物理和低残留化学农药病虫害综合防控技术，葡萄果实优质率达到 95％以上，原料品质显著提高，可酿造出高端冰葡萄酒。同时，节约了肥料、农药和人工成本。按照优质优价计算，每亩可增收 2 000 元，节省农药及肥料成本 300 元。用此原料酿造的冰酒售价是普通种植户所产的原料酿造的冰酒的 3 倍以上。

2. 生态、社会效益分析 山葡萄绿色优质高效栽培技术的应用，提升了酿酒葡萄原料的品质，促进了一二三产业的融合发展，降低农药、肥料的用量，降低了商品农药残留，有益于保障食品安全，减少了农业生产过程中对自然环境的污染，环保意义重大。轻简化栽培技术的应用，减轻了种植户的工作量，给农民带来切实的效益。

五、适宜地区

适宜在吉林省冬季绝对低温不低于－37 ℃、无霜期≥125 天，≥10 ℃有效积温 2 800 ℃以上山区或半山区栽培。

（逄金山）

集安鸭绿江河谷山葡萄绿色优质高效栽培技术模式

<table>
<tr><td rowspan="2">项目</td><td rowspan="2">1月</td><td rowspan="2">2月</td><td colspan="3">3月</td><td colspan="3">4月</td><td colspan="3">5月</td><td colspan="3">6月</td><td colspan="3">7月</td><td colspan="3">8月</td><td colspan="3">9月</td><td colspan="3">10月</td><td colspan="3">11月</td><td colspan="3">12月</td></tr>
<tr><td>上</td><td>中</td><td>下</td><td>上</td><td>中</td><td>下</td><td>上</td><td>中</td><td>下</td><td>上</td><td>中</td><td>下</td><td>上</td><td>中</td><td>下</td><td>上</td><td>中</td><td>下</td><td>上</td><td>中</td><td>下</td><td>上</td><td>中</td><td>下</td><td>上</td><td>中</td><td>下</td><td>上</td><td>中</td><td>下</td></tr>
<tr><td>生育期</td><td colspan="4">休眠期—冬季修剪</td><td colspan="3">伤流期</td><td colspan="2">萌芽期</td><td colspan="2">展叶期</td><td colspan="2">花期</td><td colspan="5">果实膨大期</td><td colspan="4">转色期</td><td colspan="2">成熟期</td><td colspan="4">后熟期</td><td colspan="3">采摘压榨</td><td></td></tr>
<tr><td>措施</td><td colspan="6"></td><td colspan="12">药剂防治</td><td colspan="2">摘叶降酸</td><td colspan="2"></td><td colspan="10">做好田园卫生</td></tr>
<tr><td>技术路线</td><td colspan="32">品种选择：选用酸度低、含糖量高、抗寒、可酿制冰红葡萄酒新品种——北冰红
架式选择：采用倾斜水平龙干形，又称“厂”字形，行距2～2.5米，株距1.0～1.5米
轻简化栽培技术：倾斜式水平龙干树形（厂形架）一直立叶幕。①基本结构：主蔓基部倾斜30°～45°角，上扬到第一道铁线，沿同一方向形成一条龙干，长度视株距而定。龙干上间隔15～20厘米培养结果枝组，每个结果枝组上留1～2个结果母枝；②整形方法：栽植当年：选留一个生长健壮的新稍，在架面上直立生长，当高度超过180厘米摘心，冬季修剪时一年生枝保留充分成熟部分剪截，最长保留180厘米，剪口粗度要求0.8厘米以上。栽植第二年：萌芽前按上架方向将一年生枝基部倾斜30°～45°角，上扬并水平绑缚在第一道铁线上，选留适量的新稍沿架面直立生长。栽植第三年：春季萌芽后，选留一定量新稍垂直架面绑缚；冬剪时按预定枝组数量进行修剪，即单臂上形成4～5个结果枝组，每结果枝组选留1～2个结果母枝进行短稍修剪
土肥管理：根据树势情况，每年少施或不施农家肥。全园实施自然生草法，碎草还田，杜绝使用除草剂
摘除叶片降酸技术：着色期对结果带摘叶，增加通风透光，改善葡萄果穗周边微气候环境，提高果实成熟度，减少病虫害
主要病虫害防治：①田园卫生（清园措施、处理落叶和病残组织）、田间管理（合理叶幕，通风透光性良好；夏季控制副梢量等）；②防治霜霉病：保护性杀菌剂，50%保倍福美双可湿性粉剂，一般使用1 500～2 000倍液。波尔多液是最普通的杀菌剂，施用1：0.5～1：200～240倍液。雨季8天左右1次；干旱时15～20天1次。内吸性杀菌剂，50%金科克是葡萄霜霉病的特效治疗剂，施用4 000～4 500倍液，每个生长季节最好不超过2次，最多3次，或用80%霜脲氰2 500倍液；③防治灰霉病：保护性杀菌剂，50%腐霉利600倍液，50%异菌脲500～600倍液；内吸性杀菌剂：40%嘧霉胺800～1 000倍液，22.2%抑霉唑1 000～1 200倍液</td></tr>
<tr><td>适宜地区</td><td colspan="32">适宜在吉林省冬季绝对低温不低于−37 ℃、无霜期≥125天，≥10 ℃有效积温2 800 ℃以上山区或半山区栽培</td></tr>
<tr><td>经济效益</td><td colspan="32">通过推广应用先进架式、轻剪化修剪、土肥管理、合理负载、物理和低残留化学农药病虫害综合防控技术，葡萄果实优质率达到95%以上，原料品质显著提高，可酿造出高端冰葡萄酒。同时，节约了肥料、农药和人工成本。按照优质优价计算，每亩可增收2 000元，节省农药及肥料成本300元</td></tr>
</table>

第八章 黑龙江省绿色高质高效技术模式

设施油豆角肥药双减绿色高效栽培技术

一、技术概况

在油豆角绿色生产栽培过程中，推广施用充分腐熟有机肥＋农家肥，配合固氮菌肥＋复合微生物肥料，病虫防治采用物理防治如黄板、防虫网、黑光灯诱杀蚜虫，应用生物农药防治菜青虫，采用符合国家标准要求的农药，保证农药施用效果和使用安全，有益于保障农产品的质量安全。

二、技术效果

通过推广应用油豆角肥药双减绿色高效栽培技术，结合物理＋生物等绿色生产、防控技术，以提高油豆角的有机品质，化肥施用量减少 50％～80％，农药施用量减少 30％～50％，农产品合格率达 100％。

三、技术路线

1. 品种选择 选择适合本地条件的高产、质佳的油豆角，春茬菜豆应选择早熟、抗逆性强、品质好、产量高的非转基因品种。早熟品种有五月先、早油豆。棚室春茬蔓生菜豆可采用紫花油豆、将军一点红、西育 16 号等。

2. 棚室早春栽培

（1）培育壮苗：播种时选择粒大、饱满、无病斑的种子。菜豆种子播前应进行晾晒。用 55 ℃的热水烫种，烫种时间持续 15 分钟，不断搅拌，使水温降至 30 ℃继续浸种 4～5 小时，捞出待播。大棚春茬菜豆在 3 月中下旬播种；在日光温室进行春茬栽培可以在 1 月下旬至 2 月上旬播种。早春栽培采用温室内架床营养钵育苗或土壤电热线育苗方式。每个育苗钵内播 2～3 粒种子。用 60％的园田土，30％腐熟有机肥，10％的经充分腐熟的大粪面，混拌均匀后装入 8 厘米×8 厘米的营养钵 2/3 处，摆放到立体床架上或土壤电热加温线上备用。

（2）苗期管理：播种后白天 20～25 ℃，夜间 15 ℃，土温 20 ℃，2～3 天可出苗，7 天之后子叶开始展开，降低温度，防止徒长；出苗后白天 18～20 ℃，夜间 12～15 ℃。第一片复叶展开至定植前 10 天，白天 20～25 ℃，夜间 15 ℃，土温 15～18 ℃，定植前 7 天，白天 15～20 ℃，夜间 10 ℃。苗期要严格地控制水分，一般在 30 天苗龄期内浇 1～2

次水即可，在第一片复叶展开时，使用符合有机农业要求的肥料追肥，定植前7天炼苗，不再浇水。

（3）定植前准备：棚、室早熟栽培，应秋季扣膜，整地以秋翻为主，结合翻地每亩施10～15吨经无害化处理的农家肥，定植前10天起垄，温室垄宽80～100厘米，大棚垄宽50～60厘米，垄高10～15厘米。

（4）定植安全期：日光节能温室在1月末至2月上旬，大棚多层覆盖在4月中下旬左右，棚、室内土温稳定在10℃以上，夜温不低于8℃。选晴天上午定植。

（5）保温与栽培密度：大棚定植时采取多层覆盖等保护措施，必要时在棚室内点暖风炉提温，行距50～60厘米，穴距25～28厘米。温室采取大垄双行膜下滴灌技术。每穴保苗2株，可间作、套作油菜、甘蓝等。

（6）开花结荚前管理：定植缓苗后，即应中耕培土，从定植后到开花前每隔1周左右中耕，中耕要深，并向苗基部培土。温室地膜覆盖不必中耕培土。棚室温度管理，白天保持20～25℃，夜间15℃，进入开花期白天20～28℃，夜间15～16℃。开花前一般不进行灌水施肥，开始开花时，根据气温要加大通风量。蔓生种在蔓茎抽出30厘米长时，应进行搭架，双行种植时可将两行并拢成人字架，单行种植应搭成立架或人字架。

（7）结荚期的管理：矮生油豆呈现花蕾时，蔓生油豆抽蔓后开始追肥灌水。使用符合有机农业要求的肥料，结合灌水、每亩追施2～3次经无害化处理的充分腐熟的大粪稀每次2吨。早春栽培定植后一周内不进行通风换气，当温度超过30℃时，中午短时间内通风，从缓苗到花期25℃左右，开花结荚期保持20℃左右，加大通风次数和时间，湿度保持75%，外温稳定13℃以上时，昼夜通风。

3. 棚室秋季延后栽培

（1）大棚秋季延后栽培：7月上、中旬直播，每穴2株，7～8月放底风，不干不浇水，防止徒长，真叶展开后培土1次；9月中旬后加强保温。停止追肥浇水，其他管理同早春栽培。

（2）温室秋冬茬栽培：7月整地，施腐熟有机肥，8月上、中旬直播、大垄双行膜下滴灌；10月下旬注意保温，白天不超过30℃不放风，夜间盖被保温、减少灌水；CO_2气体施肥在晴天上午，连续一个月以上，浓度1 000～1 500毫克/千克，并张挂聚酯反光膜增光。

4. 固氮菌肥的应用 固氮菌可直接利用空气中的氮作为氮素营养；应用固氮菌对油豆角进行种子处理、淋根或叶面喷施可提高幼苗素质、促进早熟，提高坐荚率。使用方法：在播种前对种子处理，幼苗期淋根或叶面喷施2遍每次间隔7～10天，增产率达5%。

5. 富田佳利复合微生物肥的应用 本品主要成分微量元素、黄腐酸、益生菌群、植物源，植物源是中草药提取物，有杀虫作用通过内吸传导对菜青虫进行触杀。使用方法：在初花期喷施2遍，每次间隔7～10天，增产率达8%，防虫率达90%以上。

6. 主要病虫害防治

（1）物理防虫：黄板、防虫网、黑光灯对害虫进行诱杀。

（2）防治油豆角根腐病：主要侵染根部或茎基部，一般早期症状不明显，直到开花结荚时植株矮小，病株下部叶片从叶缘开始变黄，一般不脱落，病株容易拔出。茎的地下部和主根变成红褐色，病部稍凹陷，有的开裂深达皮层，侧根脱落腐烂，甚至主根全部腐烂。防治方法：用根腐宁、枯萎灵或敌克松灌根每7～10天一次，连续2～3次。

（3）防治油豆角锈病：病叶表面产生锈状隆起病斑，密集时叶表面破坏，加速叶片失水而枯黄、皱缩；叶脉发病时，叶片变畸形；病荚尾端变小、弯曲；严重时亦为害叶柄、茎和豆荚。防治方法：用50％萎锈灵或65％代森锌连续防治2～3次，每次间隔7～10天。

（4）防治油豆角炭疽病：主要为害茎基部，发病初期基部褪绿，皮层组织腐烂，茎基部生出褐色至灰褐色不规则形病斑，后期病茎部产生黑色小点。病部变成暗褐色，全株枯死，豆荚干瘪。用80％代森锰锌可湿性粉剂连续防治2～3次，每次间隔7～10天。

（5）防治油豆角细菌性疫病：幼苗发病，子叶呈红褐色溃疡状，在着生小叶的节上及第二片叶柄基部产生水渍状斑，成株期叶片发病，多从叶尖或叶缘开始，初呈绿色油渍状小斑点，后扩大为不规则形，病部干枯变褐，半透明，周围有黄色晕圈。先除去病叶后用72％农用链霉素、新植霉素或波尔多液连续防治2～3次，每次间隔7～10天。

四、适宜地区

北方设施栽培油豆角产区。

（董玉霞、赵勇、于永强）

设施油豆角肥药双减绿色高效栽培技术模式

<table>
<tr><td rowspan="2">项　目</td><td colspan="3">3月</td><td colspan="3">4月</td><td colspan="3">5月</td><td colspan="3">6月</td><td colspan="3">7月</td><td colspan="3">8月</td><td colspan="3">9月</td><td colspan="3">10月</td></tr>
<tr><td>上</td><td>中</td><td>下</td><td>上</td><td>中</td><td>下</td><td>上</td><td>中</td><td>下</td><td>上</td><td>中</td><td>下</td><td>上</td><td>中</td><td>下</td><td>上</td><td>中</td><td>下</td><td>上</td><td>中</td><td>下</td><td>上</td><td>中</td><td>下</td></tr>
<tr><td>生育期
（大棚春茬）</td><td colspan="3">育苗期</td><td colspan="2">定植</td><td colspan="3">苗期管理</td><td colspan="6">收获期</td><td colspan="10"></td></tr>
<tr><td rowspan="6">技术
路线</td><td colspan="10">棚室管理</td><td colspan="14">固氮菌肥＋复合微生物肥料</td></tr>
<tr><td colspan="10" rowspan="5">品种选择：早熟品种有五月先、早油豆。棚室春茬蔓生菜豆可采用紫花油豆、将军一点红、西育16号等
棚室早春栽培：①培育壮苗。播种时选择粒大、饱满、无病斑的种子。菜豆种子播前应进行晾晒。大棚春茬菜豆在3月中下旬播种；在日光温室进行春茬栽培可以在1月下旬至2月上旬播种；②苗期管理。播种后白天20～25℃，夜间15℃，土温20℃，2～3天左右可出苗，7天之后子叶开始展开，降低温度，防止徒长；出苗后白天18～20℃，夜间12～15℃。第一片复叶展开至定植前10天，白天20～25℃，夜间15℃，土温15～18℃，定植前7天，白天15～20℃，夜间10℃。苗期要严格地控制水分，一般在30天苗龄期内浇1～2次水即可，在第一片复叶展开时，使用符合有机农业要求的肥料追肥，定植前7天炼苗，不再浇水；③定植前准备。棚、室早熟栽培，应秋季扣膜，整地以秋翻为主，结合翻地每亩施10～15吨经无害化处理的农家肥；④定植安全期。日光节能温室在1月末至2月上旬，大棚多层覆盖在4月中下旬，棚、室内土温稳定在10℃以上，夜温不低于8℃。选晴天上午定植；⑤保温与栽培密度。大棚定植时采取多层覆盖等保护措施，必要时在棚室内点暖风炉提温；⑥开花结荚前管理。定植缓苗后，即应中耕培土，开花前一般不进行灌水施肥，开始开花时，根据气温要加大通风量。蔓生种在蔓茎抽出30厘米长时，应进行搭架，双行种植时可将两行并拢成人字架，单行种植应搭成立架或人字架</td><td colspan="7">固氮菌肥的应用：在播种前对种子处理、淋根或叶面喷施可提高幼苗素质、促进早熟、提高坐荚率，在幼苗期淋根或叶面喷施2遍，间隔7～10天，增产率达5%</td><td colspan="7">富田佳利复合微生物肥的应用：本品主要成分微量元素、黄腐酸、益生菌群、植物源。植物源是中草药提取物，有杀虫作用通过内吸传导对菜青虫进行触杀，杀虫率90%以上，在初花期喷施2遍，间隔7～10天，增产率达8%</td></tr>
<tr><td colspan="14">病虫害防治</td></tr>
<tr><td colspan="7">物理防虫：黄板、防虫网、黑光灯对害虫进行诱杀</td><td colspan="7">防治油豆角根腐病。用根腐宁、枯萎灵或敌克松灌根每7～10天一次，连续2～3次</td></tr>
<tr><td colspan="6"></td><td colspan="8"></td></tr>
<tr><td colspan="3">防治油豆角细菌性疫病。用72%农用链霉素、新植霉素或波尔多液连续防治2～3次，每次间隔7～10天</td><td colspan="3">防治油豆角炭疽病。80%代森锰锌可湿性粉剂连续防治2～3次，每次间隔7～10天</td><td colspan="8">防治油豆角锈病。用50%萎锈灵或65%代森锌连续防治2～3次，每次间隔7～10天</td></tr>
<tr><td>适宜地区</td><td colspan="24">北方设施栽培油豆角产区</td></tr>
<tr><td>经济效益</td><td colspan="24">通过推广应用油豆角肥药双减绿色高效栽培技术，结合物理＋生物防控技术，提高油豆角有机品质，同时市场供求量和价格也相对提高，给农民带来切实的效益</td></tr>
</table>

第九章

上海市绿色高质高效技术模式

设施蔬菜—蚯蚓种养循环化肥减施增效绿色生产技术模式

一、技术概况

在蔬菜绿色生产栽培过程中，搭配设施菜田蚯蚓养殖改良土壤技术，通过合理的茬口搭配（如蚯蚓—黄瓜—绿叶菜茬口；番茄—绿叶菜—蚯蚓茬口；蚯蚓—绿叶菜茬口），达到土壤绿色可持续生产和蔬菜品质效益双提升的目的。可有效降低蔬菜复种指数，使设施土壤得到休闲，有效解决蔬菜长期连作造成的连作障碍、次生盐渍化、土传病虫害以及土壤质量退化问题，保障蔬菜生产安全、农产品质量安全和农业生态环境安全，促进农业增产增效，农民增收。该技术模式实施有益于提高蔬菜绿色生产水平，有益于保障农产品的质量安全。

二、技术效果

通过设施蔬菜—蚯蚓种养循环绿色高效生产技术实施，设施菜田土壤有机质含量提高5%以上，土壤容重下降10%，化肥使用量减少28.7%～54.5%，土壤质量得到有效提升，生态环境得到有效改善，蔬菜品质得到显著提高。该技术模式既解决了蔬菜废弃物对环境的污染问题，又实现了就地取材生产有机肥，同时还可改良土壤，达到土壤质量保育的目的。

三、技术路线

指导示范区选用高产、优质、抗病品种，培育健康壮苗，采取绿色防控综合防治措施，提高蔬菜丰产能力，增强对病、虫、草害的抵抗力，改善蔬菜的生长环境。科学合理搭配蚯蚓养殖改良土壤技术，选择春秋季进行2～3个月的蚯蚓养殖，注意饵料制备、养殖床铺设、种苗投放、环境调控、蚯蚓收获及蚯蚓粪还田改良土壤等关键技术步骤。

1. 科学栽培

（1）品种选择：选用适合本地区栽培的优良、抗病品种，黄瓜选用申青、碧玉系列品种，番茄选用金棚1号、浦粉1号、浙粉202以及长征908等品种，绿叶菜可根据季节和生产需要选择华王、新场青、苏州青、华阳等青菜，早熟5号、好运快菜等杭白菜，黄心芹、美丽西芹等芹菜或者广东菜心、米苋等新优品种。

（2）培育壮苗：采用营养钵或穴盘育苗，营养土要求疏松通透，营养齐全，土壤酸碱度中性到微酸性，不能含有对秧苗有害的物质（如除草剂等），不能含有病原菌和害虫。建议使用工厂化生产的配方营养土。

苗期保证土温在 18～25 ℃，气温保持在 12～24 ℃，定植前幼苗低温锻炼，大通风，气温保持在 10～18 ℃。

（3）水肥一体化技术：茄果类、瓜类等长周期作物采用比例注肥泵＋滴灌水肥一体化模式，选用高氮型和高钾型水溶肥料，视作物生长情况追肥 4～8 次，高氮、高钾肥料交替使用。绿叶菜类蔬菜根据生长情况追施 1～2 次高氮型水溶肥料，采用比例注肥泵＋喷灌的水肥一体化模式。

（4）清洁田园：及时中耕除草，保持田园清洁。蔬菜废弃物进行好氧堆肥资源化利用。

2. 设施菜田蚯蚓养殖技术

（1）饵料制备。

① 配制原则：饵料配制碳氮比应合理，一般在 20∶30。以牛粪＋蔬菜废弃物堆制为佳，也可采用猪粪、羊粪等其他畜禽粪便＋蔬菜废弃物经堆沤后作饵料。饵料投放前必须进行堆沤发酵。如果将未经发酵处理的饵料直接投喂蚯蚓，蚯蚓会因厌恶其中的氨气等有害气体而拒食，继而因饵料自然发酵产生高温（可达 60～80 ℃）并排出大量甲烷、氨气等导致蚯蚓纷纷逃逸甚至大量死亡。

② 发酵条件：养殖蚯蚓的饵料发酵一般采取堆沤方法，堆沤发酵需满足条件：一是通气。在堆沤发酵时必须要有良好的通气条件，可促进好氧性微生物的生长繁殖，加快饵料的分解和腐败。二是水分。在堆沤饲料时，饵料堆应保持湿润，最佳湿度为 60%～70%。三是温度。饵料堆内的温度一般控制在 20～65 ℃。pH 为 6.5～7.5 为宜。

③ 堆沤操作：如有条件，应在堆场进行饵料堆沤。料堆的高度控制在 1.2～1.8 米，宽度约 3 米，长度不限。高温季节，堆沤后第二天料堆内温度即明显上升，表明已开始发酵，4～5 天后温度可上升至 70 ℃左右，然后逐渐降温，当料堆内部温度降至 50 ℃时，进行第一次翻堆操作。翻堆操作时，应把料堆下部的料翻到上部，四边的料翻到中间，翻堆时，要适量补充水分，以翻堆后料堆底部有少量水流出为宜。第一次翻堆后 1～2 天，料堆温度开始上升，可达 80 ℃左右，6～7 天之后，料温开始下降，这时可进行第二次翻堆，并将料堆宽度缩小 20%～30%。第二次翻堆后，料温可维持在 70～75 ℃，5～6 天后，料温下降，进行第三次翻堆并将料堆宽度再缩小 20%，第三次翻堆后 4～5 天，进行最后一次翻堆，正常情况下 25 天左右便可完成发酵过程，获得充分发酵腐熟的蚯蚓饲料。

④ 质量鉴定：发酵好的粪料呈黑褐色或咖啡色，质地松软，不黏滞，即为发酵好的合格饵料。一般最常用的饵料鉴定方法为生物鉴定法，具体操作方法是：取少量发酵好的饵料在其中投入成蚓 200 条左右，如半小时内全部蚯蚓进入正常栖息状态，48 小时内无逃逸、无死亡，表明饵料发酵合格，可以用于饲养蚯蚓。

（2）养殖床铺设：设施大棚前茬蔬菜清园后可进行养殖床铺设，一般应选择已发生连作障碍的大棚进行。养殖床铺设一般沿着大棚的长度方向进行铺设，养殖床长度以单个大棚实际长度为准，饵料铺设宽度在 2～3 米，厚度 15～20 厘米，饵料铺设应均匀。单个大棚一般铺设2条，中间留一条过道。也可作一条，居中，宽度4～6米。养殖床的设置应以方便操作为原则。若直接采用新鲜牛粪或干牛粪铺设养殖床，应在铺设后，密闭大棚15天，7天左右进行一次翻堆，确保牛粪充分发酵。饵料投放量不少于15吨/亩。

（3）种苗投放：选择比较适宜当地环境条件或有特殊用途的蚯蚓种苗进行养殖，一般选择太平2号或北星2号等。蚯蚓种苗的投入量不少于100千克/亩。蚯蚓投放前将养殖床先浇透水，然后将蚯蚓种置于养殖床边缘，让蚯蚓自行爬至养殖床。

（4）养殖管理。

① 及时翻堆：养殖过程中应保持床土的通气性，及时对养殖床进行翻堆2～3次。

② 水分管理：注意养殖床上层透气、滤水性良好、适时浇水保持适宜湿度约65%（手捏能成团，松开轻揉能散开）。夏季（5～9月）温度较高，蒸发较快，每天浇两次水，早晚各一次，每次浇透即可，可采用喷淋装置进行淋水。7～8月上海地区易出现连续高温，建议蚯蚓养殖尽量避开这段时间。其他季节温度低，蒸发慢，每隔3～4天浇一次水，早上或傍晚均可。

③ 温度与光照控制：夏季应多层遮阳网覆盖，并采取浇水、覆盖稻草等方式来降低棚内温度，同时，应打开大棚两边的门以及四边的卷膜，以此增加空气流动，降低棚内温度。冬季低温时，压实四边卷膜，晚上关闭大棚两边的门，白天打开两边门，增加空气流通。整个养殖期间应保持蚯蚓适宜的生长温度。一是覆盖遮阳网。蚯蚓喜欢阴暗的环境，养殖蚯蚓大棚必需遮盖遮阳网，创造阴暗环境并在夏季降低棚内温度。取遮阳网均匀盖在大棚顶膜上，四周固定，防止大风刮落，一般盖1～2层，以降低温度。养殖床上再遮盖一层遮阳网，创建阴暗潮湿的环境，以利于蚯蚓取食活动。二是覆盖干稻草或秸秆。在整个养殖过程中可以在养殖床上盖一层干稻草或秸秆厚度约5厘米，夏天可以遮阴降低温度，冬天可以起到保温作用，还可以避免浇水时的直接冲刷。

④ 蚯蚓病虫害防治。一是病害防治。蚯蚓的病害一般为生态性疾病，一个是毒素或毒气中毒症，另一个是缺氧症。管理过程中应注意基料发酵的完全性、养殖床的透气性和蚯蚓养殖环境的通风性。二是虫害防治。蚯蚓的虫害一般为捕食性天敌，如鼠、蛇、蛙、蚂蚁、蜈蚣、蝼蛄等。可根据其活动规律和生理习性，本着“防重于治”的原则，有针对性的防治，比如，堵塞漏洞，加设防护罩等，一旦发现可人工诱集捕杀。

（5）蚯蚓收获：整个养殖周期自蚯蚓投放后不少于3个月，冷凉季节应适当延长养殖时间。养殖满3个月左右可进行蚯蚓收获。蚯蚓收获方法为在蚯蚓养殖床表面或两边添加一层新饵料，1～2天后，将蚯蚓床表面10厘米或床边上的蚯蚓料混合用叉子挑到之前铺好的塑料薄膜或地布上，利用蚯蚓的惧光性一层一层的将表面的基料剥离，最后可得到纯蚯蚓。

（6）蚯蚓粪还田改土：一般每亩可收获蚯蚓粪3吨左右。养殖结束后一般可采用以下方法进行土壤改良：①使用旋耕机直接将蚯蚓和蚯蚓粪翻入土中，进行改良土壤，后茬种植蔬菜；②收获蚯蚓后再用旋耕机将蚯蚓粪翻耕入土，进行改良土壤，后茬种植蔬菜。

3. 绿色高效茬口

（1）蚯蚓—黄瓜—绿叶菜茬口。

① 茬口安排。

第一茬：养殖蚯蚓。1～4 月在大棚内养殖蚯蚓，沿着垂直于大棚长的方向铺设 2 条蚯蚓养殖床，每条宽度 2～3 米，厚度 10～20 厘米，中间过道宽度 1.5～2 米。为了保证蚯蚓养殖过程中的温湿度，大棚顶膜上需铺设一层遮阳网，棚内配备 2 条喷灌带。养殖床上投放蚯蚓种苗，每亩 100 千克。冬季养殖床面上要铺设一层稻壳或稻草以保温，蚯蚓饵料采用牛粪：蔬菜废弃物秸秆＝2∶1 的比例进行配置发并发酵 10～15 天，每亩用量15 吨以上。养殖 3～4 个月后每亩留 1 000 千克左右的蚯蚓粪作为下茬作物的基肥，将蚯蚓及余下蚯蚓粪转移到其他棚内进行土壤改良。

第二茬：种植黄瓜。5 月份在养殖过蚯蚓的棚内定植黄瓜。根据黄瓜长势于 6 月底开始采收，到 8 月中旬采收结束。黄瓜种植过程中，基肥使用 1 000 千克/亩的蚯蚓粪肥＋30 千克/亩复合肥，可以较常规化肥用量（50 千克/亩）减少 40%左右。在黄瓜后续生长过程中，采用比例式注肥泵＋滴灌的水肥一体化模式，根据长势，适当追施 4～8 次水溶肥，直至采收结束。生产过程中采用“防虫网＋诱虫板”的绿色防控技术。

第三茬：种植绿叶菜。根据生产安排和市场需求，种植 1～2 茬绿叶菜。以绿叶菜为例，第一茬绿叶菜可于 9 月定植，10 月底采收。种植前施入蚯蚓肥 500 千克/亩左右＋15 千克复合肥。第二茬绿叶菜于 10 月底定植，11 月底至 12 月上旬采收。此茬绿叶菜种植是只需施入 15～20 千克/亩的复合肥即可。生产过程中视蔬菜生长情况追施 1～2 次高氮型水溶肥料，采用比例注肥泵＋喷灌的水肥一体化模式。栽培管理中采用“防虫网＋诱虫板”的绿色防控技术，并推荐使用生物农药。

② 化肥减量：蚯蚓养殖可降低蔬菜复种指数，减少一茬蔬菜种植。蚯蚓养殖改良土壤后，黄瓜基肥中化肥用量（30 千克/亩）较常规生产（50 千克/亩）减少 40%，追肥采用水肥一体化模式，可减少化肥用量 15%。青菜生产中基肥化肥用量（15 千克/亩）较常规生产（20 千克/亩）减少 25%，追肥化肥用量减少 10%。综合计算，该茬口模式较常规生产全年可减少化肥用量 54.5%。

（2）番茄—绿叶菜—蚯蚓茬口。

① 茬口安排。

第一茬：番茄。3 月上旬定植番茄，可选择浦粉、金棚 1 号、欧曼等优良品种。根据番茄长势于 5 月底开始采收，到 7 月中旬采收结束。番茄种植过程中，基肥使用 1 000 千克/亩的蚯蚓粪肥＋30 千克/亩复合肥，较常规生产复合肥用量减少 40%左右。在番茄生产过程中，采用比例注肥泵＋滴灌的水肥一体化模式，根据长势，适当追施 4～6 次水溶肥，直至采收结束。生产过程中全程采用“防虫网＋诱虫板”的绿色防控技术。

第二茬：绿叶菜。根据生产安排和市场需求，种植 1～2 茬绿叶菜。以青菜为例，第一茬青菜可于 8 月份直播，9 月份采收。种植前施入蚯蚓粪肥 500 千克/亩左右＋15 千克复合肥。第二茬青菜于 9 月份定植，10 月份采收。此茬青菜种植是只需施入 15～20 千克/亩的复合肥即可。生产过程中视蔬菜生长情况追施 1～2 次高氮型水溶肥料，采用比例注肥泵＋喷灌的水肥一体化模式。栽培管理中采用“防虫网＋诱虫板”的绿色防控技术，并推荐使用生物农药。

第三茬：养殖蚯蚓。11 月至翌年 2 月在大棚内养殖蚯蚓，沿着垂直于大棚长的方向铺设 2 条蚯蚓养殖床，每条宽度 2～3 米，厚度 10～20 厘米，中间过道宽度 1.5～2 米。

为了保证蚯蚓养殖过程中的温湿度，大棚顶膜上需铺设一层遮阳网，棚内配备2条喷灌带。养殖床上投放蚯蚓种苗，每亩100千克。冬季养殖床面上要铺设一层稻壳或稻草以保温，蚯蚓饵料采用牛粪：蔬菜废弃物秸秆＝2∶1的比例进行配置发并发酵10～15天，每亩用量15吨以上。养殖3～4个月后每亩留1 000千克左右的蚯蚓粪作为下茬作物的基肥，将蚯蚓及余下蚯蚓粪转移到其他棚内进行土壤改良。

② 化肥减量：蚯蚓养殖可降低蔬菜复种指数，减少一茬蔬菜种植。蚯蚓养殖改良土壤后，番茄基肥中化肥用量（30千克/亩）较常规生产（50千克/亩）减少40%，追肥采用水肥一体化模式，可减少化肥用量15%。青菜生产中基肥化肥用量（15千克/亩）较常规生产（20千克/亩）减少25%，追肥化肥用量减少10%。综合计算，该茬口模式较常规生产全年可减少化肥用量54.5%。

（3）蚯蚓—绿叶菜茬口。

① 茬口安排。

第一茬：养殖蚯蚓。1～4月在大棚内养殖蚯蚓，沿着垂直于大棚长的方向铺设2条蚯蚓养殖床，每条宽度2～3米，厚度10～20厘米，中间过道宽度1.5～2米。为了保证蚯蚓养殖过程中的温湿度，大棚顶膜上需铺设一层遮阳网，棚内配备2条喷灌带。养殖床上投放蚯蚓种苗，每亩100千克。冬季养殖床面上要铺设一层稻壳或稻草以保温，蚯蚓饵料采用牛粪：蔬菜废弃物秸秆＝2∶1的比例进行配置发并发酵10～15天，每亩用量15吨以上。养殖3～4个月后每亩留500千克左右的蚯蚓粪作为下茬作物的基肥，将蚯蚓及余下蚯蚓粪转移到其他棚内进行土壤改良。

第二茬：绿叶菜。根据生产习惯和市场需求，种植3～5茬绿叶菜。第一茬生菜可于5月种植，6月底采收。种植前施入蚯蚓粪肥500千克/亩左右＋15千克左右复合肥。第二茬青菜可于7月初种植，7月底至8月上旬采收。此茬青菜种植是只需施入15～20千克/亩的复合肥即可。此后可根据市场及生产安排跟种1～3茬绿叶菜，如杭白菜、生菜、芹菜等。生产过程中视蔬菜生长情况追施1～2次水溶肥，采用比例注肥泵＋喷灌的水肥一体化模式。栽培管理中采用“防虫网＋诱虫板”的绿色防控技术，并推荐使用生物农药。

② 化肥减量：蚯蚓养殖可降低蔬菜复种指数，减少1～2茬蔬菜种植。蚯蚓养殖改良土壤后，绿叶菜生产基肥中化肥用量（15千克/亩）较常规生产（20千克/亩）减少25%，追肥采用水肥一体化模式，可减少化肥用量10%。综合计算，该茬口模式较常规生产全年可减少化肥用量28.7%。

四、效益分析

1. 经济效益分析 通过蚯蚓养殖改良土壤，土壤地力得到持续提升，蔬菜产量显著提高。1年每亩均产量提高15%以上，平均收益每亩可增收500～900元。养殖生产的蚯蚓可以加工成肥料、中药等，经济价值更高。

2. 生态、社会效益分析 通过技术应用，化肥使用量减少28.7%～54.5%，土壤质量得到有效提升，生态环境得到有效改善，蔬菜产量、品质得到显著提高，有益于保障食品安全；绿色栽培技术的应用，减轻了农业生产过程中对自然环境的污染。该技术模式既解决了蔬菜废弃物对环境的污染问题，又实现了就地取材生产肥料，同时还可以改良土壤，达到土壤质量保育的目的，一举三得，社会、生态效益十分显著。

五、适宜地区

南方设施栽培蔬菜产区。

（李珍珍）

设施黄瓜—蚯蚓种养循环绿色高效生产技术模式

<table>
<tr><td colspan="2" rowspan="2">项目</td><td colspan="3">1月</td><td colspan="3">2月</td><td colspan="3">3月</td><td colspan="3">4月</td><td colspan="3">5月</td><td colspan="3">6月</td><td colspan="3">7月</td><td colspan="3">8月</td><td colspan="3">9月</td><td colspan="3">10月</td><td colspan="3">11月</td><td colspan="3">12月</td></tr>
<tr><td>上</td><td>中</td><td>下</td><td>上</td><td>中</td><td>下</td><td>上</td><td>中</td><td>下</td><td>上</td><td>中</td><td>下</td><td>上</td><td>中</td><td>下</td><td>上</td><td>中</td><td>下</td><td>上</td><td>中</td><td>下</td><td>上</td><td>中</td><td>下</td><td>上</td><td>中</td><td>下</td><td>上</td><td>中</td><td>下</td><td>上</td><td>中</td><td>下</td><td>上</td><td>中</td><td>下</td></tr>
<tr><td>生育期</td><td>春茬</td><td colspan="12">蚯蚓养殖</td><td colspan="3">黄瓜定植</td><td colspan="8">收获期</td><td colspan="13">绿叶菜</td></tr>
<tr><td colspan="2" rowspan="3">措施</td><td colspan="2">饵料制备</td><td colspan="10">养殖管理</td><td colspan="3">选择优良品种</td><td colspan="8">水肥一体化</td><td colspan="3">优良品种</td><td colspan="10">水肥一体化</td></tr>
<tr><td colspan="9"></td><td colspan="27">药剂防治</td></tr>
<tr><td colspan="11"></td><td colspan="25">防虫网+色板</td></tr>
<tr><td colspan="2" rowspan="4">技术路线</td><td colspan="36">设施菜田蚯蚓养殖技术：包括饵料制备、养殖床铺设、种苗投放、养殖环境调控、蚯蚓采收及蚯蚓粪还田改良土壤等关键技术</td></tr>
<tr><td colspan="36">选种：选择申青、碧玉等系列优良品种</td></tr>
<tr><td colspan="36">水肥一体化技术。黄瓜作物采用比例注肥泵+滴灌水肥一体化技术模式，选用高氮型和高钾型水溶肥料，视作物生长情况追肥4～8次，高氮、高钾肥料交替使用。绿叶菜类蔬菜根据生长情况追施1～2次高氮型水溶肥料，采用比例注肥泵+喷灌的水肥一体化模式</td></tr>
<tr><td colspan="36">主要病虫害防治：①诱虫板。利用害虫对不同波长、颜色的趋性，在设施内放置黄板、蓝板，对害虫进行诱杀；②防虫网。棚室门口及裙侧采用防虫网</td></tr>
<tr><td colspan="2">适宜地区</td><td colspan="36">南方设施栽培黄瓜产区</td></tr>
<tr><td colspan="2">经济效益</td><td colspan="36">应用设施黄瓜—蚯蚓种养循环模式，可提高黄瓜产量15%以上，同时加强绿色防控和水肥一体化技术的应用，降低了农药的使用次数，节约了肥料农药使用成本和人力成本。按照黄瓜棚室生产平均收益计算，每亩可增收900元，节省人工6工</td></tr>
</table>

设施番茄—蚯蚓种养循环绿色高效生产技术模式

<table>
<tr><td colspan="2" rowspan="2">项目</td><td colspan="3">1月</td><td colspan="3">2月</td><td colspan="3">3月</td><td colspan="3">4月</td><td colspan="3">5月</td><td colspan="3">6月</td><td colspan="3">7月</td><td colspan="3">8月</td><td colspan="3">9月</td><td colspan="3">10月</td><td colspan="3">11月</td><td colspan="3">12月</td></tr>
<tr><td>上</td><td>中</td><td>下</td><td>上</td><td>中</td><td>下</td><td>上</td><td>中</td><td>下</td><td>上</td><td>中</td><td>下</td><td>上</td><td>中</td><td>下</td><td>上</td><td>中</td><td>下</td><td>上</td><td>中</td><td>下</td><td>上</td><td>中</td><td>下</td><td>上</td><td>中</td><td>下</td><td>上</td><td>中</td><td>下</td><td>上</td><td>中</td><td>下</td><td>上</td><td>中</td><td>下</td></tr>
<tr><td>生育期</td><td>春茬</td><td colspan="6">蚯蚓养殖</td><td>番茄定植</td><td colspan="5">栽培管理</td><td colspan="8">收获期</td><td colspan="10">绿叶菜</td><td colspan="6">蚯蚓养殖</td></tr>
<tr><td colspan="2" rowspan="3">措施</td><td colspan="6">养殖管理</td><td>选择优良品种</td><td colspan="13">水肥一体化</td><td>优良品种</td><td colspan="9">水肥一体化</td><td colspan="3">饵料制备</td><td colspan="3">养殖管理</td></tr>
<tr><td colspan="6"></td><td colspan="24">药剂防治</td><td colspan="6"></td></tr>
<tr><td colspan="6"></td><td colspan="24">防虫网＋色板</td><td colspan="6"></td></tr>
<tr><td colspan="2" rowspan="4">技术路线</td><td colspan="36">设施菜田蚯蚓养殖技术：包括饵料制备、养殖床铺设、种苗投放、养殖环境调控、蚯蚓采收及蚯蚓粪还田改良土壤等关键技术</td></tr>
<tr><td colspan="36">选种：选择金鹏1号、浦粉1号、浙粉202以及长征908等优良品种</td></tr>
<tr><td colspan="36">水肥一体化技术。番茄采用比例注肥泵＋滴灌水肥一体化技术模式，选用高氮型和高钾型水溶肥料，视作物生长情况追肥4～8次，高氮、高钾肥料交替使用。绿叶菜类蔬菜根据生长情况追施1～2次高氮型水溶肥料，采用比例注肥泵＋喷灌的水肥一体化模式</td></tr>
<tr><td colspan="36">主要病虫害防治：①诱虫板。利用害虫对不同波长、颜色的趋性，在设施内放置黄板、蓝板，对害虫进行诱杀；②防虫网。棚室门口及裙侧采用防虫网</td></tr>
<tr><td colspan="2">适宜地区</td><td colspan="36">南方设施栽培番茄产区</td></tr>
<tr><td colspan="2">经济效益</td><td colspan="36">应用设施番茄—蚯蚓种养循环模式，可提高番茄产量15%以上，同时加强绿色防控和水肥一体化技术的应用，降低了农药的使用次数，节约了肥料农药使用成本和人力成本。按照番茄棚室生产平均收益计算，每亩可增收900元，节省人工6工</td></tr>
</table>

设施绿叶菜—蚯蚓种养循环绿色高效生产技术模式

<table>
<tr><td colspan="2" rowspan="2">项目</td><td colspan="3">1月</td><td colspan="3">2月</td><td colspan="3">3月</td><td colspan="3">4月</td><td colspan="3">5月</td><td colspan="3">6月</td><td colspan="3">7月</td><td colspan="3">8月</td><td colspan="3">9月</td><td colspan="3">10月</td><td colspan="3">11月</td><td colspan="3">12月</td></tr>
<tr><td>上</td><td>中</td><td>下</td><td>上</td><td>中</td><td>下</td><td>上</td><td>中</td><td>下</td><td>上</td><td>中</td><td>下</td><td>上</td><td>中</td><td>下</td><td>上</td><td>中</td><td>下</td><td>上</td><td>中</td><td>下</td><td>上</td><td>中</td><td>下</td><td>上</td><td>中</td><td>下</td><td>上</td><td>中</td><td>下</td><td>上</td><td>中</td><td>下</td><td>上</td><td>中</td><td>下</td></tr>
<tr><td>生育期</td><td>春茬</td><td colspan="12">蚯蚓养殖</td><td colspan="24">绿叶菜类</td></tr>
<tr><td colspan="2" rowspan="3">措施</td><td colspan="12">养殖管理</td><td colspan="2" rowspan="2">优良品种</td><td colspan="22">水肥一体化</td></tr>
<tr><td colspan="12"></td><td colspan="22">药剂防治</td></tr>
<tr><td colspan="12"></td><td colspan="24">防虫网+色板</td></tr>
<tr><td colspan="2" rowspan="4">技术路线</td><td colspan="36">设施菜田蚯蚓养殖技术：包括饵料制备、养殖床铺设、种苗投放、养殖环境调控、蚯蚓采收及蚯蚓粪还田改良土壤等关键技术</td></tr>
<tr><td colspan="36">选种：根据季节和生产需要选择华王、新场青、苏州青、华阳等青菜，早熟5号、好运快菜等杭白菜，黄心芹、美丽西芹等芹菜或者广东菜心、米苋等新优品种</td></tr>
<tr><td colspan="36">水肥一体化技术：绿叶菜类蔬菜根据生长情况追施1～2次高氮型水溶肥料，采用比例注肥泵+喷灌的水肥一体化模式</td></tr>
<tr><td colspan="36">主要病虫害防治：①诱虫板。利用害虫对不同波长、颜色的趋性，在设施内放置黄板、蓝板，对害虫进行诱杀；②防虫网。棚室门口及裙侧采用防虫网</td></tr>
<tr><td colspan="2">适宜地区</td><td colspan="36">南方设施栽培绿叶蔬菜产区</td></tr>
<tr><td colspan="2">经济效益</td><td colspan="36">应用设施绿叶菜—蚯蚓种养循环模式，可提高绿叶菜产量10%以上，同时加强绿色防控和水肥一体化技术的应用，降低了农药的使用次数，节约了肥料农药使用成本和人力成本。按照绿叶菜平均收益计算，每亩可增收500元，节省人工5工</td></tr>
</table>

第十章

江苏省绿色高质高效技术模式

秋播西兰花药肥双减绿色高效栽培技术

一、技术概况

在秋播西兰花绿色生产栽培过程中，推广应用高畦栽培、微生物菌剂、有机肥、物理与生物化学防治结合的病虫害综合防治技术，重点推广高畦栽培、微生态菌剂应用、生物有机肥、黄板、性诱剂、杀虫灯、生物农药及高效低毒低残留化学农药结合防治技术，从而有效减少西兰花生产过程化肥、农药投入，控制农药残留，确保西兰花生产和产品质量安全，促进农业增产增效，菜农增收，西兰花产业可持续发展。

二、技术效果

通过推广微生物菌剂在苗床上应用，高畦栽培、生物有机肥改良土壤，结合物理+喷施生物、高效低毒化学农药等绿色生产及病虫害防控技术，产量提高10%以上，化肥使用量减少18%～30%，农药使用量减少30%～40%，农产品合格率100%。

三、技术路线

指导示范区选用优质、高产、抗逆品质，培育健壮秧苗，采用高畦栽培、生物有机肥改良土壤，物理和生物化学农药综合防治等技术措施，提高西兰花产量，增强秋季西兰花抗旱、涝及病虫害能力，改善西兰花生长环境，控制、避免病虫害的发生和蔓延。

1. 科学栽培

（1）品种选择：选择适宜本地区栽培的、抗逆性强的品种。如早熟品种炎秀，中晚熟品种耐寒优秀。

（2）适期播种：炎秀7月初至7月15日播种，耐寒优秀7月25日至8月10日播种。

（3）培育壮苗：采用基质育苗。

一是材料准备。选用128孔穴盘，使用前用50%福美双700倍液或75%百菌清600倍液浸泡30～40分钟消毒；选用商品基质；每亩大田35张穴盘，128～130升基质。

二是播种方法。基质装盘：装盘前先将基质喷少许水拌匀，调节基质含水量到50%～60%，并使其膨松后装入穴盘，刮去盘面上多余的基质；浇足底水：浇水量以水流出穴盘为宜；压盘：用相同的空穴盘垂直放在装满基质的穴盘上，两手平放在空穴盘上轻轻下压，一盘一压。播种：1穴1粒，播种深度0.5～0.8厘米。

三是苗床管理。出苗后苗床温度白天25～30℃，夜间20～22℃。齐苗后白天20～22℃，夜间16～18℃。真叶出现后，白天22～25℃，夜间不低于12℃；出苗后保持基质见干见湿，真叶出现后结合浇水叶面喷施微生物菌剂+0.2%磷酸二氢钾1～2次；定植前5～7天炼苗；定植前1天，用50%多菌灵可湿性粉剂500倍液叶面喷施。

（4）高畦栽培：移栽前10～15天整地施足基肥，每亩施生物有机肥80千克，45%复合肥30～35千克，硼肥1.5～2千克，用旋耕机旋匀后作畦，畦沟宽1.8～2.0米，畦高0.20～0.25米，同时配套好内外沟系；选择晴好天气，夏秋季节下午4时以后移栽，每畦栽4行，早熟品种每亩密度2 700～3 000株；中晚熟品种每亩密度2 500～2 700株；大小苗分级定植；定植后及时浇活棵水，高温干旱时早晚浇缓苗水。

在定植活棵后进行一次中耕松土除草，以后每10～15天松一次土，封行后不再松土；活棵后，视植株长势，结合浇水亩施尿素5～7千克。12～15叶时亩施45%复合肥10～15千克、尿素5～7千克。花球豌豆大小时，每亩施45%复合肥15～20千克、尿素7～10千克；西兰花生长期间，保持土壤湿润，干旱时及时浇水，雨后及时排涝。

2. 主要病虫害防治

（1）黄板、性诱剂、杀虫灯诱杀害虫：利用害虫趋光、波长、颜色、性趋性，在西兰花田间放置黄板、性诱剂、杀虫灯，对害虫进行诱杀。

（2）黑腐病：72%农用硫酸链霉素可湿性粉剂200毫克/千克、77%可杀得可湿性粉剂600～800倍液喷洒2～3次，交替使用，间隔期7～14天。

（3）霜霉病：75%百菌清可湿性粉剂600～800倍液、72%克露可湿性粉剂600～800倍液、58%甲霜灵锰锌可湿性粉剂600～800倍液喷洒2～3次，交替使用，间隔期7～14天。

（4）斜纹夜蛾、甜菜夜蛾：5%抑太保乳油500～800倍液、5%氟虫脲乳油1 000～1 500倍液、52.25%农地乐1 000～1 500倍液、1.8%阿维菌素乳油600～800倍液，交替使用，间隔期7～14天。

四、效益分析

1. 经济效益分析 微生物菌剂、高畦栽培、生物有机肥和绿色防控技术的应用，可提高秋季西兰花产量10%以上，同时降低化肥使用量和农药使用量及使用次数，减少劳动力成本100元以上。按照秋季西兰花生产平均收益计算，亩增效益500元以上。

2. 生态、社会效益分析 秋季西兰花绿色高效栽培技术的应用，大幅度提高了西兰花产量，增加了菜农的收入；同时，生物有机肥和绿色防控技术的应用，有效地减少和防除了西兰花栽培中虫害和病害的发生，降低了化肥和农药的使用量，改善了生态环境，提高了西兰花商品品质和产品质量安全，促进了西兰花产业的可持续发展。

五、适宜地区

沿海地区秋季西兰花生产区域。

（潘国云、韩益飞、王玲玉）

秋播西兰花药肥双减绿色生产技术模式

项目	7月			8月			9月			10月			11月			12月		
	上	中	下	上	中	下	上	中	下	上	中	下	上	中	下	上	中	下
生育期	育苗期				定植							收获期						
措施	选择优良品种、应用微生物菌剂				生物有机肥													
					药剂防治													
					黄板、性诱剂、杀虫灯													
技术路线	选种：早熟品种选择炎秀、中晚熟品种选择耐寒优秀 壮苗培育：采用穴盘基质育苗，真叶出现后结合浇水叶面喷施微生物菌剂+0.2%磷酸二氢钾1～2次，促进根系及植株生长 高畦栽培：移栽前10～15天整地施足基肥，每亩施生物有机肥80千克，45%复合肥30～35千克，硼肥1.5～2千克，施肥后用旋耕机旋匀，然后作畦，畦沟宽1.8～2.0米，畦高0.20～0.25米；选择晴好天气，夏秋季节下午4时以后移栽，每畦栽4行，早熟品种每亩密度2 700～3 000株；中晚熟品种每亩密度2 500～2 700株；大小苗分级定植；活棵后进行一次中耕松土除草，以后每10～15天松一次土，封行后不再松土；活棵后，视植株长势，结合浇水亩施尿素5～7千克。12～15叶时亩施45%复合肥10～15千克、尿素5～7千克。花球豌豆大小时，亩施45%复合肥15～20千克、尿素7～10千克 主要病虫害防治：①黄板、性诱剂、杀虫灯诱杀害虫；②黑腐病。72%农用硫酸链霉素可湿性粉剂200毫克/千克、77%可杀得可湿性粉剂600～800倍液2～3次，交替使用，间隔期7～14天；③霜霉病。75%百菌清可湿性粉剂600～800倍液、72%克露可湿性粉剂600～800倍液、58%甲霜灵锰锌可湿性粉剂600～800倍液2～3次，交替使用，间隔期7～14天；④斜纹夜蛾、甜菜夜蛾。5%抑太保乳油500～800倍液、5%氟虫脲乳油1 000～1 500倍液、52.25%农地乐1 000～1 500倍液、1.8%阿维菌素乳油600～800倍液，交替使用，间隔期7～14天																		
适宜地区	沿海地区秋季西兰花生产区域																	
经济效益	微生物菌剂培育壮苗、高畦栽培、生物有机肥和绿色防控技术的应用，可提高秋季西兰花产量10%以上，同时降低化肥使用量和农药使用量及使用次数，减少劳动力成本100元以上。按照秋季西兰花生产平均收益计算，每亩增加效益500元以上																		

第十一章

浙江省绿色高质高效技术模式

杨梅山地设施避雨栽培技术模式

一、技术概况

江南杨梅成熟上市期正值梅雨降雨集中期，易受风雨、果蝇、病菌为害，影响杨梅果实的品质和采收。浙江省率先示范推广杨梅山地设施避雨栽培技术，主要采用大棚促成和网室避雨两种模式，有效解决了杨梅生产中的技术难题。大棚促成栽培避开高温、降雨集中期，提早成熟上市，网室避雨栽培延迟成熟上市，设施避雨栽培延长杨梅采摘期，提升品质，提高采收率，果品质量安全有保障。

二、技术效果

1. 大棚促成栽培

（1）提早成熟，延长采摘期：东魁杨梅提早 20 天以上成熟，5 月下旬上市，采摘期长达 20 天以上。

（2）品质更优更稳定：设施环境适宜杨梅果实生长，东魁杨梅可溶性固形物含量 12%以上，平均单果重 23 克以上，优质果率 80%以上。

（3）提高采收率：大棚栽培前期保温促成后期防虫避雨，果实不易受雨水、果蝇、病菌危害，采收率 90%以上。

2. 网室避雨栽培

（1）延迟成熟，延长采摘期：东魁杨梅成熟期延迟 2～5 天，高海拔地区采摘期可延后至 7 月中旬。

（2）提升品质：设施内小环境利于果实肉柱膨大，东魁杨梅平均单果重可提高 12%以上，优质果率提高 25%以上。

（3）提高采收率：连续降雨天气情况下，采收率提高 40 个百分点以上。

三、技术路线

1. 大棚促成栽培

（1）园地选择：一般选择光照良好的南坡或东南朝向、无强风影响的园地为好，地势陡峭、坡度大的园地不宜。

（2）设施搭建：依据山地杨梅园地势呈阶梯式搭建钢架大棚，一般肩高 5.5 米，顶高

6 米，单栋宽 6 米，树冠顶部与棚顶保持 1.5 米以上。侧顶部安装摇膜通风口，便于通风降温。配套安装喷滴灌设施。

（3）大棚覆膜：选择高透光、无雾滴、无毒的 0.07 毫米聚乙烯膜（PE）为宜。覆膜时间 12 月下旬至翌年 1 月初。覆膜后注意防雪压棚，采后及时揭膜。

（4）人工授粉：大棚内需配置雄树授粉，也可高接雄枝或雄树单株大棚保温，花期剪取雄枝多点摇动授粉，授粉时间宜在 10:00～12:00 气温较高时进行，打开通风口，保持棚内空气流通。每棚授粉 2～3 次，每 2～3 天授粉 1 次，同时将雄花枝插于盛水的容器中，悬挂于树冠中上部辅助授粉。

（5）温度调控：棚内温度调控主要通过保温加温、通风换气等措施来实现。1～2 月棚内气温偏低，适当通风换气，尽量少揭膜，但应注意晴天气温快速上升现象，32 ℃以上及时打开上坡棚排风口降温。开花期、幼果期棚内夜间温度低于 0 ℃时，须采取保温措施，如热风机加温。3 月至 4 月上旬当棚内温度升至 32 ℃以上，从棚体上坡至下坡，视温度分时段打开顶部排风口通风降温，一般 15:00 关闭保温。5 月上旬当夜间最低气温稳定在 14～15 ℃时，顶部通风口长期处开放状态，遇雨天及时关闭。

（6）湿度调控：棚内湿度按前中期适中、成熟期控湿的原则管理。开花期适宜相对湿度为 70%～80%，幼果期和膨大期最适相对湿度为 80%～90%，果实成熟采收期最适相对湿度为 60%～70%。果实膨大期湿度适宜利于果实发育，可通过土壤滴灌、树冠喷灌做调节。授粉期高湿容易使花粉成团，不利于授粉，宜通过通风调节。成熟期高温高湿易引发白腐病，故湿度不宜太高，宜在果实转色期前地面覆盖反光膜，达到增光控湿的目的。

（7）树体管理：为了便于大棚的搭建和管理，构建合理的矮化树体。新植园以培养低干矮化的自然开心形树冠为宜，树体挂果后搭建大棚，高大树冠杨梅园宜大枝修剪矮化后再搭建大棚，一般树冠高度不超过 3.5 米。

（8）花果管理：大棚促成栽培注重疏花疏果控产。春季对花量过多的树，结合疏枝直接减少花量。人工疏果分 2～3 次进行，一般果实发水前定果，结果枝留 1～2 果，细弱枝不留果。

（9）肥料管理：遵循“适氮低磷高钾，增施有机肥，追施微肥”的原则，氮：磷：钾以 4：1：5 为宜，做到“看树势、看立地、看结果”施肥。一般施肥量少于露地栽培，应特别注意控制氮肥施用。正常结果树一般全年施肥 3 次，第一次为 2～3 月壮果肥，结合滴灌株施硫酸钾 0.25～1 千克，或焦泥灰 15～20 千克；第二次为 6 月采后肥，一般株施 0.5～1 千克复合肥，以恢复树体，促发夏梢；第三次是 10～11 月秋冬基肥，一般株施商品有机肥 15～20 千克，或腐熟农家肥 35～50 千克。另视树体、果实生长需要，适当补充叶面肥。

（10）病虫管理：棚内病虫发生较少，防治应选择晴天上午进行。棚内适温高湿，利于介壳虫发生，采果后应注意防治。注重冬季清园，大棚出入口、顶部排风口覆盖 30 目防虫网，隔离外来虫源入侵。

2. 网室避雨栽培

（1）园地选择：要求园地通风透光条件好，以选择地势较平缓的山冈、山腰坡地为佳，不通风的阴坡、山凹地不适宜发展。

（2）树体矮化：新植园以培养低干矮化自然开心形树冠为宜，高大树冠须逐年矮化改造后再实施，一般杨梅树冠高度控制在2.5～3米。

（3）棚架搭建：用8条6米长DN20热镀锌管搭建单株（多株）网室避雨设施，以树干为中心构建拱形棚架，顶部以组合套管与钢管连接。钢管以树冠大小弯曲成一定弧度，一端固定于树冠四周，另一端在树冠上方两两连接固定，园地上下坡落差，采用夹接的方式补高。树冠顶部与棚顶、四周分别保持0.8米、0.2米以上的距离。

（4）网膜覆盖：在病虫防治的基础上，采前40天全树覆盖30～40目的防虫网，四周用压膜卡固定于棚架上，基部均用沙包压实，防止室外害虫进入网内，疏枝、疏果等农事操作可通过拉链口进出。视天气预报情况，采前15天棚顶覆盖薄膜或防雨布避雨。单株避雨膜规格以6米×6米为宜，顶部可开启直径0.2～0.3米的圆形排气孔，避雨膜（布）四角用绳绑至地面木桩固定。

（5）其他注意事项：采摘后及时揭去网膜并清洗收贮。覆网后注意做好棚内疏枝、疏果工作，确保树冠通风透光。其他参照露地栽培技术管理。

四、效益分析

1. 经济效益

（1）大棚促成栽培：采收率提高30%以上，亩采收量600千克以上，市场售价100～200元/千克，每亩经济效益达5万元以上。

（2）网室避雨栽培：常年亩采收量600千克以上，市场售价30～40元/千克，亩经济效益达1.8万元以上。网室避雨设施成本400～500元/株，当年即可回收全部设施投入成本。

2. 社会、生态效益 杨梅设施避雨栽培全年可减少化学农药使用1～2次，提高杨梅果实品质，保证果品质量安全，可刺激社会大众的消费意愿，从而推动整个杨梅产业的可持续健康发展。

五、适宜地区

南方杨梅适栽区。

（周慧芬、邹秀琴）

杨梅山地设施避雨栽培技术模式

<table>
<tr><td rowspan="2" colspan="2">项目</td><td colspan="3">11月</td><td colspan="3">12月</td><td colspan="3">1月</td><td colspan="3">2月</td><td colspan="3">3月</td><td colspan="3">4月</td><td colspan="3">5月</td><td colspan="3">6月</td><td colspan="3">7月</td><td colspan="3">8月</td><td colspan="3">9月</td><td colspan="3">10月</td></tr>
<tr><td>上</td><td>中</td><td>下</td><td>上</td><td>中</td><td>下</td><td>上</td><td>中</td><td>下</td><td>上</td><td>中</td><td>下</td><td>上</td><td>中</td><td>下</td><td>上</td><td>中</td><td>下</td><td>上</td><td>中</td><td>下</td><td>上</td><td>中</td><td>下</td><td>上</td><td>中</td><td>下</td><td>上</td><td>中</td><td>下</td><td>上</td><td>中</td><td>下</td><td>上</td><td>中</td><td>下</td></tr>
<tr><td rowspan="2">措施</td><td>大棚促成</td><td colspan="6">修剪、清园、施基肥、覆膜</td><td colspan="14">大棚管理、人工授粉、施壮果肥、疏枝疏果、病虫防治</td><td colspan="2">适时采收</td><td colspan="14">揭网膜、施采后肥、病虫防治、修剪</td></tr>
<tr><td>网室栽培</td><td colspan="5">修剪、清园、施基肥</td><td colspan="7">春肥、修剪</td><td colspan="10">施壮果肥、疏枝疏果、病虫防治</td><td colspan="3">适时采收</td><td colspan="11">揭网膜、施采后肥、病虫防治、修剪</td></tr>
<tr><td colspan="2">技术路线</td><td colspan="36">大棚促成栽培
①品种选择：东魁、荸荠种、早佳；②园地选择：宜选南坡或东南朝向坡；③设施构建：采用阶梯式大棚，一般肩高5.5米，顶高6米，单栋宽6米，树冠顶部与棚顶保持1.5米以上，顶部安装通风口，配套安装喷滴灌设施；④大棚管理：大棚覆膜，选用0.07毫米聚乙烯膜，12月中下旬至翌年1月初覆膜；人工授粉，配置雄树开展人工授粉；做好棚内温、湿、光调控，棚内温度升至32℃以上，从棚体上坡至下坡，视温度分时段打开顶部排风口通风降温，一般15:00关闭保温；棚内湿度按前中期适中、成熟期控湿的原则管理；果实转色期前地面覆盖反光膜，起到增光控湿作用；⑤栽培管理：树体矮化，高度控制至2.5米左右，最高不超过3.5米；花果管理，注重疏枝疏果控产，人工疏果分2～3次进行，一般果实发水前定果，结果枝留1～2果，细弱枝不留果；科学施肥，按照“适氮低磷高钾，增施有机肥，追施微肥”的原则施肥；病虫绿色防控，注重冬季清园，大棚出入口、顶部排风口覆盖30目防虫网，隔离外来虫源入侵。棚内适温高湿，利于蚧壳虫发生，采果后应注意防治
网室避雨栽培
①品种选择：东魁；②园地选择：通风透光条件好、地势较平缓的山冈、山腰坡地；③树体矮化：树冠高度控制在2.5～3米；④棚架构建：用8条6米长DN20热镀镀锌管构建单株（多株）网室避雨设施，以树干为中心构建拱形棚架，顶部以组合套管与钢管连接。冠顶与棚顶、四周保持0.8米、0.2米以上距离；⑤网膜覆盖：病虫防治基础上，采前40天全树覆盖30～40目的防虫网，视天气预报情况，采前15天棚顶覆盖薄膜或防雨布避雨。采摘后及时揭去网膜并清洗收贮；⑥其他注意事项：覆网后注意做好棚内疏枝疏果工作，确保树冠通风透光。其他参照露地栽培技术管理</td></tr>
<tr><td colspan="2">适宜地区</td><td colspan="36">南方杨梅栽培区</td></tr>
<tr><td colspan="2">经济效益</td><td colspan="36">大棚促成栽培前期保温促成后期防虫避雨，果实采收率提高30%以上，亩采收量600千克以上，提早成熟上市，抢占市场先机，果实品质更优更稳定，市场售价100～200元/千克，亩经济效益达5万元以上
网室避雨栽培防果蝇防落成效显著，常年每亩采收量600千克以上，延后成熟上市，果品质量安全有保障，市场售价30～40元/千克，亩经济效益达1.8万元以上；网室避雨设施成本400～500元/株，当年即可回收全部设施投入成本</td></tr>
</table>

第十二章

安徽省绿色高质高效技术模式

砀山酥梨绿色高质高效行动技术模式

一、技术概况

依据砀山酥梨生物学特性，以及砀山酥梨病虫害发生规律，坚持“综合治理、标本兼治”的原则，重点推广使用农业防控技术、理化诱控技术、生物防控技术和科学安全用药技术，有效保障砀山酥梨的生产安全、产品质量安全和果园生态环境安全，促进增产增效和果农增收。

二、技术效果

推广砀山酥梨优质栽培技术和病虫害绿色防控技术集成应用，果园化学农药用量减少30%以上；病虫害综合防控效果达到90%以上，病虫危害损失率控制在3%以内；果农接受绿色防控培训技术的比例达到35%以上，有效助力了砀山酥梨品牌的提升和品牌价值的提升。2019年没有使用违规禁限用农药和高毒农药，农药检测合格率达100%；砀山县故道地区果园生态环境得到显著改善。

三、技术路线

1. 科学栽培

（1）冬耕翻土：为土壤的理化性能，破坏害虫的越冬生存环境，在10月份结合冬季施肥，深翻60厘米土壤耕作层。

（2）水的管控：依据梨园土壤持水量，适时补水控水，补水时使用微喷灌、滴灌等节水灌溉措施。

（3）简化修剪：简化修剪调节树体负荷，改善果园通风透光条件，使树体生长健壮。

（4）合理负载：疏除病虫花，早期疏除畸形果，调整树体负载量，亩产控制在3 000千克。

（5）清洁田园：砀山酥梨休眠期，彻底清扫园区枯枝落叶，刮除粗老翘皮，并将其集中烧毁或深埋，从根源上减少病原菌基数和虫卵基数。

（6）树干涂白：在砀山酥梨落叶后（12月初）至萌芽前（2月初），喷涂松尔膜或涂白剂（生石灰10份、硫黄1份、食盐0.2份、水40份配制），预防低温冻害以及阻隔病虫侵染。

（7）病虫预测：依据历年病虫的发展规律、当年的气候条件，预测当年病虫害的发生情况，将预测信息、防控措施传递给园区技术主管。

2. 减肥增效

（1）减施化肥：应用测土配方进行均衡施肥，增施充分腐熟的有机肥、生物菌肥；有条件的果区施用适量且磨碎的豆饼或菜籽饼。

（2）生草培肥：采取砀山酥梨行间种植三叶草、黑麦草和自然生草等，适时收割放在行间配肥。

3. 减药技术

（1）保护和利用天敌：在砀山酥梨园区内释放花蝽、瓢虫、草蛉等害虫的天敌；采取梨园生草的方法，给害虫天敌创造适宜生长、繁殖的生态环境。

（2）生物药剂防治：优先选用天然除虫菊素、多抗霉素、印楝素等生物药剂防治病虫害，最大限度减少化学农药的使用。

（3）理化诱控技术。

① 色板诱杀技术：3 月中下旬，在砀山酥梨田间悬挂黄色粘虫板，诱杀梨木虱、蚜虫等成虫；在树干部缠绕黄色诱虫带，以阻止害虫危害叶片和嫩梢。

② 性素诱杀技术：3 月下旬，在砀山酥梨园区内悬挂性信息素诱捕器或迷向丝，控制梨小食心虫的危害；6 月下旬，采用蛋白饵剂等诱剂，防治实蝇类害虫。

③ 灯光诱杀技术：3 月下旬，在砀山酥梨园区内安装频振式杀虫灯，以诱杀鳞翅目类和鞘翅目类害虫。

（4）化学防控技术。

① 免疫诱抗技术：在砀山酥梨开花前 7～10 天、开花后 7～10 天、幼果期和果实膨大期，叶面喷施氨基寡糖素等免疫诱抗剂各一次。

② 机械防治技术：在砀山酥梨园区内使用植保无人机，不但提高了作业效率、降低用工成本，还减少农药使用量，提升了防治效率。

③ 科学安全用药：选择高效低毒低残留农药，采取适时适量用药措施；选择正确的施药方法，并严格执行农药安全间隔期。

四、效益分析

1. 经济效益分析 绿色高质高效砀山酥梨示范区内优质果率达 90%，常规对照区优质果率约 80%。示范区价格为 2.40 元/千克，常规对照区 1.60 元/千克。示范区每亩比常规对照区纯增收 1 466 元，增幅达 63.63%，示范效果显著。

2. 社会效益 绿色高质高效砀山酥梨示范区作为一种技术推广的载体，在绿色高质、高效以及减肥减药生产技术的示范推广中发挥了极其重要的作用，具有显著的经济效益；摸索和整理出的运作机制，对砀山酥梨健康持续发展起到了巨大的引领和带动作用。

3. 生态效益 绿色高质高效砀山酥梨示范区建设，落实了绿色防控技术，杜绝了高毒、高残留农药的使用，推广了生物农药和低毒、低残留农药，减少了农药的施用量及施药次数，克服了农户自行防治病虫害随意加大药量、加重环境污染等问题，大大降低了水果农残。既提高了果品质量，又保护了生态环境。

五、适宜地区

砀山酥梨主产区。

（王学良、伊兴凯）

砀山酥梨绿色高质高效栽培技术模式

项　目	11月至 翌年3月初	3月中下旬	4月	5月上旬至 6月上旬	6月中下旬 至7月上旬	7月中旬至 8月中旬	8月下旬至 9月上旬	9月中下旬 至10月底
生育期	休眠期	萌芽期至 开花前	花期至 谢花后	幼果期	幼果膨 大期	果实迅速 膨大期	采收期	采收后
措施	①农业防控技术；②理化诱控技术；③生物防控技术；④科学安全用药技术							
技术路线	1. 农业防控技术 均衡施肥：增施有机肥、菌肥等，增加树体营养积累，提高抗病能力 合理负载：根据树龄、树势、土壤营养等条件，疏花疏果，调整树体负载量 清洁田园：彻底清扫枯枝落叶，刮除粗老翘皮，集中烧毁或深埋，减少病虫基数 树干涂白：落叶后至萌芽前，喷涂涂白剂 2. 理化诱控技术 色板诱杀技术：3月中下旬田间挂黄色粘虫板诱杀梨木虱、蚜虫等成虫 性信息素诱杀技术：3月下旬果园悬挂性信息素诱捕器或迷向丝，有效控制梨小食心虫发生为害 灯光诱杀技术：3月下旬梨园安装杀虫灯诱杀鳞翅目、鞘翅目等害虫 3. 生物防控技术 保护和利用自然天敌 优先选用捕食螨、昆虫病原线虫、天然除虫菊素、多抗霉素、印楝素等天敌和生物药剂防治病虫害 4. 化学防控技术 ①免疫诱抗技术。果树开花前7～10天、花后7～10天、幼果期和果实膨大期叶面喷施氨基寡糖素等免疫诱抗剂各一次；②科学安全用药。在做好病虫害预测预报基础上，选择高效低毒低残留农药适时适量用药，严格执行农药安全间隔期								
适宜地区	砀山酥梨栽培区							
经济效益	示范区砀山酥梨果实优质果率达90%，常规对照区优质果率约80%，示范区价格2.00元/千克，常规对照区平均1.40元/千克，示范区化学农药使用量减少32%，示范区每亩比常规对照区纯增收1 466元，增幅达63.57%，示范效果显著							

设施莴笋肥药双减绿色生产技术模式

一、技术概况

在莴笋绿色生产过程中，推广选用优质、多抗、高抗品种，应用生物有机肥、生物农药、可降解地膜、防虫网、粘虫板、遮阳网等生产资料，采用秸秆还田、改良土壤、清洁田园等措施，重点推广水肥一体化、绿色综合防治等技术，依据生产技术规程，科学施肥，合理用药，调控环境，增强抗性，减轻有害生物的危害，从而减少肥料、农药的投入，实现减肥减药和保质稳产增收增效。

二、技术效果

构建“种植生态化＋生产标准化＋水肥一体化＋防控绿色化”模式，通过运用增施有机肥，高温闷棚、水肥一体化和绿色综合防治等技术，促进了莴笋的健康生长发育，产量提高10%以上，农药施用减少20%～30%，肥料施用减少35%～40%，用工成本减少50%，产品优品率达90%，合格率达100%，节本增收20%以上。

三、技术路线

引进推广优质、多抗、高抗品种，培育壮苗，增施有机肥，增加运用新技术、新设备，构建起“健康土壤、科学栽培、合理防治、节本增效”的蔬菜绿色发展新理念，改善作物生长环境，增强抗性，减少病虫危害，减少肥料、农药的投入，促进保质稳产增收增效。

1. 科学栽培

（1）品种选择：选用适合本地区栽培的优质、多抗、高抗品种，使用合格种子。

（2）茬口安排：春莴笋11～12月播种，12月至翌年1月中旬定植，3月开始收获；秋莴笋9月至10月播种，9月下旬至11月中旬定植，12月上中旬开始收获。

（3）培育壮苗：阳光晒种，浸种催芽，营养土或基质育苗，调控苗期适宜环境。夏季应低温处理种子，15～18℃见光催芽。春莴笋苗5～6片真叶，秋莴笋苗4～5片真叶。

（4）合理密植：高畦栽培，春莴笋株行距（30～40）厘米×（30～40）厘米，春莴笋株行距（25～35）厘米×（25～35）厘米。配套水肥一体化系统，覆盖可降解地膜。

（5）增施有机肥：重基肥，轻追肥。深耕晒垡，结合整地，基肥施用经无害化处理的生物有机肥，肉质茎开始肥大时追施氮肥和钾肥，封行前停止追肥。

（6）加强田间管理：保持覆盖物洁净，及时揭盖覆盖物通风换气，长日照高温时期覆盖遮阳网，冬前控制灌水，科学调控设施内的温光水气。清洁田园，有机物无害化处理，秸秆还田，改良土壤。

（7）及时采收：当心叶与外叶平齐时采收，使肉质茎充分肥大，品质脆嫩。

2. 主要病虫害防控

（1）蚜虫等害虫防治：在设施内设置黄板、蓝板，诱杀蚜虫等害虫。

（2）莴笋霜霉病防治：64%噁霜・锰锌（杀毒矾）可湿性粉剂500倍液，或25%吡唑醚菌酯可湿性粉剂800倍液，喷雾2～3次；或使用烟雾剂熏蒸。间隔期7～10天。

（3）防治莴笋灰霉病：70%甲基硫菌灵可湿性粉剂800倍液，或40%嘧霉胺悬浮剂800倍液，喷雾2～3次。间隔期7～10天。

（4）防治莴笋菌核病：40%嘧霉胺悬浮剂800倍液，或50%腐霉利可湿性粉剂1 000倍液，喷雾2～3次；或使用烟雾剂熏蒸。间隔期7～10天。

四、效益分析

1. 经济效益分析 肥药双减绿色生产技术的应用，保证了莴笋的健康生长发育，可提高产量10%以上，减少投入成本20%～30%，每亩可增收800～1 000元。

2. 生态、社会效益分析 肥药双减绿色生产技术的应用，减少了化肥和农药的使用，减少了用工，保证了品质和产量，减轻了农业生产对自然环境的影响，对保障食品安全、保护生态环境、促进农民增收、保持农业生产可持续发展具有重要意义。

五、适宜地区

江淮地区设施莴笋产区。

（刘童光、王康）

设施莴笋肥药双减绿色高效栽培技术模式

<table>
<tr><td colspan="2" rowspan="2">项目</td><td colspan="3">1月</td><td colspan="3">2月</td><td colspan="3">3月</td><td colspan="3">4月</td><td rowspan="2">5月至8月</td><td colspan="3">9月</td><td colspan="3">10月</td><td colspan="3">11月</td><td colspan="3">12月</td></tr>
<tr><td>上</td><td>中</td><td>下</td><td>上</td><td>中</td><td>下</td><td>上</td><td>中</td><td>下</td><td>上</td><td>中</td><td>下</td><td>上</td><td>中</td><td>下</td><td>上</td><td>中</td><td>下</td><td>上</td><td>中</td><td>下</td><td>上</td><td>中</td><td>下</td></tr>
<tr><td rowspan="2">生育期</td><td>春茬</td><td colspan="6">定植期</td><td colspan="6">翌年收获期</td><td colspan="7">高温闷棚等</td><td colspan="6">播种期、定植期</td></tr>
<tr><td>秋冬茬</td><td colspan="12"></td><td>高温闷棚</td><td colspan="9">播种期、定植期</td><td colspan="3">收获期</td></tr>
<tr><td colspan="2" rowspan="2">措施</td><td colspan="25">水肥一体化、色板、防虫网、可降解地膜全生产过程运用</td></tr>
<tr><td colspan="12"></td><td>遮阳网</td><td colspan="12"></td></tr>
<tr><td colspan="2">技术路线</td><td colspan="25">引进优质、高抗、多抗品种，培育壮苗，增施有机肥，增加运用新技术、新设备，构建起“健康土壤、科学栽培、合理防治、节本增效”的蔬菜绿色发展新理念，改善作物生长环境，增强抗性，减少病虫危害，减少肥料、农药的投入，促进保质稳产增收增效</td></tr>
<tr><td colspan="2">适宜地区</td><td colspan="25">江淮地区设施莴笋产区</td></tr>
<tr><td colspan="2">经济效益</td><td colspan="25">提高产量10%以上，减少投入成本20%～30%，每亩可增收800～1 000元</td></tr>
</table>

第十三章 福建省绿色高质高效技术模式

福安葡萄绿色高质高效设施栽培技术集成模式

一、技术概况

福安葡萄以绿色高质高效为目标，集成出 9 项技术进行示范推广，克服高温、高湿、寡日照不利气候，解决了病害多发、单性结实、品质一般、产期集中等问题，实现了农药化肥减量、环境保护、品质提升，产期扩延，增产增效，农民增收。

二、技术效果

主要体现在：一是显著减轻病虫害发生；二是明显提高果实品质；三是减轻劳动强度；四是可调控产期；五是有利于品种结构调整；六是有利于休闲观光产业发展；七是经济效益明显提高。通过推广设施大棚＋科学整形修剪＋疏花疏果控产提质＋果穗套袋＋套种蔬菜、绿肥或食用菌等 5 项技术，节省用工成本 30%，延长葡萄上市期达 6 个月，优质果率达到 85%，每亩效益提升 20%。推广果园生草、机械割草＋测土配方施肥、增施有机肥＋病虫害绿色防控、统防统治＋农膜、农药包装物集中回收等 4 项技术，改善土壤理化性质，化肥施用量减少 20%以上，农药使用量减少 7%以上，农膜回收率 100%，产品合格率 100%。

三、技术路线

通过技术创新，形成了 4 种设施栽培模式。

1. 设施栽培模式

（1）避雨设施栽培：技术流程是，1 月进行修剪、接着涂抹破眠剂（需冷量不足地区）、清园、施基肥、喷施石硫合剂消灭越冬病虫。绒球期再喷 1 次石硫合剂，萌芽后至花序舒展盖膜，掌握关键物候期或病害发生敏感期防治病虫，及时施追肥、灌水。然后进行抹芽、摘心、除卷须、疏花穗、疏果整果穗，套袋。采收前 1 周脱袋，促进着色，采收后揭膜。

（2）设施促早栽培：成熟期可提早 20～30 天。技术流程是，12 月下旬覆盖棚膜，修剪，剪后用破眠剂（50%单氰胺 18 倍液或石灰氮 6 倍液）涂芽，施催芽肥、灌透水，做好保温工作。萌芽前，棚内温度控制在 10～30 ℃。萌芽后，棚内温度 15～32 ℃。气温稳定在 18 ℃以上时，去除围膜；气温在 20 ℃以上时，转为避雨设施栽培。

（3）设施两代同堂栽培：当年抽发的新梢留 8～9 片叶摘心（第一次摘心），留顶端副梢生长，其余节位的夏芽抹除。顶端副梢留 3～4 片叶摘心（第二次摘心），再次新发的副梢留 1～2 片叶摘心（第三次摘心）。5 月下旬在顶端第一副梢上基部冬芽充实饱满后且处于还没有半木质化时，对顶端第一副梢保留 2～3 片叶短截，促使顶端第一副梢基部第二个或第三个冬芽萌发，促进二次结果，形成产量。

（4）设施两代不同堂栽培：1 月中旬开始覆盖棚膜，修剪，用破眠剂（50%单氰胺 18 倍液或石灰氮 6 倍液涂芽）进行催芽，2 月上旬做好围膜保温，棚内温度要保持在 15 ℃以上。2 月中下旬萌芽，4 月上开花前疏花穗，花后进行疏果整穗套袋，6 月下旬收获头季果。采收结束后施肥，恢复树势。8 月下旬初进行 6～7 芽修剪并摘除全部叶片，立即用破眠剂涂芽催芽，9 月中旬定梢，开花前 1 周疏花穗，花后疏果整果穗并套袋，12 月收获第二次果。

2. 共性技术

（1）设施大棚：大棚规格是棚肩高 2.2 米，顶高 3.4 米，棚宽 5.2 米。拱杆长 6 米，拱干间距 0.86 米，柱子间距 3 米。棚长 30～40 米。天窗开在棚顶一侧，宽 1.2 米，与棚同长，用卷膜器启闭。平地大棚与种植行相向，坡地大棚与坡向同向。

（2）科学整形修剪。

① 种植密度与树形架式：垄畦栽培，1 畦 1 行，株行距 2.5 米×5.2 米。垄畦宽 2 米，畦高 40～50 厘米。搭水平棚架，高 1.8 米，纵线用 12 号镀锌铁线间距 1.5 米；横线用 14 号间距 0.3 米。树形“T”字形。

② 修剪：冬季修剪，1 月进行，留结果母枝 2 000 条/亩，留芽 0.4 万～0.6 万个，以中梢、短（2～3 芽）修剪为主，采用单枝、双枝更新。裁截枝条部位在剪口芽上一节芽上（破芽修剪）。生长季，抹芽分 3 次，当新梢 5～6 片叶时进行定梢，每亩留新梢3 300 枝，及时均匀地引缚新梢到架面，在花序上留 5～7 叶摘心。

（3）疏花疏果控产提质技术：控制产量是提升品质的关键所在。避雨设施栽培产量控制在 1 250 千克/亩以下，穗重控制在 400 克左右；促早栽培控制在 1 100 千克/亩以下；两代同堂一年两熟栽培头季果 1 000 千克/亩，二季果 600 千克/亩；两代不同堂一年两熟栽培头季果 1 000 千克/亩，二季果 800 千克/亩。疏花整穗：留 3 000 穗/亩，每条结果枝留 1 穗，去除副穗和 1～3 个大分支穗。生理落果后进行定穗、整穗疏果粒，每穗留果 35～40粒。

（4）果实套袋技术：疏果定穗后进行套袋，套袋前喷洒保护性+治疗性杀菌剂，选用白色专用果袋。

（5）套种蔬菜、绿肥或食用菌技术：绿肥有紫云英、白三叶、黑麦草、箭舌豌豆、苕子、猪屎豆等；食用菌有香菇、竹荪、黑木耳、羊肚菌等，每亩增收 5 000～8 000 元；套种蔬菜种类有花椰菜、白菜、芥菜、莴苣、茼蒿、荠菜等，每亩增收 2 000～3 000 元。

（6）果园生草栽培技术：果园生草是现代果园发展的方向。人工除草成本高，劳动强度大，而化学除草对果园生态及食品安全影响大。果园生草免耕栽培大大降低了除草成本，果园用工量减少，有利于实现果园轻简栽培。同时在干旱的秋冬季采用机械割草覆盖树盘，可减少水分蒸发，提高土壤温度。

（7）测土配方施肥，增施有机肥技术：采取“控氮、减磷、增钾、重有机”的配方施肥。于秋冬季落叶后结合深翻开沟施基肥，每亩施商品有机肥 1 000 千克＋50～100 千克钙镁磷肥。萌芽前每亩追施氮、磷、钾相结合的复合肥 7.5 千克；坐果后每亩施三元素复合肥 15 千克＋尿素 3 千克；着色前追施钾肥每亩施硫酸钾 20～30 千克；微量元素肥料结合喷药或根外喷施 2～3 次。采果后施少量氮、磷、钾相结合的速效肥来恢复树势、保护叶片，促新梢充分成熟。

（8）病虫害绿色防控技术：在栽培上合理施肥，多施有机肥，促进枝、叶、果生长健壮，增强抗病能力。适时适量灌水，及时割草，增加土壤通透性，降低园内湿度，创造不利病虫害滋生的环境。及时修剪、绑蔓、除萌、抹芽、摘心、摘除发病叶片和去副梢，减少养分消耗，改善架面通风透光条件。严格控制树体负载量，果实套袋。同时做好休眠期、2～3 叶期、花序分离期、开花期、果实套袋前后等七个关键时期的统防统治工作（详见技术模式）。

（9）农膜、农药包装物集中回收处置试点工作：通过开展农膜、农药包装废弃物的回收处置试点工作，增强农膜、农药使用主体环保意识，杜绝农膜、农药包装废弃物随意乱扔现象，有效提高果园清洁度，防止二次污染。

四、效益分析

1. 经济效益分析 与常规露天栽培对比，避雨设施栽培增收 7 500 元/亩；设施促早栽培增收 5 925 元/亩；两代同堂一年两熟栽培增收 12 500 元/亩；两代不同堂一年两熟栽培增收 16 250 元/亩。

2. 社会效益分析 通过 2 000 亩示范片的综合示范，直接影响和带动全市 6 万亩葡萄绿色高质高效行动的推广，第二、三年将在更大范围的葡萄产区促进绿色工作的推动，促进葡萄产业转型升级和高质量发展，为农村发展、农业增效、农民增收，脱贫致富提供新的途径。

3. 生态效益分析 设施栽培标准化集成技术，讲究精准施肥，科学用药，技术综合应用，引导了绿色生产，做到了化肥农药减量使用，推广了有机肥、农家肥，病虫草害得到综合防控，有利于生态保护和建设。

五、适宜地区

福建省及周边地区应用借鉴。

（江映锦、施金全）

福安葡萄绿色高质高效设施栽培技术集成模式

<table>
<tr><th rowspan="2">项目</th><th colspan="3">1月</th><th colspan="3">2月</th><th colspan="3">3月</th><th colspan="3">4月</th><th colspan="3">5月</th><th colspan="3">6月</th><th colspan="3">7月</th><th colspan="3">8月</th><th colspan="3">9月</th><th colspan="3">10月</th><th colspan="3">11月</th><th colspan="3">12月</th></tr>
<tr><th>上</th><th>中</th><th>下</th><th>上</th><th>中</th><th>下</th><th>上</th><th>中</th><th>下</th><th>上</th><th>中</th><th>下</th><th>上</th><th>中</th><th>下</th><th>上</th><th>中</th><th>下</th><th>上</th><th>中</th><th>下</th><th>上</th><th>中</th><th>下</th><th>上</th><th>中</th><th>下</th><th>上</th><th>中</th><th>下</th><th>上</th><th>中</th><th>下</th><th>上</th><th>中</th><th>下</th></tr>
<tr><td>生育期</td><td colspan="6">休眠期</td><td colspan="2">绒球期</td><td colspan="3">2～3叶片期</td><td colspan="2">花序分离期</td><td colspan="2">始花期</td><td colspan="2">坐果期</td><td colspan="2">转色期</td><td colspan="5">采收期</td><td colspan="12"></td></tr>
<tr><td>措施</td><td colspan="6">修剪</td><td colspan="2">喷石硫合剂</td><td colspan="3">药剂防治</td><td colspan="2">疏花疏穗</td><td colspan="2">药剂防治</td><td colspan="2">定穗整穗</td><td colspan="4">药剂防治</td><td colspan="3">采收</td><td colspan="12">药剂防治</td></tr>
<tr><td>技术路线</td><td colspan="36">（1）落叶后进行，清除果园杂草、杂物、枯枝、落叶等，进行深埋或烧毁；并喷施5波美度石硫合剂，杀灭越冬病虫源。冬季每亩施商品有机肥1 000千克＋50～100千克钙镁磷肥
（2）在1月左右时，需对葡萄进行修剪，短梢修剪留芽2～3个，留结果母枝2 000条/亩。冬季修剪后、发芽前、开花前、果实膨大期需水，需及时覆膜，保持土壤湿润。在需冷量不足的地区需用单氰胺或石灰氮涂抹芽体。单氰胺使用浓度2.5%～3%
（3）在葡萄萌芽前，每亩追施氮、磷、钾相结合的复合肥7.5千克；绒球期时喷施石硫合剂
（4）2～3叶片期时，用80%必备400倍液＋5%霉能灵800～1 000倍液＋21%志信高硼1 500倍液喷雾，防治灰霉病、叶斑病、不明病害
（5）花序展露后定梢，留长势一致的新梢，留花序良好的新梢3 200条/亩，其余剪除。并均匀地引缚新梢到架面。新梢上的卷须及时摘除，副梢留1～2叶摘心
（6）在花序分离期时，用78%科博600～800倍液＋21%志信高硼1 500倍液喷雾。花前1周疏整花穗，根据控产目标留花穗，留3 700穗/亩，强壮枝2穗，中庸枝1穗，去除副穗和1～3个大分支穗，花序大的花穗掐去1/5穗尖等。1枝1穗。留3 000穗/亩
（7）始花期需防治灰霉病、穗轴褐枯病、白粉病、霜霉病、房枯病、虫害（红蜘蛛、绿盲蝽、金龟子）。用10%世高1 500～2 000倍液＋40%施佳乐（农利灵）1 000倍液＋10%歼灭3 000～4 000倍液或45%捕快1 000倍液喷雾
（8）谢花后，用80%喷克800倍液＋10%苯醚甲环唑2 500倍液＋21%志信高硼1 500倍液喷雾。坐果后，每亩施进口三要素复合肥15千克＋尿素3千克。微量元素肥料结合喷药或根外喷施2～3次。生理落果后进行定穗、整穗接着疏果粒。每穗留果35～40粒，留3 000穗/亩。后再使用22.2%戴挫霉乳油1 000～1 200倍液涮果穗或喷果穗，或用25炭特灵悬浮剂1 000倍液＋扑海因1 000倍液喷果穗，药液干后套袋，在2天内完成套袋
（9）葡萄在转色期时需防治白粉病、叶斑病、霜霉病，褐斑病、房枯病、不明病害、虫害。用25%仙生600倍液＋10%氯氰菊脂2 000倍液（或其他杀虫剂）液喷雾。着色前亩施硫酸钾（含量50%）20～30千克
（10）采摘前1周脱袋，完熟后分批采摘。采摘后施氮、磷、钾相结合的速效肥15～20千克/亩。立即清园，喷洒用1∶1∶200倍波尔多液或80%必备400～500倍液或78%科搏600～800倍液喷雾用于防治霜霉病和褐斑病
（11）采收后，1个月揭膜</td></tr>
<tr><td>适宜地区</td><td colspan="36">福建省及周边地区应用借鉴</td></tr>
<tr><td>经济效益</td><td colspan="36">通过推广应用葡萄绿色高质高效设施栽培技术集成模式，集成水肥管理、病虫害防治等一套先进技术，葡萄果实优质率较高，原料品质显著提高。同时，节约了肥料、农药和人工成本。按照优质优价计算，每亩可增收5 000～15 000元</td></tr>
</table>

第十四章

江西省绿色高质高效技术模式

婺源县生态茶园优质高效绿色生产技术模式

一、技术概况

按照全国茶叶标准园建设要求，以有机为导向，实施“头上戴帽，腰间系带，脚下穿鞋”的生态茶园建设模式，推广国家级茶树良种，应用茶园病虫害绿色防控、测土配方施肥，化肥、农药“双减”等技术，名优茶和出口茶生产相结合，提高茶园的生态效益、经济效益、社会效益，实现茶叶优质高效。

二、技术效果

通过推广种植鄣科1号、上梅洲种等国家级茶树良种，茶区良种率达到85%以上；通过实行病虫害绿色防控技术，示范应用灯光诱杀、信息素诱捕和生物农药综合防治，实行测土配方施肥技术，减少化肥、农药施用次数，可减少人工成本40%，产量增加10%，农产品抽检合格率达100%。

三、技术路线

指导示范区种植高产、优质的国家级茶树良种，推广“头上戴帽，腰间系带，脚下穿鞋”的生态茶园建设模式，以农业措施为基础，综合运用物理和生物防治措施，增进生物多样性，保持茶园生态平衡，提高茶叶产量，提升茶叶品质。

1. 建园 坚持以优质高效为核心，实现“四化”，即园林化、生态化、良种化、机械化。

（1）园地选择：选择空气清新、水质纯净、土质肥沃、周围自然植被丰富，具有生物多样的园坦地、缓坡地和山地，与交通干线、工矿企业、垃圾场和城镇之间保持一定距离。环境空气质量符合GB 3095—1996中二级标准，土壤环境质量符合GB 15168—1995中的二级标准，茶园灌溉用水水质符合GB 5084规定的农田灌溉水水质标准。

（2）园地生态建设：山顶上有固定水土的遮阴树，山坡中间有环山带，山脚有防护林带或隔离带。一是在园地四周或茶园内不适合种茶的空地植树造林，茶园的上风口营造防护林；在人行道、主渠道、陡坡和水土易冲刷的地方种植绿化树。二是在有机和常规生产区域之间设置有效的缓冲带和物理屏障。

（3）品种选择：选择抗逆性强、适制性广，适宜婺源当地环境栽培的茶树良种。目前婺源茶区最适宜栽种的茶树良种是：上梅洲种和鄣科 1 号。另外适宜的还有：龙井 43、乌牛早、浙农 117、鸠坑早、安吉白茶、中茶 108 等。需根据品种的适制性、抗逆性、生物特征、发芽迟早以及当地制茶种类、茶季劳动力调配、土壤条件、茶园面积等因素综合考虑品种搭配。一般情况下，茶园面积 13 公顷以上的，要考虑栽种 2 个品种；面积 33 公顷以上的，要栽种 3 个以上的品种。

2. 测土配方施肥 在施肥过程中坚持“重施基肥，适施追肥，少量多次，氮、钾搭配，控制磷肥”的原则。基肥一般每亩施有机肥或饼肥 200 千克，配施一定的矿物源肥料和微生物肥料，结合茶园秋挖开沟深施，深度 20 厘米以上，施后覆土。追肥结合茶园锄草进行 2～3 次/年，经无害化处理的有机饼肥或经有机认证的商品有机肥 600～1 125 千克/（次・公顷），在开采前 30～40 天开沟施入，沟深 10 厘米左右，施后覆土。

3. 病虫草害绿色防控技术

（1）生态调控。

① 根据害虫取食特性，分批及时多次采摘或修剪枯枝等措施，摘除小绿叶蝉、茶蚜、茶橙瘿螨、茶炭疽病等危害芽叶的病虫，抑制其种群发展。

② 勤除杂草，可减少土壤水分蒸发，促进茶树生长，并清除很多害虫、病菌的发源地或潜伏场所。

③ 茶园秋挖。秋挖可将表土和落叶层中越冬的害虫，如茶尺蠖、茶黑毒蛾等的虫蛹以及多种病原菌深埋入土，又可将深土中越冬的害虫暴露于地面，受不良气候影响或遭天敌侵袭而死亡。

（2）理化诱控。

① 人工捕杀或摘除：对于体形较大、行动较迟缓、容易捕捉或有群集、假死习性的害虫，如茶毛虫、茶蚕、蓑蛾类、茶丽纹象甲等，均可采用人工捕杀的方法。

② 利用害虫的趋光性、嗜色性和诱异性。春季成虫发生期扦插带诱芯的黄色粘板诱杀黑刺粉虱和茶蚜等害虫。成虫发生始峰期安装太阳能杀虫灯，诱杀茶尺蠖、茶毛虫等鳞翅目害虫。

③ 使用性信息素诱捕器诱杀茶毛虫。

（3）生物防治。

① 注意保护茶园中的瓢虫、蜘蛛、捕食螨、猎蝽和寄生蜂等有益生物。

② 推广使用植物性和微生物农药。用苦参碱或 Bt 制剂防治茶尺蠖等鳞翅目害虫；在相对湿度较大的春秋季节可选用白僵菌制剂防治假眼小绿叶蝉；宜选用矿物油防治茶橙瘿螨。

四、效益分析

1. 经济效益分析 通过实施“头上戴帽，腰间系带，脚下穿鞋”的生态茶园建设模式，推广种植国家级茶树良种，应用茶园病虫害绿色防控、测土配方施肥、化肥、农药“双减”等技术，产量、产值提高 10%以上。

2. 生态效益分析 按有机农业进行生产管理，禁止使用化肥、农药等化学合成物品，整个茶园环境得到改善，益于生态环境的可持续发展。

3. 社会效益分析 进一步加强了与基地农户的联系，在提高茶叶产量质量的同时，有效解决了茶区周边剩余劳动力。

五、适宜地区

赣东北茶叶产区。

（陈丽珍）

婺源县茶叶优质高效绿色生产技术模式

<table>
<tr><td rowspan="2">项目</td><td colspan="3">2月</td><td colspan="3">3月</td><td colspan="3">4月</td><td colspan="3">5月</td><td colspan="3">6月</td><td colspan="3">7月</td><td colspan="3">8月</td><td colspan="3">9月</td><td colspan="3">10月</td><td colspan="3">11月</td><td colspan="3">12月</td></tr>
<tr><td>上</td><td>中</td><td>下</td><td>上</td><td>中</td><td>下</td><td>上</td><td>中</td><td>下</td><td>上</td><td>中</td><td>下</td><td>上</td><td>中</td><td>下</td><td>上</td><td>中</td><td>下</td><td>上</td><td>中</td><td>下</td><td>上</td><td>中</td><td>下</td><td>上</td><td>中</td><td>下</td><td>上</td><td>中</td><td>下</td><td>上</td><td>中</td><td>下</td></tr>
<tr><td>生育期</td><td colspan="5">栽苗期</td><td colspan="19">抚育期</td><td colspan="7">栽苗期</td><td colspan="2"></td></tr>
<tr><td rowspan="3">措施</td><td colspan="5">选择优良品种</td><td colspan="2">定型修剪</td><td colspan="2"></td><td colspan="4">浅耕（锄草）</td><td colspan="2"></td><td colspan="3">浅耕</td><td colspan="3"></td><td colspan="9">秋挖，避开秋旱</td><td colspan="3"></td></tr>
<tr><td colspan="5">施追肥</td><td colspan="16"></td><td colspan="9">施基肥</td><td colspan="3"></td></tr>
<tr><td colspan="9"></td><td colspan="18">利用杀虫灯、性信息素、生物源农药等物理防治、生物防治</td><td colspan="3"></td><td colspan="3">石硫合剂封园</td></tr>
<tr><td>技术路线</td><td colspan="33">园地生态建设原则：“头上戴帽，腰间系带，脚下穿鞋”
品种选择：上梅洲种和鄣科1号。适宜种植的茶树良种主要有：龙井43、乌牛早、翠峰、浙农117、鸠坑早、安吉白茶、中茶108等
测土配方施肥：在具体施肥过程中掌握“重施基肥，适施追肥，少量多次，氮、钾搭配，控制磷肥”的原则。基肥一般每亩施有机肥或饼肥200千克，必要时配施一定数量的矿物源肥料和微生物肥料，结合茶园秋挖开沟深施，施肥深度20厘米以上，施后覆土。追肥可根据茶树生育规律和结合茶园锄草进行2～3次/年，经无害化处理的有机饼肥或经有机认证的商品有机肥600～1 125千克/(次·公顷)，在茶叶开采前30～40天开沟施入，沟深10厘米左右，施后覆土
茶园病虫害防治：通过分批及时多次采摘或修剪、抽剪枯枝、勤除杂草、秋挖等措施，减少虫害；利用害虫的趋光性、嗜色性和诱异性。春季成虫发生期扦插带诱芯的黄色粘板诱杀黑刺粉虱和茶蚜等害虫。在茶园中安装太阳能杀虫灯，选择成虫发生始峰期开灯诱杀茶尺蠖、茶毛虫等鳞翅目害虫；使用性信息素诱捕器诱集茶毛虫；推广使用植物性和微生物农药等生物农药</td></tr>
<tr><td>适宜地区</td><td colspan="33">赣东北茶叶产区</td></tr>
<tr><td>经济效益</td><td colspan="33">通过实施“头上戴帽，腰间系带，脚下穿鞋”的生态茶园建设模式，推广国家级茶树良种，应用茶园病虫害绿色防控技术、实施病虫害统防统治技术、测土配方施肥技术，化肥、农药“双减”技术，可提高产量10%以上，每亩产值可增加2 000元</td></tr>
</table>

第十五章

山东省绿色高质高效技术模式

设施大樱桃绿色优质生产技术模式

一、技术概况

在设施大樱桃生产栽培中，推广绿色优质栽培技术，重点推广起垄栽培及防草布覆盖、水肥一体化应用、加温除湿和自动放风设施应用，降低劳动成本，均衡施肥，减少化肥和农药的使用，通过调节棚内湿度、以菌治菌、防虫网降低虫害基数、水肥一体化，防草布覆盖，增加有机肥的用量等有效降低农药残留，提高产量和增加品质，保障设施樱桃生产安全和农业生产环境安全，促进农业增产，农民增收。

二、技术效果

通过合理选择品种和搭配授粉树，果园放蜂授粉，破眠剂打破休眠，增加光照时间，调节剂应用，水肥一体化，自动放风调节温湿度和棚内加温设施的应用，使棚内樱桃提早成熟10～15天，产量增加15%以上，化肥和农药减少30%左右，减少用工25%，产品合格率达到95%以上。

三、技术路线

1. 设施樱桃栽培品种配置

（1）品种选择：选择品质优良、适宜大棚栽培美早、福晨、布鲁克斯、含香、先锋、拉宾斯和雷尼等品种。

（2）授粉品种的配置：授粉树要与主栽树栽植比较近，交互错杂才能满足互相授粉的要求。主栽品种与授粉品种的比例2∶1，最好授粉品种在3个以上。

2. 温度和湿度调控

（1）大棚覆膜与温度调控：休眠期需要在7.2℃以下1 000～1 440小时，不同品种会有差别。

（2）覆盖人工降温和催落叶：当地连续最低气温降到7.2℃以下时开始覆膜，白天覆盖草帘，夜晚揭开草帘，大连地区利用捂棚，催落叶，使棚内保持0～7.2℃低温，大约30～40天时间即可达到休眠。

（3）温湿度控制：设施内应放置温湿度计以观察设施内温湿度变化。缓慢升温，发芽1周内温度不要太高，以后温度适当控制，白天最高不能超过25℃，晚上2℃以上，不要超过 10 ℃。从升温到开花控制在 30～45 天，开花前 1 周适当降低棚内温度，有利于胚囊最后发育。硬核期白天温度要控制好，夜晚温度不能太高，果实膨大期保持昼夜温差 10 ℃以上，以利于樱桃养分积累，增加樱桃品质。温湿度控制如表 15－1。

表 15－1　设施大樱桃温湿度控制

项目 时期	温度（℃）		湿度（%）	
	白天	夜晚	白天	夜晚
升温 1 周内	13～20	2 ℃以上	60%以上	90%以上
萌芽前	18～25	4～10	60%以上	90%以上
萌芽至初花	16～18	6～7	50～60	80
盛花	16～18	5～8	40～50	70
幼果期	22 ℃左右	5～10	40～50	70
硬核期	18～20	4～8	40～60	70
膨大期	20～25	10～12	40～60	70
变色至成熟	20～25	10～15	40～50	70

在大棚内，樱桃接近成熟时，连续阴天后突然晴天和放风太急，棚内湿度变化大时，容易引起果实裂果。防止措施是：采用少量多次放风的方法，风口不能一次开得过大，一点点的放风，让棚内温湿度逐渐变化。

（4）光照：在晴好天气，早揭晚盖，阴天尽量揭开膜，利用漫射光增加光照；利用透光性好的膜覆盖，增加膜透光率，提高可见光、红外线、紫外线通透率，夜晚可以用光照设备补光。

（5）地温：棚内地温低于 12.5 ℃时，樱桃不开花或者开花不整齐，可通过起垄栽培、地膜覆盖、浇井水和多用有机肥等措施提高棚内地温。

（6）大棚加温技术：由于冬季气温较低，低温棚升温后夜里棚内温度能够降低至 0 ℃以下，要使发芽前棚内温度保持在 3 ℃以上，并且预备大棚排湿，就必须在棚内增加加温设施。

（7）震落花瓣：由于大棚内湿度大和没有风，棚内樱桃落花时要用吹风机或者橡皮锤人工震落花瓣，防止花瓣贴在幼果上引起灰霉病的发生。

3. 大棚樱桃关键管理技术

（1）打破大樱桃休眠技术：大樱桃的需冷量是低于 7.2 ℃的时间是 1 100～1 440 小时，一般休眠 900 多小时后即可升温。打破休眠的措施包括低温处理、药剂处理和高温破眠。

① 低温处理：扣棚后，不先进行升温。前期进行低温处理即白天不揭棚，晚上揭草帘，打开通风口，尽量使棚内处于 0～7 ℃的环境 30 天左右，加大其休眠时数。

② 药剂处理：利用单氰胺打破休眠，能够提早开花 7～10 天，并且开花整齐，喷施浓度不同，调节棚内樱桃开花期。一般在樱桃升温前 1 天或者升温后 2～3 天，充分浇水，用 50%的单氰胺 60～100 倍液均匀喷在树上，开花晚的品种喷布多一点（如萨米脱），开花早的喷布少一点；喷后棚要密闭，保证棚内湿度在 90%以上，以免烧芽。

③ 高温破眠：就是升温后利用 2～3 天高温打破休眠，棚内温度在 25～30 ℃，以后降低棚温。

（2）人工授粉：通过人工或蜜蜂等昆虫花期辅助授粉，提高坐果率。

（3）疏花疏果和促进果实着色：疏去过密的花和果，特别是疏掉小果、畸形果、不着色的果，可使单果重提高。光照强弱影响果实着色，每年要换用新的塑料薄膜，以提高光照强度。在着色期间如果气温相当高，则白天尽量多打开通风口，使太阳直接照射进去。另外，地面上可以铺设反光膜，增加树体内膛的光照，促进着色。硬核后通过水肥一体化施高钾肥和树叶喷叶面肥，变色后温度白天不能超过 25 ℃，昼夜温差保持在 10 ℃以上。

（4）棚内花枝高接技术：甜樱桃设施栽培中，由于授粉品种少或搭配不合理等问题或授粉树与主栽树距离太远，易造成大棚樱桃坐果少、产量低。采用改良双舌接法对大棚樱桃进行花枝高接，成活率可达 90%以上，增加了棚内甜樱桃的授粉源，当年高接，当年开花结果，当年为其他品种授粉，大幅度提高了棚内甜樱桃的整体产量。

（5）二氧化碳施肥：展叶到果实生长期，进行二氧化碳施肥。

4. 病虫害防治

（1）放风口加防虫网：即防止鸟害发生，又可防止虫害进棚。

（2）防治灰霉病：加强放风和暖风加热除湿，选用腐霉利、异菌脲或者和茨木霉菌等菌类制剂防治。7～10 天一次，喷 2～3 次。

（3）叶螨防治：樱桃果实硬核后，喷阿维·螺螨酯、阿维·已螨唑等预防，出现叶螨后用同样药剂进行防治，喷 2～3 次，间隔 7～10 天。

四、效益分析

1. 经济效益 通过应用该技术，樱桃可提早上市 10～15 天，增产 15%以上，同时减少化肥农药使用，省工省力，平均每亩增收 7 500 元，节约成本 1 200 元。

2. 生态、社会效益 降低农药化肥使用，降低劳动强度，增产增收，给果农带来切实的效益；降低了商品农药残留，保障了食品安全，减轻了农药化肥对自然环境的污染，生态、社会效益巨大。

五、适宜地区

北京、河北、山西、陕西、河南、山东、甘肃等省份。

（王玉宝、高文胜）

设施大樱桃绿色优质生产技术模式

项目	12月	1月	2月	3月	4月	5月	6月	7月	8月	9月	10月	11月
措施	扣棚升温		花期	幼果期和果实膨大期	果实采收期		夏季管理					
	破眠剂和发芽前清园剂应用		放蜂和调节剂使用		绿色防控病虫害							
技术路线	品种选择：温室和大棚栽培的目的是生产更早熟、优质的甜樱桃，因此应尽量选择品质优良，适宜大棚栽培的品种 授粉品种的配置：主栽品种与授粉品种的比例 2∶1，最好授粉品种在 3 个以上 温度和湿度调控：升温后要求缓慢升温，发芽 1 周内温度不要太高，以后温度适当控制，白天最高不能超过 25 ℃，晚上 2 ℃以上，不要超过10 ℃。从升温到开花控制在 30～45 天，开花前 1 周适当降低棚内温度，有利于胚囊最后发育。硬核期白天温度要控制好，夜晚温度不能太高 光照：在晴好天气，早揭晚盖，阴天尽量揭棚，利用漫射光增加光照；利用透光性好的膜覆盖，增加膜透光率，提高可见光、红外线、紫外线通透率，夜晚可以用光照设备补光 大棚加温技术：由于冬季气温较低，低温棚升温后夜里棚内温度能够降低至 0 ℃以下，要使发芽前棚内温度保持在 3 ℃以上，并且预备大棚排湿，就必须在棚内增加加温设施 打破大樱桃休眠技术：大樱桃的需冷量是低于 7.2 ℃的时间是 1 000～1 440 小时，一般休眠 900 多小时后即可升温。打破休眠的措施包括低温处理、药剂处理 人工授粉：通过人工或蜜蜂等昆虫花期辅助授粉，提高坐果率 疏花疏果和促进果实着色：疏去过密的花和果，特别是疏掉小果、畸形果、不着色的果，可使单果重提高。光照强弱影响果实着色，每年要换用新的塑料薄膜，以提高光照强度。在着色期间如果气温相当高，则白天尽量多打开通风口，使太阳直接照射进去。另外，地面上可以铺设反光膜，增加树体内堂的光照，促进着色。硬核后通过水肥一体化施高钾肥和树叶喷叶面肥，变色后温度白天不能超过 25 ℃，昼夜温差保持在 10 ℃以上 病虫害防治：设施樱桃由于湿度大，容易发生灰霉病，虫害叶螨为害，防治方法是：①放风口加防虫网。即防止鸟害发生，又可防止虫害进棚；②防治灰霉病。灰霉病发生时，要首先放风和暖风加热除湿，药剂用腐霉利、异菌脲或者和茨木霉菌、枯草芽孢杆菌、蜡质芽孢杆菌、荧光假单杆菌等菌类制剂防治。7～10 天一次，喷 2～3 次；③叶螨防治。设施栽培后期，由于棚内高温，湿度小，容易发生叶螨，樱桃果实硬核后，喷阿维・螺螨酯、阿维・乙螨唑等预防，出现叶螨后，用同样药剂进行防治，喷 2～3 次，间隔 7～10 天												
适宜地区	陇海路以北，山海关以南，包括北京、河北、山西、陕西、河南、山东、甘肃等省份											
经济效益	通过设施樱桃合理配置授粉树，打破休眠，自动化温控设备，人工授粉，绿色防控，水肥一体化等措施的应用，可提早上市 10～15 天，增产 15% 以上，同时减少化肥农药使用，省工省力，平均每亩增收 7 500 元，节约成本 1 200 元												

苹果现代矮砧集约栽培绿色发展技术

一、技术概况

在苹果绿色生产栽培过程中，重点推广包括矮砧大苗建园、宽行密株、设立支架、起垄覆盖、行间生草等内容的适于机械化管理的现代矮砧集约栽培模式，以及绿色防控、肥水调控、整形修剪、花果管理等配套技术，逐步实现苹果生产绿色化、集约化和现代化。该模式能够加快环境友好型和资源节约型果园建设进程，对于促进山东省苹果产业提质增效，增加农民收入，助力乡村振兴意义重大。

二、技术效果

通过矮砧大苗建园、宽行密株、起垄覆盖、增施有机肥、节水灌溉、病虫害绿色防控等措施，苹果栽后3年结果，第五年亩产达到3 000千克以上，盛果期达到4 000千克以上，较传统管理提前2～3年进入盛果期；高光效、高效水肥利用可有效提高果实可溶性固形物含量，优质果率达到90%以上，较传统管理提高30个百分点，每亩增效益10%～15%以上。机械化管理及肥水一体化应用可以有效降低劳动力成本，达到节本增效目的。

三、技术路线

1. 大苗建园、支架栽培 选用2～3年生的矮砧优质大苗建园，要求苗木高度1.8米以上，品种嫁接口以上5厘米处直径达到1.0厘米，芽眼饱满，具有多个分枝，根系完整，无病虫害及检疫对象。苗木定植后设立支架，顺行向每10米左右立一个3.0～3.5米高的水泥柱，分别在0.8米、1.6米和2.5米处各拉一道12号钢丝，同时在每株树立一根立柱，扶持中干。

2. 宽行密株、起垄栽植 春季萌芽前栽植；根据立地条件确定栽植密度，T_{337}等M_9矮化自根砧（0.8～1.2）米×（3.5～4）米，M_7、MM_{106}等矮化自根砧苗木和M_{26}、SH系等矮化中间砧苗木株行距（2.0～2.5）米×（4.0～4.5）米。以确定好的树行为中心线起垄，垄宽1.0～1.2米，垄高30厘米左右。定植后及时灌水，待水渗下后划锄松土，并在树盘内覆盖1.0～1.2米^{2}地膜保墒。

3. 果园行间生草、树盘覆盖 在果园的行间进行人工种草，也可自然生草。人工种草可选用三叶草、紫花苜蓿、黑麦草等。在草生长到40厘米左右时，进行机械或人工留茬15厘米左右刈割，覆盖树盘。

4. 增施有机肥，改良土壤 栽植前通过开沟深翻、增施有机肥改良土壤，开沟深度在60厘米、宽度1米左右。通过土壤改良，使根系集中分布区内土壤有机质含量达到1.5%以上。

5. 配方施肥，节水灌溉 推广应用叶面营养分析与测土相结合的配方平衡施肥技术，滴灌、微喷等节水灌溉技术和水肥一体化技术。

6. 纺锤形整枝修剪、扶强中干 栽植带分枝大苗时，尽可能不定干或轻打头，仅去除直径超过主干干径1/3的侧枝；栽植分枝较少或无分枝的苗木，在1.2～1.5米饱满芽处定干，并刻芽促发分枝。萌芽后严格控制侧枝生长势，一般侧枝长度达到25～30厘米时进行拉枝开角至110°～130°，生长势旺和近中心干上部的拉枝角度要大些（130°），着生在中心干下部或长势偏弱的枝条角度可小些（110°），确保中心干直立健壮生长。整形完成以后树高3.0～4.0米，干高0.8～1.0米，中心干上螺旋形着生20～40个侧枝，所有侧枝基部粗度不超过其着生处主干粗度的1/3，待结果后，疏除直径超过2厘米的侧枝。

7. 病虫害绿色防控 强调预防为主，综合防治，以农业防治、物理防治和生物防治为主，化学防治为辅。农业防治主要包括选择无病虫苗木、加强肥水管理、合理修剪、建园时考虑到树种与害虫的食性关系等；物理防治主要是根据病虫害的生物学习性和生态学原理，如利用害虫对光、色、味等的反应来消灭害虫；生物防治主要有以虫治虫，以菌治虫、激素应用、遗传不育等。

四、效益分析

1. 经济效益分析 该技术模式建立的果园进入盛果期后，通过提早结果、品质提升和节本增效，每亩产值可达2万元以上，每亩纯收入15 000元左右。

2. 生态、社会效益分析 现代栽培模式的推广应用更新了果农的管理理念，提高了管理水平，果农素质得到普遍提高；该模式能实现由传统粗放式、一家一户的小资本生产经营向集约化、规模化、产业化的组织经营模式转变，促使果品生产产业化升级，实现一二三产业融合。该技术模式通过生态栽培配套技术的应用，保持了果园生物的多样性，增加了苹果园病虫天敌的种类、数量，减少了化学防治的次数和使用量；能够促进土壤有益微生物群落的建立，减少化学肥料施用量，提高了土壤肥水的利用率；做到农业生产化肥农药减量控制，保持了生态环境与生态平衡。

五、适宜地区

适宜山东、陕西、甘肃、河北、河南、山西、辽宁等省苹果栽培区。

（李明丽、高文胜）

苹果现代矮砧集约栽培绿色发展技术模式

<table>
<tr><td rowspan="2">项目</td><td colspan="3">1月</td><td colspan="3">2月</td><td colspan="3">3月</td><td colspan="3">4月</td><td colspan="3">5月</td><td colspan="3">6月</td><td colspan="3">7月</td><td colspan="3">8月</td><td colspan="3">9月</td><td colspan="3">10月</td><td colspan="3">11月</td><td colspan="3">12月</td></tr>
<tr><td>上</td><td>中</td><td>下</td><td>上</td><td>中</td><td>下</td><td>上</td><td>中</td><td>下</td><td>上</td><td>中</td><td>下</td><td>上</td><td>中</td><td>下</td><td>上</td><td>中</td><td>下</td><td>上</td><td>中</td><td>下</td><td>上</td><td>中</td><td>下</td><td>上</td><td>中</td><td>下</td><td>上</td><td>中</td><td>下</td><td>上</td><td>中</td><td>下</td><td>上</td><td>中</td><td>下</td></tr>
<tr><td>生育期</td><td colspan="7">休眠期</td><td colspan="3">萌芽期</td><td colspan="2">花期</td><td colspan="2">幼果期</td><td colspan="14">果实生长期</td><td colspan="3">果实采收期</td><td colspan="2">落叶期</td><td colspan="3">休眠期</td></tr>
<tr><td>措施</td><td colspan="3">大苗建园、支架栽培</td><td colspan="2">宽行密株、起垄栽植</td><td colspan="2">行间生草、树盘覆盖</td><td colspan="12">增施有机肥，改良土壤，配方施肥，节水灌溉，纺锤形整枝修剪、扶强中干</td><td colspan="17">绿色病虫防控</td></tr>
<tr><td>技术路线</td><td colspan="36">大苗建园、支架栽培。选用2～3年生的矮砧优质大苗建园，要求苗木高度1.8米以上，品种嫁接口以上5厘米处直径达到1.0厘米，芽眼饱满，具有多个分枝，根系完整，无病虫害及检疫对象。苗木定植后设立支架，顺行向每10米左右立一个3.0～3.5米高的水泥柱，分别在0.8米、1.6米和2.5米处各拉一道12号钢丝，同时在每株树立一根立柱，扶持中干
宽行密株、起垄栽植。春季萌芽前栽植；根据立地条件确定栽植密度，T_{337}等M_9矮化自根砧（0.8～1.2）米×（3.5～4）米，M_7、MM_{106}等矮化自根砧苗木和M_{26}、SH系等矮化中间砧苗木株行距（2.0～2.5）米×（4.0～4.5）米。以确定好的树行为中心线起垄，垄宽1.0～1.2米，垄高30厘米左右。定植后及时灌水，待水渗下后划锄松土，并在树盘内覆盖1.0～1.2米^{2}地膜保墒
果园行间生草、树盘覆盖。在果园的行间进行人工种草，也可自然生草。人工种草可选用三叶草、紫花苜蓿、黑麦草等。在草生长到40厘米左右时，进行机械或人工留茬15厘米左右刈割，覆盖树盘
增施有机肥，改良土壤。栽植前通过开沟深翻、增施有机肥改良土壤，开沟深度在60厘米、宽度1米左右。通过土壤改良，使根系集中分布区内土壤有机质含量达到1.5%以上
配方施肥，节水灌溉。推广应用叶面营养分析与测土相结合的配方平衡施肥技术，滴灌、微喷等节水灌溉技术和水肥一体化技术
纺锤形整枝修剪、扶强中干。栽植带分枝大苗时，尽可能不定干或轻打头，仅去除直径超过主干干径1/3的侧枝；栽植分枝较少或无分枝的苗木，在1.2～1.5米饱满芽处定干，并刻芽促发分枝。萌芽后严格控制侧枝生长势，一般侧枝长度达到25～30厘米时进行拉枝开角至110°～130°，生长势旺和近中心干上部的拉枝角度要大些（130°），着生在中心干下部或长势偏弱的枝条角度可小些（110°），确保中心干直立健壮生长。整形完成以后树高3.0～4.0米，干高0.8～1.0米，中心干上螺旋形着生20～40个侧枝，所有侧枝基部粗度不超过其着生处主干粗度的1/3，待结果后，疏除直径超过2厘米的侧枝
病虫害绿色防控。强调预防为主，综合防治，以农业防治、物理防治和生物防治为主，化学防治为辅</td></tr>
<tr><td>适宜地区</td><td colspan="36">适宜山东、陕西、甘肃、河北、河南、山西、辽宁等省苹果适宜栽培区</td></tr>
<tr><td>成本效益分析</td><td colspan="36">亩投入：一般第一年每亩投入8 000～12 000元；结果期每亩投入5 000元左右
亩产值：一般每亩产量4 000千克，每亩产值2万元
亩纯收入：一般每亩纯收入1.5万元左右</td></tr>
</table>

第十六章 河南省绿色高质高效技术模式

大樱桃绿色高质高效栽培技术模式

一、技术概况

在大樱桃绿色高质高效栽培过程中，通过加强土、肥、水调控管理，整形修剪，构建合理树形，加强花果期管理，提高樱桃坐果率和樱桃果品品质，推广病虫害绿色防控技术，减少农药使用频次，控制农药残留等措施，保障樱桃生产安全、农产品质量安全和农业生态环境安全，促进农业增产增效，农民增收。它的实施有益于提高大樱桃绿色高质高效生产水平。

二、技术效果

土、肥、水管理＋整形修剪＋花果期防灾增效＋病虫害绿色防控。通过推广应用统筹土、肥、水管理，构建合理树形，加强花果期管理，提高樱桃坐果率和樱桃果品品质，推广病虫害绿色防控技术，减少农药使用频次，控制农药残留等措施，可提高大樱桃产量15%以上，农药使用量减少40%～60%，减少投入和用工成本10%左右，农产品合格率达到100%。

三、技术路线

指导示范区选用优良品种、合理搭配授粉树，科学进行土、肥、水管理，合理整形修剪，预防低温冻害、加强花果期管理，绿色防控病虫害，使用有机肥和配方施肥，降低大樱桃栽培成本，提升大樱桃果品质量和品质。

1. 选择优良品种，科学配置授粉树 选用果大、丰产、优质、抗逆性强的品种，并做到早、中、晚熟品种合理搭配，如早大果、美早、布鲁克斯等。应选择与主栽品种授粉亲和力强，花期一致、丰产、经济价值高的授粉品种，如先锋、雷尼搭配早大果、美早等。授粉树比例20%～30%。

苗木选择根系饱满、枝条粗壮、芽体饱满的优质苗，高度1.3米以上，嫁接部位以上5厘米处直径达到1厘米，中部以上侧芽饱满，无损伤。砧木可选用吉塞拉（Gisela）6号或古塞拉12号、ZY-1等。

2. 合理确定栽植密度 株行距为（3～4）米×（4～5）米，每亩定植33～56株。

3. 科学进行土壤管理 一是扩穴深翻，可在秋末冬初，结合秋冬施肥进行。二是中耕松土和果园生草，可种植鼠茅草、野豌豆等。三是果园除草，可采用人工锄草、地膜、地布覆盖等方法。

4. 合理施肥 一是秋施基肥。时间 9 月到落叶前。幼树和初果期一般每株施厩肥 25～50千克，盛果期每株施厩肥 100 千克左右，或施用商品有机肥。二是及时追肥。可追施三元复合肥，每年 4 次。3 年以下树龄每次每株 150～200 克，4～5 年树龄 0.5～1.0 千克/株。盛果期树每次每株追施 0.5～1 千克/株，采果后可适当增加用量。追肥后及时灌水。三是适时进行叶面喷肥。花期喷 0.3%的硼砂＋1 000 倍磷酸二氢钾液；果实膨大期到着色期喷 0.3%的磷酸二氢钾 2～3 次；落叶前喷 0.2%的尿素和 0.3%的磷酸二氢钾；落叶期叶面喷施 5%的尿素＋0.2%硼砂。

5. 科学进行水分管理 重点浇好五水，即花前水、硬核水、采前水、采后水和封冻水。采收前 10～15 天浇水必须在前几次连续灌水的基础上进行。雨季果园应及时进行防涝排水。

6. 合理进行整形修剪 常见树形主要有：自然开心形、自由纺锤形、主干疏层形、KGB 树形等。依据树形做好修剪。

生长期修剪：主要是抹芽、拉枝、摘心、扭梢、剪梢、刻伤等。

休眠期修剪：主要是短截、缓放、回缩、疏枝等。

7. 花果管理 一是花期授粉。可采用每亩果园投放 80～100 头壁蜂授粉，人工授粉一般要进行 2～3 次，重点在盛花期进行。二是叶面喷肥。盛花期喷 0.3%的尿素，0.3%的硼砂或磷酸二氢钾。三是疏花疏果。疏去畸形花、弱质花，每个花束状短果枝大约留 2～3个花序。疏除过密果、小果、畸形果及下垂果。四是预防冻害、热害和减轻裂果。

8. 绿色防控病虫害 做好流胶病、褐斑穿孔病、根癌病和果蝇、桑白蚧等病虫害防控。

农业防治：剪除病虫枝，清除枯枝落叶，刮除树干翘裂皮，翻树盘，果园生草，铺设防虫网等。

物理防治：采取糖醋液、枝缠草绳、诱虫板、黑光灯等方法。

生物防治：人工释放赤眼蜂，利用昆虫性外激素干扰成虫交配等。

冬季涂刷、初春喷施 3～5 波美度石硫合剂防治越冬虫源、病菌。

(1) 防治流胶病：刮除病斑，并涂抹溃腐灵或果枝康涂抹伤口，也可用涂抹熬制后的石硫合剂渣滓。

(2) 防治褐斑穿孔病：可用 70%甲基硫菌灵可湿性粉剂 500 倍液，或 3%中生菌素可湿性粉剂 500 倍液。

(3) 防治根癌病：切除病瘤并烧毁，用 1%硫酸铜液或 50 倍液的抗菌剂 402、5 波美度石硫合剂消毒切口。

(4) 防治果蝇：用清源保水剂（0.6%苦内酯）1 000 倍液、或短稳杆菌 100 毫升兑水 40 千克对树上喷施。用 40%乐斯本乳油 1 500 倍液、2%阿维菌素乳油 4 000 倍液喷施地面。

(5) 桑白蚧：5%蚧螨灵 80 倍液防治。

9. 果实采收 采摘时，轻轻将果和果柄完整摘下，采摘下来的果实，根据有关要求进行分级销售。

四、效益分析

1. 经济效益分析 通过选用优良品种、合理搭配授粉树，科学进行土、肥、水管理，合理进行整形修剪，加强花果期管理，绿色防控病虫害等措施，可提高大樱桃产量15%以上，同时降低农药使用频次，减少化肥施用量，降低大樱桃栽培成本，每亩平均增收1 500元左右，节约农药成本150元以上。

2. 生态、社会效益分析 大樱桃绿色高效栽培技术的应用，提高了樱桃的产量和品质，降低了农药、化肥的用量，同时也减轻了农民的工作量，增产增收，给农民带来切实的效益；绿色栽培技术的应用，减少了农药的使用，降低商品农药残留，商品百分之百达到了无公害农产品质量要求，有益于保障食品安全；绿色栽培技术的应用，减轻了农业生产过程中对自然环境的污染，环保意义重大。

五、适宜地区

豫西北温带大陆性季风气候区。

（赵健飞）

大樱桃绿色高效栽培技术模式

<table>
<tr><td>项目</td><td>1月</td><td>2月</td><td>3月</td><td>4月</td><td>5月</td><td>6月</td><td>7月</td><td>8月</td><td>9月</td><td>10月</td><td>11月</td><td>12月</td></tr>
<tr><td>生育期</td><td>休眠期</td><td>萌芽前</td><td>萌芽开花期</td><td>坐果至硬核期</td><td>果实成熟期</td><td colspan="3">花芽形成期、新梢旺盛生长期</td><td colspan="2">新梢缓慢生长期</td><td colspan="2">营养贮藏期、休眠期</td></tr>
<tr><td>措施</td><td>树干涂白；清园；冬季修剪</td><td>冬季修剪；枝干刻芽；清园</td><td>施肥浇水；预防霜冻；疏花，辅助授粉；防控病虫害</td><td>施肥浇水；预防冻害；疏花疏果；防控病虫害</td><td>浇促果水；预防裂果；实时采收；防控病虫害</td><td colspan="3">追肥浇水；机械中耕除草；排水防涝；夏季修剪；防控病虫害</td><td colspan="2">秋施基肥；浇好封冻水；防治早期落叶病</td><td colspan="2">树干涂白；清园</td></tr>
<tr><td>技术路线</td><td colspan="12">园址选择。选择气候适宜，土壤肥沃，土层深厚、背风向阳的田块
选择优良品种，科学配置授粉树。选用果大、丰产、优质、高效、抗逆性强的品种，并做到早、中、晚熟品种合理搭配，如早大果、美早、萨米脱、福晨、布鲁克斯、先锋、莫利、红灯、雷尼尔、桑提娜、澳红、拉宾斯、明珠、黑珍珠、大紫等。搭配好主栽品种和授粉品种，授粉品种应与主栽品种授粉亲和力强，花期一致、丰产、经济价值高。应有两个以上的授粉品种，授粉树比例20%～30%。砧木可选择吉塞拉5号、吉塞拉6号、吉塞拉12号、ZY-1等
合理确定栽植密度。根据立地条件、土壤肥力、苗木类型、品种特性等确定栽植密度。株行距为（3～4）米×（4～5）米，每亩定植33～56株
科学进行土壤管理。一是要扩穴深翻。可在秋末冬初，结合秋冬施肥进行。二是中耕松土和果园生草。行间生草，种植品种为鼠茅草、野豌豆、三叶草、苜蓿等。三是果园除草。可采用人工锄草、地膜压草、地布、毛毡等方法
合理施肥。一是秋施基肥。在9月到落叶前施用一次基肥，基肥施用量占全年施肥量的70%。二是及时追肥。盛果期树分三次追肥，萌芽期到开花前后以氮肥为主，可追施果树专用肥或氮磷钾三元复合肥1.0～1.5千克/株。果实膨大期至硬核期，以磷钾肥为主，氮磷钾混合使用追肥，可施用氮磷钾三元复合肥，0.5～1千克/株。采果后于树冠外围追施充分腐熟的稀释人畜粪尿、豆饼水、或施复合肥1～1.5千克/株，树冠下开沟，沟深15～20厘米，追肥后及时灌水。三是适时进行叶面喷肥。花前喷0.3%的尿素；花期喷0.3%的硼砂+1 000倍磷酸二氢钾液；果实膨大期到着色期喷0.3%的磷酸二氢钾2～3次；落叶前喷0.2%的尿素和0.3%的磷酸二氢钾；落叶期叶面喷施5%的尿素+0.2%硼砂
科学进行水分管理。重点浇好五水，即花前水、硬核水、采前水、采后水和封冻水。雨季果园要及时进行防涝排水
合理进行整形修剪。常见树形有自然开心形、自由纺锤形、主干疏层形、KGB树形等。依据树形做好冬夏修剪
花果管理。一是花期授粉。可采用壁蜂或人工辅助授粉，每亩果园投放80～100头壁蜂；人工授粉一般要进行2～3次，重点在盛花期进行。二是叶面喷肥。盛花期喷0.3%的尿素，0.3%的硼砂或磷酸二氢钾。三是疏花疏果。疏花在开花前及花期进行，主要疏去树冠内膛细弱枝上的畸形花、弱质花。每个花束状短果枝大约留2～3个花序。疏果应在坐果稳定后，应疏除过密果、小果、畸形果及光线不易照到、着色不良的下垂果。四是防止和减轻裂果。应保持土壤湿度稳定，特别是临近成熟前，不能大水灌水
绿色防控病虫害。坚持以农业防治、物理防治和生物防治为核心，以生物源农药、矿物源农药和低毒有机合成农药为辅助的绿色防控理念，做好病虫害综合防控。重点做好大樱桃流胶病、褐斑穿孔病、根癌病和果蝇、桑白蚧等病虫害防控。可选用辛硫磷、短稳杆菌、高效氯氰菊酯、乐斯本等杀虫剂及甲基硫菌灵、果枝康、溃腐灵等杀菌剂
做好大樱桃果实采收及贮藏保鲜。采摘时，轻轻将果和果柄完整摘下，采摘下来的果实，根据有关要求进行分级。采用冷库或气调库进行贮藏和保鲜</td></tr>
<tr><td>适宜地区</td><td colspan="12">豫西北暖温带季风区</td></tr>
<tr><td>经济效益</td><td colspan="12">通过选用优良品种、合理搭配授粉树，科学进行土、肥、水管理，合理进行整形修剪，加强花果期管理，绿色防控病虫害等措施，可提高大樱桃产量15%以上，同时降低农药使用频次，减少化肥施用量，降低大樱桃栽培成本，提升樱桃果品品质，每亩平均增收1 500元左右，每亩节约农药成本150元以上</td></tr>
</table>

茶园绿色防控技术概况

一、技术概况

茶园绿色防控技术是采用生态控制、生物防治、农业防治、物理防治等方法，有效控制茶叶病虫害的危害，充分发挥生态调控的功能，保护和促进浉河区茶园生态系统的相对平衡，确保茶叶质量安全的先进技术。它的实施有益于提高茶园绿色生产水平，促进农业增产增效，农民增收。

二、技术效果

茶园实施病虫害绿色防控技术具有可操作性强、易掌握、投资少、周期短、见效快、收益大的特点。对促进本地农村经济发展具有重要意义。农药使用量可减少30%～50%，减少人工投入和用工成本20%～40%，同时提升了信阳毛尖的品质，达到生态、绿色。

三、技术路线

1. 生物防控 生物防控重点推广应用以虫治虫、以螨治螨、以菌治虫、以菌治菌等生物防治关键措施，加大赤眼蜂、苏云金杆菌（Bt）、蜡质芽孢杆菌、枯草芽孢杆菌、核型多角体病毒（NPV）等成熟产品和技术的示范推广力度，积极开发植物源农药、农用抗生素、植物诱抗剂等生物生化制剂应用技术。

（1）生态调控：利用农业栽培管理措施，充分发挥天敌的自然调控能力。茶园周围种植行道树、梯壁留草，夏、冬季在茶树行间铺草，每年春茶前、夏茶前各浅锄除草一次，秋季深挖除草一次，茶园周边保留一定数量的杂草，努力改善茶园的生态环境，给天敌创造良好的栖息、繁殖场所。

（2）以螨治螨：采用胡瓜钝绥螨防治茶叶螨类，用杀虫剂清园5天后当每叶害螨平均低于2只即可释放。释放时间一般以阴天或傍晚为最佳，并且释放后2天内最好不下雨。释放方法：每亩20～25袋（每袋1 500头左右），释放时用手撕开袋口，均匀地撒施在茶丛中，释放后严禁使用任何化学合成杀虫杀螨剂、除草剂和广谱性生物杀虫杀螨剂。适时投放携带白僵菌的胡瓜钝绥螨，利用胡瓜钝绥螨捕食害螨过程中传播白僵菌，致使假眼小绿叶蝉染病而死，以达到既控害虫、害螨，又对茶园生态环境、茶叶质量安全和省工、省力的目的。

（3）使用生物农药：使用对天敌无害的生物制剂，如鱼藤酮、核型多角体病毒等植物源和微生物源农药，鱼藤酮可以防治茶小绿叶蝉、茶叶螨类和鳞翅目等多种害虫，同时可减少对有益天敌如蜘蛛、瓢虫、草蛉等的伤害，大大地保护天敌。

2. 农业防治 及时分批多次采摘，有虫芽叶注意重采、强采，减轻蚜虫、小绿叶蝉、茶叶螨类、丽纹象甲、斜纹夜蛾等害虫为害。坚持晚秋或早春修剪。深耕施肥和初冬农闲时，将茶园内枯枝落叶和茶树上的病虫枝叶清理出茶园集中销毁，并喷施石硫合剂或那氏778生物农药封园，减少越冬病虫基数。

3. 物理防控 综合使用黄板纸、性引诱剂、捕虫器和太阳能杀虫灯。用太阳能杀虫灯诱杀斜纹夜蛾、茶尺蠖等害虫，每30～40亩安装一盏杀虫灯，灯离地面2米左右。4月下旬至10月底每天傍晚开灯至次日清晨。使用色板和信息素诱杀黑刺粉虱、茶假眼小绿叶蝉、茶黄蓟马等害虫。每亩均匀插挂20～30块色板，色板高出茶树树蓬5厘米。每亩茶园安装有1～3个性诱捕器（主要诱杀茶尺蠖、茶毛虫）和30张粘虫板，配之以性诱剂（针对茶小绿叶蝉、茶蚜等）。每30～50亩茶园装一盏太阳能杀虫灯，可有效防控茶尺蠖、茶毛虫、甲虫类等浉河区主要茶叶害虫，通过以上3种措施的综合防控，示范茶区茶农已不再使用农药，减少了茶农的投工和资金投入。

4. 科学用药 推广高效、低毒、低残留、环境友好型农药，优化集成农药的轮换使用、交替使用、精准使用和安全使用等配套技术，加强农药抗药性监测与治理，普及规范使用农药的知识，严格遵守农药安全使用间隔期。通过合理使用农药，最大限度降低农药使用造成的负面影响。

四、效益分析

1. 经济效益分析 实施后，每亩比常规茶叶种植增加5%～20%，每亩增加收益400～600元，1万亩项目基地每年可增加收益400万～600万元，经济效益十分显著，同时大大降级农药使用次数，节约用药成本和人力成本。

2. 生态、社会效益分析 绿茶是浉河区主要经济支柱，关系千千万万茶农的切身利益，茶园绿色防控技术的应用，提高了茶叶的产量，降低了农药的使用，大大减轻了农民的工作量，增产增收，给农民带来切实效益，同时，绿色防控技术的应用减低了商品农药残留，商品百分之百达到绿色农产品要求，有益于保障食品安全，减轻了农业生产过程中对自然环境的污染，环保意义重大。

五、适宜地区

全国主要绿茶生产基地。

（周凯）

茶园绿色防控技术措施模式

<table>
<tr><th>项目</th><th>2月</th><th>3月</th><th>4月</th><th>5月</th><th>6月</th><th>7月</th><th>8月</th><th>9月</th><th>10月</th></tr>
<tr><td rowspan="4">措施</td><td>农业防治</td><td></td><td colspan="4">通过修剪、采摘、及时带走为害嫩叶层的茶橙瘿螨、茶小绿叶蝉</td><td></td><td></td><td>使用石硫合剂或矿物油封园，减少来年害虫虫口基数</td></tr>
<tr><td>理化诱空</td><td></td><td></td><td colspan="3">杀虫灯诱杀茶尺蠖，茶毛虫等鳞翅目害虫，色泽诱杀黑刺粉虱、茶小绿叶蝉</td><td></td><td></td><td></td></tr>
<tr><td>生物防治</td><td></td><td colspan="2">植物源、矿物质源农药如苦参碱、藜芦碱防治害虫</td><td></td><td></td><td></td><td></td><td></td></tr>
<tr><td>科学用药</td><td></td><td colspan="6">根据虫情、参考防治指标，使用在茶树上已登记的农药，提倡生物类植物源、矿物质源农药，推荐一药多治</td><td></td></tr>
<tr><td>技术路线</td><td colspan="9">选种：乌牛早、信阳10号、福鼎大白等
物理防治：每亩茶园安装有1～3个性诱捕器，配之以性诱剂，每亩30张粘虫板，每30～40亩安装一盏杀虫灯，灯离地面2米左右。生物防控重点推广应用以虫治虫、以螨治螨、以菌治虫、以菌治菌等生物防治关键措施，加大赤眼蜂、苏云金杆菌（Bt）、蜡质芽孢杆菌、枯草芽孢杆菌、核型多角体病毒（NPV）等成熟产品和技术的示范推广力度，积极开发植物源农药、农用抗生素、植物诱抗剂等生物生化制剂应用技术。及时分批多次采摘，有虫芽叶注意重采、强采，减轻蚜虫、小绿叶蝉、茶叶螨类、丽纹象甲、斜纹夜蛾等害虫为害。坚持晚秋或早春修剪。深耕施肥和初冬农闲时，将茶园内枯枝落叶和茶树上的病虫枝叶清理出茶园集中销毁，并喷施石硫合剂或那氏778生物农药封园，减少越冬病虫基数</td></tr>
<tr><td>适宜地区</td><td colspan="9">全国主要绿茶生产基地</td></tr>
<tr><td>经济效益</td><td colspan="9">项目实施后，每亩比常规茶叶种植增加5%～20%，每亩增加收益400～600元，1万亩项目基地每年可增加收益400万～600万元，经济效益十分显著，同时大大降级农药使用次数，节约用药成本和人力成本</td></tr>
</table>

第十七章 湖北省绿色高质高效技术模式

露地南瓜绿色高效生产技术模式

一、技术概述

该技术模式是根据南瓜需肥特点和生育规律，把南瓜栽培技术与肥药施用进行优化统筹，总结创新，示范推广的生产技术模式，从而达到施用有机肥、减化肥、减成本、增产量的目的。

二、技术效果

1. 提高产量 四季长青合作社示范栽培南瓜核心区每亩平均产量达 3 085.3 千克，对照区每亩平均产量 2 261.8 千克，每亩平均增产 823.5 千克，增产 36.4%；核心区每亩平均产值 4 936.6 元，对照区每亩平均产值 3 618.9 元，每亩平均增收 1 317.7 元。

2. 提高肥料利用率 示范区主要采取增施有机肥（每亩施 40 千克微生物肥加 80～200 千克不同用量有机肥作底肥），100%应用测土配方施肥及每亩用 100 千克左右生石灰调节酸碱度等措施，达到减少化肥使用量 10%左右，同时通过水肥一体化的应用，提高肥料利用率 5%以上。

3. 减少农药使用 一是开展品比试验筛选抗病品种、育苗基质中加功能微生物机质等措施培育壮苗，提高抗性；二是改过去“宽厢平畦”为“窄厢深畦”改善田间通风提高抗病能力，预防病害；三是整合项目安装太阳能杀虫灯、性诱捕器、黄板、生物导弹进行病虫综合防治害虫。通过上述措施，南瓜生育期间减少施药 1～2 次。

4. 节本增效 集成技术模式优化了用工和物资投入，每亩年计减少投入 590 元。其中，化肥每亩用量减少 30 千克，减少投资 80 元；农药每亩用量减少 30%以上，每亩节约成本 60 元；每亩减少用工 3 个，减少投入 450 元。

三、技术路线

选用高产、优质、抗病品种吉冠 773，培育健康壮苗，土壤深松、土壤改良，增施有机肥，测土配方施肥，水肥一体化，病虫绿色综合防治等措施，提高南瓜丰产的能力，增强南瓜对病虫害的抵抗力。

1. 科学栽培

（1）品种选择：选用适合本地区栽培的优良品种吉冠 773。

(2) 培育壮苗：3月15日左右集中穴盘育苗，采取加强田管、在育苗基质中加功能微生物机质等措施培育壮苗。

(3) 合理整地：在南瓜定植前10天左右翻耕深松整地，深松厚度最深达到了25厘米。结合整地每亩撒施80千克生石灰调节酸碱度。

(4) 适时定植：4月8日左右当幼苗3～5片真叶时覆膜定植，先在大田定植区覆盖黑色地膜，然后用开孔器按每亩200株左右开孔栽苗，选择健壮、无病害的秧苗每穴1株进行定植，种植深度以子叶平齐土面为宜，并浇透定根水。

(5) 加强田管：4月25日左右中耕除草；5月1日左右整枝、压蔓，整枝时去掉1米内的全部侧枝、弱枝、重叠枝达到改善通风透光的目的。蔓长7～9节进行第一次压蔓，生长顶端要露出12～15厘米，以后每隔30～50厘米压一次，先后进行2～3次。4月8日、5月10日、6月12日左右等根据南瓜长势和需水肥特点，利用水肥一体化智能管理进行田间浇水追肥，达到了省水省肥省工的示范效果；质量追溯系统在项目区从种植、生产、检测体系及现代物流等环节对蔬菜产品进行全程可视数字化管理，使产品从田间到餐桌的全流程可追溯。

(6) 人工辅助授粉：5月10日左右按一朵雄花五朵雌花进行人工辅助授粉一次，明显地提高坐瓜率。

2. 主要病虫害防治 利用太阳能杀虫灯、黄板、生物导弹等对青虫、蚜虫等害虫进行诱杀；4月5日苗床、4月19日用阿泰灵可湿性粉剂75克/亩，稀释1 000倍液喷雾预防南瓜病毒病。

四、效益分析

1. 经济效益 通过在南瓜上进行测土配方施肥、增施有机肥、病虫绿色防控等技术应用，提高农产品产量和生产效益。2019年8月10日湖北省农业农村厅组织有关专家在陈刘村，对核心区的南瓜生产情况进行田间实地测评，核心区南瓜比对照区每亩平均增产823.5千克，增产36.4%，每亩平均增收1 317.7元。

2. 社会效益 通过项目创建，辐射带动周边1 000多农户、10 000多亩蔬菜实施标准化生产，每亩平均增收200元左右；蔬菜质量抽检合格率达99%以上。项目区通过推广蔬菜新品种，"两减"栽培，病虫绿色防控，土壤深松，测土配方施肥，水肥一体化，农产品质量追溯等蔬菜集成技术，辐射带动全县蔬菜产业发展，社会效益明显。

3. 生态效益 项目建设中，通过增施有机肥、测土配方施肥、生石灰调节酸碱度等措施，达到减少化肥使用量10%左右，水肥一体化的应用，提高肥料利用率5%以上；通过改善种植环境、病虫绿色防控等措施，减少施药1～2次，每亩节约成本60余元；结合蔬菜废弃物回收清洁了田园，生态效益明显。

五、适宜地区

长江中游露地栽培南瓜产区。

（李荃玲、田石忠、张凤英）

露地南瓜肥药双减绿色高效栽培技术模式

<table>
<tr><td rowspan="2">项目</td><td colspan="3">3月</td><td colspan="3">4月</td><td colspan="3">5月</td><td colspan="3">6月</td><td colspan="3">7月</td><td colspan="3">8月</td></tr>
<tr><td>上</td><td>中</td><td>下</td><td>上</td><td>中</td><td>下</td><td>上</td><td>中</td><td>下</td><td>上</td><td>中</td><td>下</td><td>上</td><td>中</td><td>下</td><td>上</td><td>中</td><td>下</td></tr>
<tr><td>生育期</td><td colspan="3">育苗期</td><td colspan="2">定植</td><td colspan="8">生长期</td><td colspan="5">收获期</td></tr>
<tr><td rowspan="3">措施</td><td colspan="3">选择优良品种</td><td colspan="15"></td></tr>
<tr><td colspan="18">药剂防治</td></tr>
<tr><td colspan="18">黄板　杀虫灯　生物导弹</td></tr>
<tr><td>技术路线</td><td colspan="18">科学栽培
① 品种选择：选用适合本地区栽培的优良品种吉冠773
② 培育壮苗：3月15日左右集中穴盘育苗，采取加强田管、在育苗基质中加功能微生物机质等措施培育壮苗
③ 合理整地：南瓜定植前10天左右翻耕深松整地，深松厚度最深达到了25厘米。结合整地每亩撒施80千克生石灰调节酸碱度
④ 适时定植：4月8日左右当幼苗3～5片真叶时覆膜定植，先在大田定植区覆盖黑色地膜，然后用开孔器按每亩200株左右开孔栽苗，选择健壮、无病害的秧苗每穴1株进行定植，种植深度以子叶平齐土面为宜，并浇透定根水
⑤ 加强田管：4月25日左右中耕除草；5月1日左右整枝、压蔓，整枝时去掉1米内的全部侧枝、弱枝、重叠枝达到改善通风透光的目的。蔓长7～9节进行第一次压蔓，生长顶端要露出12～15厘米，以后每隔30～50厘米压一次，先后进行2～3次。4月8日、5月10日、6月12日根据南瓜长势和需肥特点，利用水肥一体化智能管理进行田间浇水追肥，达到了省水省肥省工的示范效果；质量追溯系统在项目区从种植、生产、检测体系及现代物流等环节对蔬菜产品进行全程可视数字化管理，使产品从田间到餐桌的全流程可追溯
⑥ 人工辅助授粉：5月10日左右按一朵雄花五朵雌花进行人工辅助授粉一次，明显地提高坐瓜率
主要病虫害防治　利用太阳能杀虫灯、黄板、生物导弹等对青虫、蚜虫、粉虱等害虫进行诱杀；4月5日苗床、4月19日用阿泰灵可湿性粉剂75克/亩，稀释1 000倍液喷雾预防南瓜病毒病</td></tr>
<tr><td>适宜地区</td><td colspan="18">长江中游露地栽培南瓜区</td></tr>
<tr><td>经济效益</td><td colspan="18">经济效益。通过在南瓜上进行测土配方施肥、增施有机肥、病虫绿色防控等技术应用，提高农产品产量和生产效益。2019年8月10日湖北省农业农村厅组织有关专家在陈刘村，对核心区的南瓜生产情况进行田间实地测评，核心区南瓜比对照区每亩平均增产823.5千克，增产36.4%，每亩平均增收1 317.7元，经济效益明显</td></tr>
</table>

第十八章

湖南省绿色高质高效技术模式

冰糖橙绿色高质高效栽培技术

一、技术概况

针对冰糖橙产量不稳、果个偏小、大小不均、易发溃疡病等生产情况，推广应用大枝修剪、适时放梢、合理施肥、喷施叶面肥料，顺应植物生长习性，促进树体平衡，采用化学防治相结合的病虫综合防治技术，从而达到稳产、优质和有效防控了溃疡病、沙皮病等主要病害，保障了柑橘生产安全、农产品质量安全和农业生态环境安全，促进了农业增产增效、农民增收。多项综合技术的配套实施有利于提高冰糖橙绿色高品质生产水平，有利于保证农产品的质量安全。

二、技术效果

冰糖橙大枝修剪、适时放梢、合理施肥、喷施叶面肥，顺应植物生长习性，促进树体平衡，采用化学防治相结合的病虫综合防治技术，每亩产量提高15％以上，优质果率达90％以上，农产品合格率达100％，溃疡病、沙皮病防治效果达90％以上。

三、技术路线

指导示范区、新栽园选用脱毒营养钵容器苗栽植，成年园采用大枝修剪、土壤改良、增施有机肥料，遵循顺应植物生长习性，适时合理施肥、喷施叶面肥，结合化学防治，运用健生栽培的方式，促进树体中庸、平衡，壮而不旺，结果均匀、个大质优。

1. 科学栽培

(1) 新栽园：选用脱毒容器苗或新选育的锦红、洪华1号、橘湘珑等优良株系。

(2) 成年园。

① 合理施肥：第一次（春肥）在花蕾现白后至开花前施入，一般在4月5日至4月20日。按株产50～75千克的果树每株施10—4—6配比的有机无机肥0.5～1千克，占全年用量的20％，主要作用是促进春梢壮实、壮花、稳果；第二次（壮果肥）根据树体长势和结果情况，在6月中、下旬至7月上旬施15—15—15配比的复合肥或10—10—10配比的黄腐酸复合肥1～1.5千克，另加腐熟枯饼类肥料2.5～4千克，占全年用量的40％～45％，主要作用是促进幼果膨大，秋梢提早整齐抽发；第三次（基肥）在采果后立即施入，最迟在12月20日前施完，施有机质肥料或生物有机肥料加10－10－10配方的黄腐

酸肥料0.5千克，占全年用量的35%～40%，主要作用是恢复树势、贮藏养分、为翌年春梢大量抽发及壮花、着果提供营养。

② 施肥方法：第一次（春肥）以撒施为主，不需挖壕深施，以免伤根和阻断根系贮藏的养分对树体的输送；第二次（壮果肥）以挖壕或全园中耕深施为主，达到断根修剪，促进新根生长的目的；第三次（基肥）以撒施轻锄为主，覆盖肥料便可。

③ 喷施叶面肥料：在每季嫩梢抽发、叶片展叶后至转绿前，喷施一次0.3%～0.5%的磷酸二氢钾，促进嫩叶提早转绿，增强抗性，从而减轻了溃疡病的感染和为害。在9月、10月各喷一次0.3%～0.5%的磷酸二氢钾，可促进果实着色，增加果实甜度。

④ 按照树体地上和地下平衡：树体上、下平衡，树体左、右平衡，树体营养生长和生殖生长平衡等原理和冰糖橙萌发率强，发枝量大，生长势旺等生长习性，搞好大枝修剪和适时放秋梢。

大枝修剪，每株树体根据枝干生长部位，只留3～5个分布合理的主枝，多余的粗枝全部截除，达到主枝清晰、层次分明、光照通透，立体结果，果匀质优的效果。

⑤ 灌控结合：7月中旬至9月中旬，进入高温干旱季节，也正是果实迅速膨大期，需要提供充足的水分来促进果实膨大和秋梢的抽发。为此应结合水溶肥或腐熟的稀薄肥灌溉2～3次。采收前一个月控制水分的摄入。采前过度干旱或雨水过多均会降低固形物含量。

⑥ 适时采收，保证品质：怀化地区最佳采收期在11月20日至12月上旬，此期采收可溶性固形物含量一般可达13.5%～15.5%，较11月10日采收的果子可溶性固形物含量要高1%以上。早采导致果实特有的品质风味不能得到充分体现，酸味明显，采摘过迟有冰雪霜冻风险。

2. 溃疡病害防控

（1）在各季嫩梢转绿前喷施0.3%～0.5%的磷酸二氢钾或亚磷酸钾叶面肥，促进嫩叶提早转绿，提高免疫能力。

（2）以有机无机复合肥或生物有机肥为主，不使用尿素或酰胺类配制的高氮复合肥，以免嫩叶、嫩梢、嫩绿、虚旺，降低免疫力。

（3）7月15～20日抹除未转绿的夏梢，控制夏梢的抽发，促进秋梢的整齐发放。

（4）生草栽培，建立良好的根系生长环境，改良土壤，促进树体中庸健壮。

（5）结合使用氧氯化铜加绿颖防治。

四、效益分析

1. 经济效益分析 冰糖橙大枝修剪、适时放梢、合理施肥、灌控结合、生草栽培、综合防控病害、完熟采收，稳定了每亩产量2 000千克，提高了果级，提高了优质果率，达90%，每亩提高了销售收益2 100元。

2. 生态、社会效益分析 柑橘绿色高效栽培技术的应用，提高了柑橘的产量，降低农药用量，增产增收，给农民带来了切实的效益，减少了农药的使用，降低了农药残留，商品百分之百达到绿色农产品要求，有益于保障农产品食品安全。绿色栽培技术的应用，减轻了农业生产过程中对自然环境的污染，有重大的环保意义。

五、适宜地区

湖南、湖北及广西北部冰糖橙栽培区域。

（龙立长）

冰糖橙绿色高质高效栽培技术模式

<table>
<tr><td rowspan="2">项目</td><td colspan="3">3月</td><td colspan="3">4月</td><td colspan="3">5月</td><td colspan="3">6月</td><td colspan="3">7月</td><td colspan="3">8月</td><td colspan="3">9月</td><td colspan="3">10月</td><td colspan="3">11月</td><td colspan="3">12月</td><td colspan="3">1月</td><td colspan="3">2月</td></tr>
<tr><td>上</td><td>中</td><td>下</td><td>上</td><td>中</td><td>下</td><td>上</td><td>中</td><td>下</td><td>上</td><td>中</td><td>下</td><td>上</td><td>中</td><td>下</td><td>上</td><td>中</td><td>下</td><td>上</td><td>中</td><td>下</td><td>上</td><td>中</td><td>下</td><td>上</td><td>中</td><td>下</td><td>上</td><td>中</td><td>下</td><td>上</td><td>中</td><td>下</td><td>上</td><td>中</td><td>下</td></tr>
<tr><td>生育期</td><td colspan="3">开始萌动</td><td colspan="3">春梢萌发、花蕾形成、开花期</td><td colspan="3">第一次生理落果期</td><td colspan="3">第二次生理落果期</td><td colspan="9">果实膨大期</td><td colspan="2">膨大转缓</td><td colspan="3">着色期</td><td colspan="3">采收期</td><td></td><td colspan="6">越冬停止生长期</td></tr>
<tr><td rowspan="2">措施</td><td colspan="4" rowspan="2">树体大枝修剪</td><td>施春肥</td><td colspan="5"></td><td colspan="3">施壮果肥</td><td colspan="7">灌溉＋补肥</td><td></td><td colspan="5"></td><td colspan="3">施冬肥</td><td colspan="7">清园、防冻</td></tr>
<tr><td colspan="9">防治红蜘蛛、溃疡病、沙皮病、锈壁虱</td><td colspan="7"></td><td></td><td colspan="2">防治红蜘蛛、炭疽病</td><td colspan="3"></td><td colspan="2"></td><td colspan="2">大枝修剪</td><td colspan="6"></td></tr>
<tr><td rowspan="4">技术路线</td><td colspan="3">苗木移栽</td><td colspan="6">4月中旬施春肥，4月下旬防治一次沙皮病、红蜘蛛，喷施磷酸二氢钾叶面肥</td><td></td><td colspan="3">6月中、下旬至7月上旬根据树势、结果情况施壮果肥</td><td colspan="7">7月中下旬至9月中旬结合稀薄腐熟有机肥液或水溶肥灌溉2～3次</td><td rowspan="2"></td><td colspan="3" rowspan="4">10月防治一次红蜘蛛和炭疽病，喷施磷酸二氢钾叶面肥</td><td colspan="2" rowspan="2"></td><td colspan="2" rowspan="2">11月下旬至12月上旬采收</td><td colspan="2" rowspan="2"></td><td colspan="6" rowspan="4">防冻害</td></tr>
<tr><td colspan="4" rowspan="3">3月至4月上旬树体修剪</td><td colspan="3"></td><td colspan="4"></td><td>抹除夏梢</td><td></td><td colspan="7"></td></tr>
<tr><td colspan="2" rowspan="2"></td><td colspan="2" rowspan="2">防治1次溃疡病</td><td rowspan="2"></td><td colspan="2" rowspan="2"></td><td colspan="4" rowspan="2">6月下旬至7月下旬进行疏果，7月防治一次沙皮病</td><td colspan="6" rowspan="2"></td><td colspan="3"></td><td colspan="2">采收后至12月中旬施基肥</td><td></td></tr>
<tr><td colspan="3"></td><td colspan="3">采果后至12月下旬前，修剪、清园</td></tr>
<tr><td>适宜地区</td><td colspan="36">湖南、湖北、广西北部</td></tr>
<tr><td>经济效益</td><td colspan="36">冰糖橙大枝修剪、适时放梢、合理施肥、灌控结合、生草栽培、综合防控病害、完熟采收，稳定了每亩产量2 000千克，提高了果级，提高了优质果率，达90%，每亩提高了销售价格收益2 100元</td></tr>
</table>

第十九章 广东省绿色高质高效技术模式

华南地区冬瓜高效绿色节本生产技术

一、技术概况

针对华南地区冬瓜早春种植过程中常遭遇低温、生长发育过程中高温高湿气候疫病、蓟马等主要病虫害频发的现状，本技术包含了选用抗病品种、种子处理、嫁接方法、苗期抗寒措施、高效施肥技术、病虫害绿色防控技术及套作轮作等多个关键环节的整套技术。

二、实施效果

低温条件下死苗率减少70%以上，病害发生率减少60%，增产12%，高效施肥技术的推广在减少肥料用量，降低种植成本，改良土壤的同时，提高了冬瓜的产量和品质，产品合格率大幅度提高，达到了节本增效、提质增效的目的，取得了良好的经济效益和生态效益。

三、技术路线

1. 选用抗病优良品种 目前铁柱系列冬瓜（广东省农业科学院蔬菜研究所培育）、墨地龙（湖南省农业科学院蔬菜研究所培育）、桂蔬6号（广西农业科学院蔬菜研究所培育）是各地冬瓜主产区首选抗病优良品种。

2. 种子处理 药剂消毒，浸种6小时后用0.1%～0.2%高锰酸钾浸种30分钟，或25%瑞毒霉800倍液浸2小时。

3. 嫁接技术 近年来冬瓜枯萎病等土传病害在华南冬瓜产区大面积发生，严重发生的地块甚至绝收，给种植户带来了巨大的损失。选出抗枯萎病、嫁接亲和性好、产量高的优良砧木品种海砧1号、野郎2号、中叶白籽南瓜等优良嫁接砧木品种。集成一套以优良（砧木、接穗）品种、育苗基质、最适嫁接期、环境调控以及病虫害防控高效冬瓜嫁接育苗技术，嫁接苗出圃率达到85%以上，种苗根系发达，叶色浓绿，壮苗指数较传统方式提高20%以上，嫁接苗提前4～6天出圃。

4. 苗期防寒技术 应用植物疫苗提高冬瓜抗寒性，将种子经温汤浸种后，再放入5%海岛素（氨基寡糖素）疫苗水剂1 000倍液浸种15～20分钟，然后正常催芽播种。在初花期、盛果期分别喷施5%海岛素疫苗水剂1 000倍液。该种植方法可以明显增强冬瓜植株的防寒性能，保证冬瓜植株的生长和挂果，降低冬瓜的受冻率，有效提高产量。

5. 高效施肥技术 应用地膜覆盖和深沟起垄、水肥一体化设备等措施的基础之上，针对冬瓜不同生育期的养分需求进行平衡施肥管理。根据冬瓜养分需求总量进行总量控制，根据不同生育期养分需求特点明确各时期最佳养分配比，需格外重视镁肥料和钙肥的补充，建议若采用具有缓释效果的杂卤石等新肥料，宜做基肥施用。若采用溶解性高的养分，则采用叶面喷施方法。最终可改善冬瓜果形、果皮色泽度、可溶性糖、糖酸比等产量和品质性状。

6. 绿色防控技术 人工摘去无效雌雄花。在开花初期，进行一次彻底摘除雌雄花，减少蓟马等害虫虫口数。

物理防治害虫：安放昆虫性信息素，以诱杀甜菜夜蛾成虫；应用粘虫板诱杀技术，利用黄板防治粉虱，利用蓝板防治蓟马；应用太阳能杀虫技术，综合诱杀各种鳞翅目害虫。

使用植物源生物制剂防治病害：烟叶生产副产品、苦楝等。

四、效益分析

1. 经济效益分析 冬瓜嫁接、生物调节剂和绿色防控技术的应用，可提高冬瓜产量12%以上，同时降低农药的使用次数，节约农药使用成本和人力成本。平均收益计算每亩可增收1 000元，节省农药、化肥成本250元。

2. 生态、社会效益分析 冬瓜绿色高效栽培技术的应用，提高冬瓜的产量，降低农药和肥料的用量，增产增收，给农民带来切实的效益；减少了农药的使用，降低商品农药残留，商品百分之百达到绿色农产品要求，有益于保障食品安全；减轻了农业生产过程中对自然环境的污染，环保意义重大。

五、适宜地区

华南地区露地栽培冬瓜产区，其他地区也可参考使用。

（谢大森、张白鸽、廖道龙）

华南地区冬瓜高效栽培技术模式

田间管理关键节点	育苗期		整地定植	苗期	花期	结果期		
植物学形态特征								
栽培措施	浸种前用细沙擦洗种皮；于55～60℃的水中浸10分钟，水温降到30℃后浸8小时，中间搓洗1～2次 浸种6小时后可用0.1%高锰酸钾浸种30分钟，或2%～4%漂白粉浸30分钟，或25%瑞毒霉800倍液浸2小时 用湿纱布包好，于30℃的恒温箱中催芽	芽长至0.5厘米播种。播后盖遮阳网或稻草等；遇寒潮或阴雨天气时用塑料薄膜覆盖 苗长至3叶1心时可定植	宜起高垄，宜覆膜 大冬瓜春季密度宜为450～480株/亩，双行，畦面宽3～3.6米，沟宽0.2～0.4米；中型冬瓜500～600株/亩为宜，单行，畦面宽1.5～2.5米，沟宽0.2～0.4米 选择壮苗带土移栽 定植时可用药剂蘸根预防其对应病害	晴天在主蔓3～4个节位处压泥块，压2～3段，使节间增生不定根，加大吸收养分能力。当瓜蔓长至30厘米左右，可插竹竿搭架引蔓，搭架高度1.5米为宜，引蔓时根据畦的方向，定向把蔓引向横梁，有利结瓜后瓜叶遮挡太阳斜照而防止灼伤果实	早晨7:00～9:00人工授粉。可用15～20毫克/千克的2,4-二氯苯氧乙酸处理瓜柄，等措施提高坐果率 一般留25～28节位的瓜产量和果实外观品质较佳	瓜长至3～4千克时，用绳套住瓜柄，或用网袋套住果实，系在架竿上进行吊瓜 中小型瓜从结果位点算起留约10片健全叶打顶，大型瓜留约13片健全叶打顶	避免雨天收获 早、中熟品种从开花至收获约30天，晚熟品种约40天。也可根据果实发育情况和市场需求适当提前采收 搬运时小心轻放，运输前要先垫好稻草。将冬瓜倒放叠实，在阴凉、通风、干爽的地方进行贮藏。贮藏期间发现烂瓜应及时清理。在常温下，冬瓜可以贮藏2～3个月	
水分管理	播前将营养土浇透，出苗前注意浇水保持土壤潮湿。出苗率达到70%左右时揭除覆盖物。破心后常保持营养土呈半干半湿状态使瓜苗稳健生长		遇晴暖天气，需早晚淋水1次；春植如气候寒冷，可减少水分。定植后淋足定根水，及时补苗	苗期控制水分，土壤保持见干见湿 开花期适当控制水分，防止落花化瓜 膨瓜期田间保持足够水分 果实发育后期控制水分，采收前7天停止灌水				
施肥管理	育苗基质中混肥时，应控制在0.2%～0.3%，并要细碎混均。配置营养土时应进行消毒，每1 000千克营养土用50%多菌灵可湿性粉剂25～30克溶于水中进行喷洒，喷后拌匀营养土，再用薄膜覆盖2～3天后可用		应采用配方施肥方法。每亩施腐熟有机肥1吨、氮磷钾4～5千克，用15-15-15复合肥补充；缺镁区域宜施镁30～50千克/亩	追肥忌把肥水淋在植株头部；忌下雨时或雨后立即施固体干肥；忌偏施氮肥，特别是速效氮肥；苗期可用20千克（15-15-15）复合肥/亩；结果后宜采用14-8-19等类型的高钾肥；用量为50～70千克/亩，根据植株长势和天气情况调整，分为3次施用。挂果后重视钾镁肥，宜在早期，叶面施用3%左右浓度的镁肥1～2次 初果期至采收前1～15天，也可为冬瓜补充钙镁硼等中微量元素叶面肥				

第二十章 广西壮族自治区绿色高质高效技术模式

沙糖橘绿色高质高效栽培技术模式

一、技术概况

在沙糖橘绿色生产栽培过程中，通过增施有机肥减少化肥施用量，推广应用水肥一体化、喷药“机械化、智能化”，重点推广物理和低毒低残留化学农药结合防控技术，从而保障沙糖橘生产环节、农产品质量的安全和保护农业生态环境，促进农业增产增效，农民节本增收。

二、技术效果

沙糖橘丰产树以科学修剪技术+叶面营养控夏梢保花保果技术，结合物理防治+低毒低残留农药防控的绿色高质高效防控技术，推广应用水肥一体化+喷药“机械化、智能化”，达到沙糖橘产量提高5%以上，货架期延长20～30天，农产品合格率100%，喷药机械化使用率35%以上，生产成本降低400元/亩，化肥使用量降低2%以上，每亩用量180千克的效果。

三、技术路线

示范区以绿色防控为引领，通过增施有机肥推广应用水肥一体化、机械化和智能化防控，采用科学修剪技术+叶面营养控夏梢保花保果技术等措施，增强沙糖橘树势对病虫害的抗病能力，达到沙糖橘提质增效的目的。

1. 砧木的选择 选择不带检疫性病虫害枳、酸橘等作砧木。

2. 苗木的选择 选择符合GB/T 9659的有关规定无病毒苗木。

3. 种植

（1）栽植时间：春植为2～4月份，秋冬植为10～11月份。

（2）种植密度：按每亩栽植80株，株行距一般为2米×4米。

4. 肥水管理

施肥。

① 幼树施肥：幼龄树沙糖橘掌握“勤施薄肥、少吃多餐”的原则，以氮肥为主，配合使用磷、钾肥，抽梢期做到“一梢两肥”（即15～20天施一次肥）。1～3年生幼树单株年施纯氮100～400克，氮、磷、钾比例以1∶0.25～0.3∶0.5为宜，施肥量应由少到多

逐年增加。

② 结果树施肥：施肥氮、磷、钾比例以1：0.4～0.5：1为宜。以产果50千克/株施肥量为例。

③ 采果肥：采果后10天内施一次速效肥，氮磷钾用量占全年的5%～10%。

④ 花前肥：开浅沟施，株施农家肥20～30千克或麸肥2～2.5千克，缓释复合肥0.2～0.3千克，磷肥0.5千克，硫酸钾0.5千克，施肥量占全年的40%。

⑤ 壮果肥：在6～7月追肥1～2次，主要以硫酸钾为主，株施硫酸钾或低氮高钾复合肥0.25～0.3千克。

⑥ 壮果促梢肥：8月初浅施有机肥1～2千克，复合肥0.2～0.3千克，施肥量占全年的30%～40%。

⑦ 果实着色、增甜及花芽分化肥：10～11月，开浅沟或淋施磷酸二氢钾0.15～0.25千克/株，或硫酸钾0.3～0.5千克/株。

⑧ 根外追肥：在春梢、幼果期、秋梢期用0.5%磷酸二氢钾或硼锌铁镁等微量元素肥2～3次。

5. 水分管理

（1）灌溉：在春梢萌动及开花期和果实膨大期对水分敏感，此期若发生干旱及时灌溉。

（2）排水：多雨季节或果园积水时，及时清淤、疏通排灌系统。

6. 整形修剪

（1）幼树期：以轻剪为主。在各主枝、副主枝留6～8叶进行短截，结合剪口芽方向调节各级枝之间生长的平衡；对过密枝组适当疏删外，内膛枝和树冠中下部较弱的枝梢均应保留。

（2）初结果期：抹除夏梢，选择各级骨干枝延长枝，一般留6～8叶短截，促发健壮的秋梢。抽生较多秋梢营养枝时，可采用疏除弱枝和壮枝，保留中庸的枝梢。

（3）盛果期：及时剪除干枯枝、病虫枝。对较拥挤的骨干枝适当疏剪“开天窗”，将阳光投射树冠内膛。株间或行间密闭的采取隔株或隔行“间伐”措施，达到通风透光目的。

（4）衰老树更新：对无花、无叶枝组，在重疏删基础上，对部分枝梢进行回缩和短截处理，促发新枝梢。对处理后抽发的新梢应采取去强、留中、去弱的方法处理。

7. 花果管理

（1）叶面肥保果：在谢花后15天左右，喷施赤霉素＋优质氨基酸叶面肥＋0.15%硼肥，隔15天再喷一次。

（2）控夏梢保果：在5～7月喷多效唑＋0.3%磷酸二氢钾控夏梢保果；在春梢八九成转绿时，对沙糖橘主干采用环剥等措施进行保果。

（3）人工疏果：幼果期严格疏除病虫果、小果，畸形果，弱枝少留或不留果。

（4）树冠覆膜“三避”技术保果越冬：在12月霜冻来临前，采用倒V形架式进行树冠覆膜，预防果实冻害或雨雪危害。覆膜前3～4天进行一次病虫防治。药剂选用高效低毒低残留的农药。

8. 病虫害防治

（1）防治原则：严格贯彻“预防为主、综合防治”的植保方针。

（2）物理机械防治：推广“三诱”绿色防控技术，诱杀木虱、粉虱、蚜虫、蓟马、吸果夜蛾、金龟子、小食蝇等害虫。

（3）人工捕捉天牛、蚱蝉、金龟子等害虫。

（4）生物防治：应用生物农药和矿物源农药，提倡使用苏云金杆菌、阿维菌素等生物农药和矿物油剂等矿物源农药。

（5）化学防治：禁止使用高毒、高残留农药，全程按照 GB 4285—1989 农药安全使用标准执行，严格控制安全间隔期。

四、效益分析

1. 经济效益分析 沙糖橘丰产树科学修剪技术＋叶面营养控夏梢保花保果技术，结合物理防治＋低毒低残留农药等技术推广应用，可提高沙糖橘产量 5%以上，同时降低农药使用次数，节约物化投入和人工投入成本，按照沙糖橘生产平均收益计算，每亩增收 1 500元，节省生产成本 400 元。

2. 社会效益、生态效益分析 沙糖橘肥药双减绿色高质高效栽培技术的应用，提高了沙糖橘产量，降低了农药和化肥的使用量，减少了生产人工投入成本，增产增收，同时，带动了沙糖橘附属行业的发展，让农民增加了就业的机会，在沙糖橘销售旺季 1 月至 2 月采果、选果需要大量的人工，日需工量在 8 000 人以上，人工费在 150～250 元/天，据不完全统计围绕沙糖橘产业生产经营、服务的从业人员有 7 万多人；从生态效益方面分析减少了化肥和农药使用量，减少了沙糖橘农业生产对生态环境破坏的农残问题，提高了沙糖橘农产品的质量安全。

五、适宜地区

桂北沙糖橘种植地区，实际应用可根据本地气候差异进行调整。

（张宇、曹丽玲、莫连庆）

沙糖橘绿色高质高效栽培技术模式

<table>
<tr><td>月份</td><td>2月</td><td>3月</td><td>4月</td><td>5月</td><td>6月</td><td>7月</td><td>8月</td><td>9月</td><td>10月</td><td>11月</td><td>12月至翌年1月</td></tr>
<tr><td>生育期（物候期）</td><td>萌芽、现蕾期</td><td>春梢及花蕾生长发育期</td><td>谢花期、幼果期、生理落果期</td><td>生理落果期、夏梢抽发期</td><td>生理落果期、夏梢抽发期、果实膨大期</td><td>果实膨大期、夏季修剪期</td><td>果实膨大期、放秋梢期</td><td>果实膨大期</td><td>果实膨大期</td><td>果实着色期、花芽分化期</td><td>果实采收期、冬季清园期</td></tr>
<tr><td rowspan="2">措施</td><td>施春肥</td><td>药物防治</td><td>植物生长调节剂保花保果</td><td colspan="2">营养控夏梢保果</td><td>控夏梢、树盘生草保湿防裂果和日烧果</td><td colspan="2">增施壮果肥、促梢肥、开剪口放秋梢、灌水抗秋旱</td><td colspan="2">增施中微量元素肥、生长调节剂控冬梢、控水促糖分积累和花芽分化形成</td><td>覆膜防寒及延长采收期</td></tr>
<tr><td colspan="11">杀虫灯、黄板</td></tr>
<tr><td>技术路线</td><td colspan="11">选苗木：选择品种纯正的无病健康沙糖橘苗木为种苗。增施有机肥：越冬肥或春肥作为每年基肥以有机肥为主；在7月中下旬至8月上旬促梢壮果肥视果树大小和产量株施1～2.5千克商品有机肥或腐熟麸肥。植物生长调节剂：谢花后15天左右，喷施赤霉素＋优质氨基酸叶面肥＋0.15%硼肥，隔15天再喷一次；控夏梢保果，在5～7月喷多效唑＋0.3%磷酸二氢钾控夏梢保果；在春梢八九成转绿时，对沙糖橘主干采用环剥等措施进行保果
人工疏果：幼果期严格疏除病虫果、小果，畸形果，弱枝少留或不留果，丰产树适宜的挂果量为3 000～4 000千克/亩。树冠覆膜“三避”技术保果越冬：在12月霜冻来临前，采用倒V形架式进行树冠覆膜，预防果实冻害或雨雪危害。覆膜前3～4天进行一次综合的病虫防治。药剂选用高效低毒低残留的农药
病虫害防治：①采用诱虫灯、黄板、性诱剂诱捕器：诱杀木虱、粉虱、蚜虫、蓟马、等害虫。②统防统治：在春梢和秋梢抽发期防控柑橘木虱喷高效氟氯氰菊酯2次，间隔期10～15天。③防治柑橘炭疽病：在春梢和秋梢抽发期喷代森锰锌2次，间隔期10～15天。④防治柑橘疫霉褐腐病：在5～6月喷吡唑嘧菌酯2次，间隔期10～15天。⑤红蜘蛛、锈壁虱：在萌芽前清园喷除螨剂防治，达到防治指标时喷施除螨剂，注意轮换药物使用</td></tr>
<tr><td>适宜地区</td><td colspan="11">桂北沙糖橘种植地区，实际应用可根据本地气候差异进行调整</td></tr>
<tr><td>经济效益</td><td colspan="11">沙糖橘丰产树科学修剪技术＋叶面肥营养控夏梢保花保果技术，结合物理防治＋低毒低残留农药等技术推广应用，可提高沙糖橘产量5%以上，同时降低农药使用次数，节约物化投入和人工投入成本，按照沙糖橘生产平均收益计算，每亩增收1 500元，节省生产成本400元</td></tr>
</table>

柳州市柳江区“莲藕—莲藕—慈姑”绿色高效栽培技术模式

一、技术概况

柳州市柳江区生产的莲藕分春秋两季进行双季栽培，种植的主要品种是柳江本地藕和鄂莲 5 号、鄂莲 9 号等。由于秋藕在每年的 9 月中旬左右，藕叶开始枯黄，为提高莲藕田的产出率，增加农民收入，从 2006 年开始，柳江农业技术部门开始摸索秋藕套种慈姑生产，在全国首创双季莲藕套种慈姑“一年三熟”的生产模式，得到全国同行的高度评价。2018 年，柳江秋藕套种慈姑的面积已达到 2 万亩，是全国最大的莲藕套种慈姑生产基地。

二、技术效果

1. 形成“人有我早”“人早我优”的生产格局 实施莲藕双季生产，第一季（春藕）莲藕 5 月份可以开始上市，全国莲藕市场的空白时期，产品供不应求。第二季（秋藕）次年 1 月开始上市，产品质量优，产品畅销全国各地。

2. 大幅度提高土地利用率 通过开展莲藕套种慈姑栽培，一年三熟，有效提高了土地利用率，增加了单位面积产品的产出量。

3. 显现了产业发展与生态环保同步的效果 在开展慈姑栽培时，慈姑使用的肥料残留和慈姑植株秸秆还田作肥可被莲藕作物再利用吸收提高肥料利用率，增加土地肥力，提高莲藕的单产和产品质量。

4. 农业综合技术集成得到充分展示与推广 通过开展莲藕套种慈姑栽培，推广绿色标准化生产、高效立体套种、测土配方施肥、秸秆还田、病虫害综合防治、生态农业模式生产等多种先进农业技术，促进多种先进农业技术快速发展和全面综合推广。

三、技术路线

1. 双季莲藕栽培技术路线

（1）选择良种：应选择适应性强、早熟高产的品种，如柳江本地藕的“柳白玉藕”、鄂莲 5 号、鄂莲 9 号等。选择形状整齐、健壮无损的莲藕作种，春藕从上年秋藕田选种，秋藕从当年春藕田选种。

（2）藕种与藕田消毒：种藕消毒一般用多菌灵＋百菌清 600 倍液浸泡消毒 15 分钟，种藕即挖即选即消毒即栽。在栽植前整田时每亩撒入生石灰粉 50 千克，耙匀，进行藕田消毒。

（3）适时种植：春藕在 2 月下旬至 3 月下旬种植，秋藕在 6 月下旬至 7 月上旬种植。

（4）合理密植：春藕每亩栽植 1 500 株左右。栽培时，将藕头斜插入泥中，露出藕梢，一般与土表成 30°角，田四周藕梢向里。秋藕栽植 1 800 株/亩左右。

（5）科学施肥：施足基肥，每亩施腐熟农家肥 1 000 千克或施 45%复合肥 35 千克。适施苗肥，每亩施尿素 10～15 千克。重施结藕肥，每亩施 45%复合肥 50 千克。在栽入慈姑前约 15 天，每亩施 45%复合肥 25～30 千克。

（6）合理灌水：春藕以“浅—深—浅”为灌溉原则，即生长前期水层保持在 5～10 厘米；生长中期水层保持 25 厘米左右；生长后期水层保持 3～5 厘米为宜。秋藕栽植应掌握“深—深—浅”的灌溉原则，生长前期水层保持 10 厘米；生长中期保持 25 厘米左右深水；生长后期保持水层 3～5 厘米。

（7）加强病虫防治：莲藕的虫害主要有蚜虫和斜纹夜蛾，选用一遍净防治蚜虫，用甲维盐喷杀斜纹夜蛾。病害主要是腐败病和褐纹病，喷施 70%甲基硫菌灵防治。

（8）除草与摘花：及时除去藕田杂草，长出花蕾摘掉，以利结藕。

（9）适时采收：春藕一般 6 月上旬开始收获，秋藕采收期为 10 月下旬至第二年开春均可采收。

2. 慈姑栽培技术路线

（1）品种选择：应选择顶芽健壮、无损伤球茎单重 50 克左右本地当家品种沙姑做为主栽。

（2）播种育苗：播种育苗期：3～6 月育苗，7～8 月假植，每亩大田需用种量 20～25 千克，将球茎浅栽于播种秧田，7 月上旬分株苗移植于假植秧田再次繁殖，每株可抽生 5～6个分株苗供应大田种植用苗。

（3）定植：从 9 月中旬至 10 月中旬，选用 3～5 片叶健壮分株苗定植到莲藕田中。按株行距 35 厘米×40 厘米左右栽植，每亩定植约 4 000 株，栽植深度以约 15 厘米为宜。

（4）合理追肥：前期以氮肥为主，中期以有机肥为主，后期以复合肥为主，补施钾肥，一般追肥 4 次。第一次在定植成活后每亩施尿素 10～15 千克；第二次在 10 月上旬施促苗肥，每亩施尿素 15～20 千克；第三次在 10 月中下旬施匍匐茎抽生肥，每亩施有机复合肥 50 千克；第四次在 11 月上中旬施球茎膨大肥，每亩施复合肥 30～40 千克，钾肥 10～15千克。

（5）科学管水：定植成活前灌 3～4 厘米浅水；定植成活后灌 10 厘米左右深水层；10 月中旬后，应灌 3 厘米左右浅水至采收。

（6）及时摘除老叶和无效匍匐茎：从定植至霜降前，及时将老叶和无效匍匐茎剥除，仅保留 4～5 片新叶。进入霜降后，植株抽生新叶变缓，陆续抽生的匍匐茎得到充足养分供给而逐渐膨大成为大个球茎。

（7）加强病虫害防治：慈姑主要病害是黑粉病，在发病初期可用 15%三唑酮可湿性粉剂 1 500 倍液防治；主要虫害是蚜虫，可用 10%吡虫啉可湿性粉剂 2 500 倍液喷杀。

（8）适时采收：12 月上旬至翌年 1 月下旬，在慈姑叶子逐步枯黄，球茎充分膨大成熟时，可及时采收上市。

四、效益分析

1. 经济效益分析 双季莲藕每亩产值总计 13 200 元。慈姑每亩产值 4 675 元，纯利润 17 875－6 550＝11 325 元。

2. 社会效益分析 发展莲藕套种慈姑生产是一项“短、平、快”、农业项目。同时受到上级领导和有关部门的高度重视，把发展莲藕套种慈姑生产列为柳江蔬菜产业开发的重点，通过发展秋藕套种慈姑生产模式，一年三熟，较大幅度提高了双季莲藕单位面积综合效益。

3. 生态效益分析 采取藕叶、慈姑叶还田，提升藕田有机质，提高土壤肥力，有效减少农药和化肥的投入，大大减少环境污染，有效改善农业生态环境，使农业生态链进一步延长，促进农业可持续发展。

五、适宜地区

该技术模式主要适用于华南地区，要求冬季温、光条件适宜，气温 0 ℃以上。莲藕和慈姑均为水生作物，栽培地需常年有水。

（覃振略、覃振普、周艳芳、韦丹）

“莲藕—莲藕—慈姑”绿色高效栽培技术模式

<table>
<tr><td rowspan="2">项目</td><td colspan="3">3月</td><td colspan="3">4月</td><td colspan="3">5月</td><td colspan="3">6月</td><td colspan="3">7月</td><td colspan="3">8月</td><td colspan="3">9月</td><td colspan="3">10月</td><td colspan="3">11月</td><td colspan="3">12月</td><td colspan="3">1月</td><td colspan="3">2月</td></tr>
<tr><td>上</td><td>中</td><td>下</td><td>上</td><td>中</td><td>下</td><td>上</td><td>中</td><td>下</td><td>上</td><td>中</td><td>下</td><td>上</td><td>中</td><td>下</td><td>上</td><td>中</td><td>下</td><td>上</td><td>中</td><td>下</td><td>上</td><td>中</td><td>下</td><td>上</td><td>中</td><td>下</td><td>上</td><td>中</td><td>下</td><td>上</td><td>中</td><td>下</td><td>上</td><td>中</td><td>下</td></tr>
<tr><td>茬口安排</td><td colspan="12">春藕</td><td colspan="12">秋藕</td><td colspan="12">慈姑</td></tr>
<tr><td>措施</td><td colspan="3">春藕定植育慈姑苗</td><td colspan="5">施肥、打药</td><td colspan="7">春藕采收上市，秋藕随着春藕上市，随挖随种</td><td colspan="5">施肥、打药</td><td colspan="4">慈姑移栽定植</td><td colspan="5">施肥、打药</td><td colspan="7">慈姑采收</td></tr>
<tr><td>技术路线</td><td colspan="36">双季莲藕栽培技术路线：①选择良种。选择“柳白玉藕”、鄂莲5号、鄂莲9号等品种。②适时种植。春藕在2月下旬至3月下旬种植，秋藕在6月下旬至7月上旬种植。③科学施肥。施足基肥，每亩施腐熟农家肥1 000千克或施45%复合肥35千克。适施苗肥每亩施尿素10～15千克。重施结藕肥每亩施45%复合肥50千克。在栽入慈姑前约15天，每亩施45%复合肥25～30千克。④合理灌水。春藕以“浅—深—浅”为灌溉原则，秋藕栽植应掌握“深—深—浅”的灌溉原则。⑤加强病虫防治。莲藕的虫害主要有蚜虫和斜纹夜蛾，选用一遍净防治蚜虫，用甲维盐喷杀斜纹夜蛾。病害主要是腐败病和褐纹病喷施70%甲基硫菌灵1 000倍液防治
慈姑栽培技术路线：①品种选择。慈姑应选择上年留的本地当家品种沙姑。②播种育苗。采用整个球茎育苗。3～6月育苗，7～8月假植。③定植。从9月中旬至10月中旬，选用3～5片叶
健壮分株苗定植到莲藕田中。按株行距35厘米×40厘米左右栽植，每亩定植约4 000株。④合理追肥。一般追肥4次，第1次在定植成活后施提苗肥，每亩施尿素10～15千克；第2次在10月上旬施促苗肥，每亩施尿素15～20千克；第3次在10月中下旬施匍匐茎抽生肥，每亩施有机复合肥50千克；第4次在11月上中旬施球茎膨大肥，每亩施复合肥30～40千克，钾肥10～15千克。⑤及时摘除老叶和无效匍匐茎。结合耘田、除草进行3～4次摘除植株老叶和匍匐茎仅保留4～5片新叶；最后一次摘除老叶和匍匐茎在霜降前5天左右结束。⑥加强病虫害防治。慈姑主要病害是黑粉病。在发病初期可用15%三唑酮可湿性粉剂1 500倍液。慈姑主要虫害是蚜虫，蚜虫防治方法：可用10%吡虫啉可湿性粉剂2 500倍液喷杀</td></tr>
<tr><td>适宜地区</td><td colspan="36">该技术模式主要适用于华南地区，要求冬季温、光条件适宜，气温0℃以上。莲藕和慈姑均为水生作物，栽培地需常年有水</td></tr>
<tr><td>经济效益</td><td colspan="36">（以2018年度为例）
①双季莲藕生产经济效益。春藕每亩平均商品藕产量1 600千克，秋藕每亩平均产量1 400千克，扣除留下次年作藕种600千克，还可上市出售800千克，双季莲藕商品藕总产量2 400千克，按平均5.5元/千克计，双季莲藕每亩产值总计13 200元。②慈姑生产经济效益。慈姑平均每亩产量为850千克，按平均5.5元/千克计，每亩产值4 675元。③双季莲藕套种慈姑经济效益。根据双季莲藕和慈姑的经济效益分析结果，双季莲藕套种慈姑平均每亩总产值：13 200+4 675=17 875元。扣除“莲藕—莲藕—慈姑”绿色高效生产技术模式每亩生产总成本6 550元，纯利润17 875－6 550=11 325元</td></tr>
</table>

第二十一章 重庆市绿色高质高效技术模式

“菌菜轮作”技术

一、技术概况

“菌菜轮作”是根据食用菌和蔬菜两大作物生长发育对环境条件的不同需求，利用同一个蔬菜设施，综合安排茬口，秋冬季种植食用菌，春末食用菌生产结束后，菌渣就地还田，种植春夏季蔬菜作物，如此循环。

蔬菜产业是重庆市种植业的“第一大产业”，蔬菜种植和经营是基地农民稳定的职业和收入来源，但10年的快速发展加上连年种植，老蔬菜基地土壤逐渐恶化，出现板结、有机质含量过低、盐碱化等问题。菌渣还田可以提高土壤有机质含量，减轻土壤酸化，调节根际土壤微生物群落结构等，提高蔬菜品质，促进蔬菜增收，不但改良了土壤的理化性质，还提高蔬菜品质和菜地单位面积产值，实现蔬菜基地土壤的“0成本”改良。

二、技术效果

通过执行“菌菜轮作”种植制度，土壤容重下降7%～16%，土壤pH提高1.5～1.8个单位，土壤有机质含量提高1.5～3倍，全氮含量提高19%～159%，全钾含量增加13%，铵态氮含量下降56%～65%，硝态氮含量提高4%～17%，土壤真菌数量下降7%～27%，土壤脲酶活性提高6%～42%，酸性磷酸酶活性提高9%～14%，有效改善土壤容重，提高土壤pH，减轻土壤连作障碍，显著提高土壤肥力，增加土壤微生物群落的规模及土壤酶活性，有利于土壤质量的改善，同时还增强了土壤潜在的抑病能力。

三、技术路线

指导示范区选用适宜的食用菌品种和蔬菜品种，在秋冬季利用蔬菜设施生产双孢蘑菇等食用菌，食用菌生产结束后，菌渣就地还田，在同一设施内进行茄子、辣椒等春夏季蔬菜的生产，改良土壤理化性质，提高土壤肥力，提高蔬菜品质，增强蔬菜对病虫害的抵抗力，帮助老蔬菜基地恢复生产能力。

1. 科学栽培

（1）品种选择：选用适合本地区栽培的双孢蘑菇品种和蔬菜品种，如AS2796和W38等双孢蘑菇品种，渝茄5号和艳椒425等蔬菜品种。

（2）茬口安排：双孢蘑菇播种季节为每年10月，采收季节为每年11月至翌年3月；

茄子、辣椒等蔬菜作物定植季节为每年4月，采收季节为6月至8月；每年9月进行土地整理、土壤消毒和闷棚。

（3）双孢蘑菇生产技术。

① 培养料建堆发酵：每年8月，按以下配方准备原材料：玉米秆32.9%、牛粪59.4%、菜饼3.4%、石膏1.2%、过磷酸钙0.6%、石灰1.9%、碳酸钙0.6%；杏鲍菇废菌包69.2%+玉米芯5.1%+牛粪19.4%+菜饼1.8%+过磷酸钙0.8%+石膏0.8%+石灰0.8%+碳酸钙0.4%。每年9月，选择可避雨，能走水，较平坦，进出便利的场地建堆发酵。玉米秆、稻草、玉米芯等材料粉碎后用0.5%石灰水充分浇透或用1%石灰水浸泡，沥干水分后建堆过夜预湿。次日所有材料混合均匀后建成宽1.8～2.3米，高1.5米，长度不限的料堆，并在料堆上打通气孔，通气孔之间的间隔为0.5米×0.5米。每隔7天翻一次堆，翻堆次数3～4次。发酵好的培养料应无酸臭味、具有料香味、原材料轻拉即断。

② 土地整理：每年9月30日前，清理大棚内前茬作物的残留物，用旋耕机打碎表土，深度为25厘米，土壤颗粒为蚕豆大小，土壤浇透，地面覆盖透明地膜，棚门紧闭，边膜紧闭，进行闷棚处理，以杀死害虫和杂菌。闷棚结束后，每个标准棚（40米×8米）均匀撒入27.5千克的生石灰，调节土壤酸碱度。

③ 铺料：每年10月上旬为双孢蘑菇播种季节。铺料前，每个标准棚按纵向整理成4个厢面，每个厢面宽80厘米，长度不限，厢与厢之间隔90厘米，作为过道。随后，将发酵好的培养料堆放在厢面上，料床宽度为80厘米，厚20厘米，铺好的料床整理成龟背形，方便播种和覆土。铺好培养料后敞开棚门和边膜昼夜不间断通风使料温尽快下降。

④ 播种：料温下降至28℃以下时方可播种。播种前，大棚用密度为“六针”的遮阳网或者黑色薄膜覆盖遮阴，并选择阴雨天或者晴天下午播种。播种前，耙松料面，进行适当补水。播种时，取干净的容器，用消毒酒精擦拭消毒，播种人员进行手部消毒，然后用消毒酒精擦拭菌袋（菌瓶），打开菌袋（菌瓶），将菌种从菌袋（菌瓶）中掏出，捏碎放入容器中等待播种。采用撒播的形式将菌种均匀撒在料面上，保证菌种覆盖整个料面，用手轻拍料面，使菌种固定在料床上。播种后用黑色地膜覆盖厢面以保温保湿。

⑤ 播种后管理：播种后关闭棚门和边膜，3天后揭掉厢面上的地膜。在此期间，大棚管理以保温保湿为主，保持棚温在24℃左右。如棚内气温高于28℃，应白天打开棚门和边膜通风降温，晚上关闭保湿。如料面过干可喷雾状水保持湿润以利于发菌。

⑥ 覆土：播种后16～20天，菌丝往下吃透料床2/3以上时开始覆土。用耕幅小于90厘米的旋耕机打碎过道土壤，土壤颗粒大小为1.5～3厘米。将粉碎后的土壤覆盖到料床上，覆土厚度为4厘米。覆土后3天内，以调节土壤水分为主，每日每平方米厢面补1千克水，连补3天，直至土壤含水量达到25%～28%。每次补水后通风半天，让土表水分散失，达到内湿外干状态，然后关闭棚门吊菌丝2～3天。之后的管理每天适当通风，棚温度保持在25℃左右，空气相对湿度80%～85%。

⑦ 催蕾：覆土15天后，当覆土中的菌索约1毫米粗，有少量菇蕾出现时可采取“打结菇水”的办法进行催蕾。结菇水需用雾状水，每日每平方米厢面补1千克水，连补3天，注意不要让水渗入料层。打完结菇水后，要加大通风量促进菇蕾的发生。此时大棚内控温在14～18℃，相对湿度保持在90%左右，大约1周后就可以看到大量菇蕾。此后，

喷水掌握菇多多喷，菇少少喷；前期少喷，后期多喷。

⑧ 出菇期管理：第一潮菇从现蕾到菇蕾如花生大小时，不能对菇床进行喷水，空气湿度保持在90%左右；当菇蕾长到蚕豆大小时可对厢面进行少量补水，每次补水量不超过0.5千克/米^2，补水后要通风收干菇面上的水，防止形成锈斑菇。从现蕾至采收，棚内空气湿度控制在85%～90%，第一潮菇采收结束后，不再喷水，把空气湿度降到80%，培养菌丝以促进下一潮菇生长。以后每一潮菇均如此管理。

⑨ 采收：采收前厢面上不补水。采菇时按照“一压、二拧、三提起”的原则操作，禁止手抓多个菇柄而带出大块覆土。用快刀切掉菇柄，菇柄留至5～10毫米。每潮菇采收结束后将菇根清理干净，并用覆土填补坑洼处。转潮期间，将棚门关起，将棚温提高至20～21℃，促进蘑菇菌丝恢复，相对湿度维持在80%，等下一潮菇原基扭结后打开棚门通风透气，打结菇水。采收后的双孢蘑菇应及时放入5℃冷库进行贮藏。

（4）蔬菜种植技术（以茄子渝茄5号为例）。

① 育苗：选用嫁接苗进行生产。一般培育越冬苗嫁接苗，砧木选用托鲁巴姆。砧木在8月中下旬催芽播种，茄子接穗9月中旬播种，10中下旬至11月嫁接。

② 整地施肥：4月上旬，双孢蘑菇生产结束后，菌渣就地还田，除去覆盖在大棚上的遮阳网或者黑色薄膜，换成透明大棚膜。棚内土地用旋耕机旋耕一次，按1.3～1.4米开厢（含沟）。开厢后，在厢内一次性施足底水和N：P：K＝15：15：15复合肥50千克，免施有机肥。覆盖地膜，用土压严膜缘。推荐进行水肥一体化栽培，在铺膜前，铺设好膜下微喷带或滴灌带。

③ 定植：土地整理后即可定植茄子苗。定植密度依据品种不同而不同。渝茄5号长势旺盛，株高和株幅较高大，建议适当稀植，每厢单行单株定植。嫁接长采收栽培，适宜定植密度为800～1 000株/亩。

④ 稳花稳果：在4月中下旬，及时补水补肥，促进植株生长。6月上旬，在门茄开花后，用40～50毫克/千克番茄灵或30～40毫克/千克2,4－D点花，稳花稳果，确保茄子早期坐果率，提高早期产量。在6月下旬，及时揭开保护设施薄膜，停止点花。

⑤ 及时采收：渝茄5号果实较长和单果较重，最长可达45～50厘米，单果重量超过500克。为了适应市场需求，当果实长度在35厘米左右、单果重300克左右及时采收，以提高商品性和后期茄子产量。

⑥ 肥水管理：栽培定植后适当浇灌定根水，气温回升后及时补水补肥。在“瞪眼期”、门茄膨大期、各重施追肥一次，每亩施用复合肥10～15千克。“四门斗”茄采收后，再追施尿素10～15千克。以后每隔10天应施一次追肥。特别是嫁接长采收栽培，7～8月高温伏旱期间应及时补水补肥。

⑦ 合理整枝：为提高早期产量，一般进行三秆整枝，即保留门茄下生长最旺盛侧枝留。在中期要及时摘除老、黄、病叶。进行嫁接长采收栽培，可进行双秆整枝以保证果实商品性。在中后期，可采用以下整枝方式。

剪枝再生：在7月上中旬，重庆进入高温伏旱季节，茄子商品性明显变差、价格较低，可以进行剪枝再生。即在植株分枝上方20～25厘米处，剪掉上部所有枝条（俗称下桩）。然后浇水施肥。在保留的枝条上很快长出新芽，大约一个月后（8月初）可重新采收。

循环矮化整枝：如果不进行剪枝，渝茄5号植株可生长3～4米高，给搭架和采收带来不便。在采收4或5台果时及以后，在枝条坐果处用剪刀剪断枝条，促进下方萌发新生枝条并开花坐果。以后一直采用该方法进行采果和剪枝，以达到矮化整枝的目的。

2. 主要病虫害防治

（1）主要病虫害。

① 双孢蘑菇主要病虫害：发菌期重点防治木霉等竞争性杂菌；春季重点防治菇蚊、蛞蝓等害虫。

② 茄子主要病虫害：苗期重点防治猝倒病和灰霉病，成株期主要有黄萎病、青枯病、灰霉病、绵疫病和褐纹病，虫害主要为蚜虫、红蜘蛛、茶黄螨、蓟马和白粉虱。长采收嫁接栽培，特别注意高温伏旱天气虫害的防治工作。

（2）双孢蘑菇病虫害防治：采用高温闷棚进行土壤消毒；发生绿色木霉时，加强通风，降低空气湿度；利用菇蚊对不同波长、颜色的趋性，在设施内放置黄板、蓝板或者杀虫灯，对菇蚊进行诱杀；撒灭蜗灵防治蛞蝓。

（3）茄子病虫害防治：早期重点防治蚜虫，可以用黄板诱杀结合用阿维菌素和吡虫啉防治，坐果早期人工摘掉幼果上残留花瓣、通风排湿，防治灰霉病的发生；中后期用白僵菌悬浮液和炔螨特等交替使用防治红蜘蛛、蓟马等虫害。

四、效益分析

1. 经济效益分析 通过施行“菌菜轮作”技术，食用菌每亩产量3 000～3 500千克，每亩产值24 000～28 000元，蔬菜作物每亩产值增加1 000元，每亩减少有机肥等肥料成本1 000元，每亩综合利润6 000～10 000元。

2. 生态、社会效益分析 通过施行“菌菜轮作”技术，菌渣还田可以提高土壤有机质含量，减轻土壤酸化，提高蔬菜品质，促进蔬菜增收，实现蔬菜基地土壤的“0成本”改良。

五、适宜地区

重庆市设施蔬菜生产基地。

（重庆市农业科学院）

“菌菜轮作”技术模式

项目		1月			2月			3月			4月			5月			6月			7月			8月			9月			10月			11月			12月		
		上	中	下	上	中	下	上	中	下	上	中	下	上	中	下	上	中	下	上	中	下	上	中	下	上	中	下	上	中	下	上	中	下	上	中	下
生育期	蔬菜（以渝茄5号为例）	嫁接苗养护期									定植期	生长期					采收期							砧木播种期			接穗播种期	育苗期		嫁接期					嫁接苗养护期		
	双孢蘑菇	采收期									—									母种制作期			原种制作期			栽培种制作期、培养料制作期			播种期	发菌期		采收期					
措施	蔬菜（以渝茄5号为例）	保温保湿									整地施肥、定植	补水补肥，促进植株生长、稳花稳果、病虫害防治					肥水管理、采收、整枝、病虫害防治							催芽播种			催芽播种	苗期管理		套管嫁接					保温保湿		
	双孢蘑菇	水分管理、采收、病虫害防治									—									扩繁试管种			制作原种			制作栽培种、建堆发酵、土地整理			铺料播种	覆土、发菌		催蕾、水分管理、采收、病虫害防治					

项目	内容
技术路线	指导示范区选用适宜的食用菌品种和蔬菜品种，在秋冬季利用蔬菜设施生产双孢蘑菇等食用菌，食用菌生产结束后，菌渣就地还田，在同一设施内进行茄子、辣椒等春夏季蔬菜的生产，改良土壤理化性质，提高土壤肥力，提高蔬菜品质，增强蔬菜对病虫害的抵抗力，帮助老蔬菜基地恢复生产能力
适宜地区	重庆市设施蔬菜生产基地
经济效益	通过施行“菌菜轮作”技术，食用菌每亩产量3 000～3 500千克，每亩产值24 000～28 000元，蔬菜作物每亩产值增加1 000元，每亩减少有机肥等肥料成本1 000元，每亩综合利润6 000～10 000元

第二十二章 四川省绿色高质高效技术模式

毛木耳精准化、轻简化栽培技术

一、技术概况

通过选择适宜品种和配方，优化耳棚搭建，采用机械制袋、环保灭菌、微喷水分控制、病虫害绿色防控等技术，能有效降低毛木耳生产成本、减轻病害发生，提高毛木耳单产和质量安全水平。

二、技术效果

采用此模式每亩栽毛木耳 3 万袋，产量 4 000～5 000 千克（干重），每亩产值 10 万～15 万元。油疤病发病率从 40%降到 5%以下，效益增长 20%～40%。

三、技术路线

1. 品种选择 黄耳 10 号、琥珀、781 和上海 1 号。

2. 栽培基质配方

配方一：棉籽壳 30%、杂木屑（颗粒度≤2.0 毫米，下同）30%、玉米芯 30%、麦麸 5%、石膏 1%、石灰 4%。

配方二：棉籽壳 10%、杂木屑 33%、玉米芯 30%、米糠 20%、玉米粉 2%、石膏 1%、石灰 4%。

3. 机械化拌料装袋 使用自走式新型拌料机和装袋机进行拌料装袋。料袋规格（折径×长度×厚度）为 22 厘米×44 厘米×0.003 厘米或 20 厘米×48 厘米×0.003 厘米。装袋基质重量：干料约 1.0 千克/袋或 1.2 千克/袋，湿料约 2.4 千克/袋。

4. 料袋灭菌接种 采用“环保型”燃气高效灭菌灶（型号：ZFQ10－2.4×3－Q）对栽培料袋进行灭菌。若容量为 1 800 袋/锅，排放冷气后锅内温度达 100 ℃计时持续灭菌维持 14 小时（若容量增加则灭菌时间相应增加）。待料袋灭菌后放入接种箱，当料袋温度降至 28～30 ℃（料袋内部温度 35～40 ℃，表面温度 30～35 ℃）、趁凌晨杂菌不活跃的时候，进行“抢时抢温”接种。

5. 发菌管理 料袋接种后在发菌棚内地面上呈“墙式”成行整齐堆码，前期堆高 8 层/行，待菌丝向袋中间生长至 5 厘米后改为堆高 6 层/行。菌丝体生长“过膀”前控制菌袋码堆内温度在 25～28 ℃，丝体生长“过膀”后将发菌棚（室）空间温度（袋堆行道温度）调控在 18～20 ℃，菌袋堆内表面温度在 20～23 ℃，袋内温度始终低于 25 ℃。遮光培养，以遮阳网、塑料黑膜等遮盖发菌棚顶及四周；保持发菌棚（室）空气相对湿度在 65%～70%；接种后 1 周无需通风，菌丝“过膀”后，结合温度情况每天至少通风换气一次，每次通风 30 分钟。待毛木耳菌丝刚长满料袋，继续后熟培养 10 天再上架出耳。

6. 出耳管理

（1）新型耳棚搭建：搭建方正拱棚或八字形斜棚作为出耳棚。棚宽 15.6 米，棚中高度 5.5 米，边高 3.5 米，棚长 20～30 米，在四周和顶部加覆盖 3 层 75%遮光率的遮阳网。棚内设出耳床架，架间距 1.2 米，10 层/架。棚内安装微喷灌设施，喷头数量以能够让雾状水喷达出耳菌袋为度。

（2）催芽出耳：菌袋上架后，用 pH 7～8 的石灰水进行菌袋冲洗，并用高压水枪喷洒料袋口“搔菌”，从而实现催芽出耳。

（3）出耳管理：保持耳棚内温度在 18～30 ℃，最适温度在 24～28 ℃。使用微喷设施喷水，在耳片形成原基至耳片开片以前，维持空气相对湿度 85%～90%，待耳片开片至八分时，维持空气相对湿度 90%～95%，一般晴天每天喷水 2～3 次，阴雨天少喷水或不喷水。控制棚内光照强度晴天中午 250～310 勒克斯为宜。加强通风换气，保持耳棚内空气新鲜。

7. 病虫害绿色防控　耳棚增设防虫网，采用食用菌专用杀虫灯＋黄板的物理防治技术，结合使用安全生物农药。

8. 采收晾晒　毛木耳采收时选择连续晴天为宜，采摘前 1 天停止喷水。采收的耳片，去掉耳基所带培养料，置于露天架设竹笆上晾晒。出耳期 5 个月，一般可收 3～4 茬。

四、效益分析

1. 经济效益　毛木耳高效栽培基质配方，降低了生产成本，平均每袋可节约 0.08 元。新型八字顶层架结构耳棚，有效解决了旧式平顶耳棚易产生流耳、烂耳的问题，每袋产量提高 15.2%，综合效益提高 1 元/袋。

2. 生态和社会效益　毛木耳生产以杂木屑、玉米芯等废弃料为原料，实现了资源循环利用。精准化、轻简化栽培技术，有效提高了生产效率，减低了毛木耳发病率，节本增效、促进了毛木耳产业持续健康发展。

五、适宜地区

适宜四川、山东、福建、广西、河南、江苏、江西、湖南、安徽、吉林、黑龙江、河北、山西等地（栽培季节需根据当地气候进行调整）。

（吴传秀、刘娟）

毛木耳精准化、轻简化栽培技术模式

时间节点	1月	2月	3月	4月	5月	6月	7月	8月	9月	10月	11月	12月
生育期	制袋、发菌期			出耳期			出耳期			制种制袋期、发菌期		
措施	良种选择和优质配方			改良菌袋制作和精细控温发菌			精确出耳管理			配套轻简化设施、设备		
技术要点	品种选择：黄耳10号、琥珀、781和上海1号 优质配方：①棉籽壳30%、杂木屑（颗粒度≤2.0毫米，下同）30%、玉米芯30%、麦麸5%、石膏1%、石灰4%；②棉籽壳10%、杂木屑33%、玉米芯30%、米糠20%、玉米粉2%、石膏1%、石灰4% 菌袋制作：①栽培袋规格：22厘米×42厘米×0.003厘米；②栽培容重：湿袋2.4千克；③制袋期：四川盆地12月制袋最好；④灭菌时间：100℃ 1 000袋以下保持12小时；1 000～1 500袋保持13～15小时；1 500～2 000袋保持15～18h；⑤抢温接种。当料袋口温度降至28～30℃，趁凌晨杂菌不活跃的时候“抢时抢温”接种；⑥后熟时间：10天最好 发菌管理：①精准控温：菌丝体生长“过膀”前控制菌袋码堆内温度在25～28℃，丝体生长“过膀”后将发菌棚（室）空间温度（袋堆行道温度）调控在18～20℃范围，菌袋堆内表面温度约在20～23℃，袋内温度始终低于25℃；②避光培养；③控制湿度：保持空气相对湿度在65%～70%；④勤通风 出耳管理：①催耳方式：搔菌（高压水枪石灰水冲刷）；②开口方式：两端出耳；③光照调控：棚内晴天中午光照强度250～310勒克斯为宜；④湿度调节：微喷设施，干湿交替管理水分；⑤通风换气：勤通风，当日间最高温度低于25℃时，午间通风；当日间最高温度高于30℃时，早、晚通风；⑥适时采收。选择晴天子实体八分熟采收；采后当天喷水和第2天喷水，如阴雨，则3～4天后喷水 配套设施、设备：①新型耳棚：方正拱棚或八字形斜棚。棚宽15.6米，棚中高度5.5米，边高3.5米，棚长20～30米，在四周和顶部加覆盖3层75%遮光率的遮阳网。棚内设出耳床架，架间距1.2米，10层/架；②微喷灌设施：耳棚（室）内安装微喷设施，喷头数量以能够让雾状水喷达出耳菌袋为度；③机械化生产：采用自走式拌料机、半自动拌料机、简易装袋机、冲压式装袋机等小型机具；④新型灭菌灶：采用“环保型”燃气高效灭菌灶（型号：ZFQ10-2.4×3-Q）对栽培料袋进行灭菌；⑤病虫害绿色防控设施：耳棚增设防虫网，安装食用菌专用杀虫灯＋黄板												
适宜地区	适宜四川、山东、福建、广西、河南、江苏、江西、湖南、安徽、吉林、黑龙江、河北、山西等地（栽培季节需根据当地气候进行调整）												
成本效益分析	亩投入：5.8万～7.2万元 亩产值：10万～15万元 亩纯收入：4万～8万元												

第二十三章

贵州省绿色高质高效技术模式

贵州山地猕猴桃绿色高质高效生产技术模式

一、技术概况

重点推广生草栽培、平衡施肥、多芽少枝、有害生物绿色防控等健康栽培技术，有效调控猕猴桃生长，提高猕猴桃抗逆性和抗病性，增加猕猴桃产量，提升猕猴桃品质，促进农业增产增效，果农增收。

二、技术效果

猕猴桃产量提高20%以上，品质明显改善，农药使用量减少30%～50%，减少投入及用工成本30%，猕猴桃果品质量安全合格率达到100%，经济效益提升30%以上。

三、技术路线

从产业布局、建园、品种选择、种植、整形修剪、授粉、病虫害绿色防控等方面开展技术培训和指导，提高猕猴桃建园水平，通过生草栽培、平衡施肥和科学修剪，调控猕猴桃果园微生态环境，提升猕猴桃抗逆性和抗病性，采用病虫害绿色防控技术措施，控制猕猴桃有害生物危害，保障猕猴桃果品质量安全。

1. 科学建园

（1）园地选择：园地宜选择避开冰雹区、污染区，做好防风林。平地采用南北行向建园，坡地采用等高线建园或沿坡向建园。园地土壤质地以沙壤土，中等肥力以上，pH以5.5～6.5为宜，地下水位1米以下。稻田土、黏土不宜建园。

（2）苗木选择和授粉树配置：选择品种纯正、生长健壮、无病虫害的1年生或2年生嫁接苗，配置花粉量大、亲和力强、花期相遇的雄株，雌雄株比例为8～10∶1。

（3）栽植时期：12月中旬至翌年1月底。

（4）栽植密度：根据品种确定种植密度，T形架栽培，株行距为3米×4米，每亩栽55株；棚架栽培，株行距为4米×4米，每亩栽42株。

（5）立架：平地果园或坡度小于15°的果园采用棚架，坡度大于15°的果园沿等高线建园宜采用T形架。

2. 建园后第一年的管理

（1）中耕除草和间作：在树盘内浅中耕除草，行间种植豆科类、绿肥等浅根系矮秆作物。

（2）施肥：定植当年的苗，全年每株施40%高水溶性复合肥（N：P：K=24：6：10）150克，分3次追施，第一次在萌芽前1周，每株施40克，第二次新梢长到10～15厘米时，每株施50克，第3次在6月底，每株追施60克。

（3）春季抹芽：春季及时抹除顶部萌发的芽，留基部壮芽培养主蔓。

（4）夏季修剪：当幼树长到30厘米高时绑蔓，以后每隔20～30厘米长绑蔓1次。当幼树长到70厘米或顶端出现弯曲时进行摘心，并开展多次摘心。

（5）秋冬季园地的管理。

施肥：10月中下旬至12月中旬落叶前，及时施基肥。在距树干60～80厘米处往外挖环状沟，将肥料施入沟内覆土，每株施入农家肥10千克、45%复合肥（N：P：K=15：15：15）0.5千克、12%过磷酸钙0.5千克。

冬季修剪：落叶后至伤流前（12月中下旬至翌年1月底），按“单干双蔓”要求上架，未达到上架要求的，在嫁接口以上选留3～4个饱满芽进行重度短截。清除田间剪下枝条集中处理，喷施3～5波美度石硫合剂。

3. 土肥管理

（1）土壤管理：种植绿肥、深翻扩穴和增施有机肥等措施来熟化土壤。

（2）施肥管理。

萌芽前期：2月中下旬至3月上旬；追施40%水溶性复合肥（N：P：K=24：6：10）。1～2年生幼树每株追施40～50克，3～4年生果树每株追施80～100克，5～6年生以上果树每株追施250～500克。

开花前期：4月中上旬；叶面喷施1次0.2%～0.3%硫酸锌，现蕾期施1次0.3%硼肥（硼酸钠$Na_2B_4O_7 \cdot 10H_2O$）。

果实膨大期：5月中下旬至6月上旬；根部追施低氮高磷钾复合肥，3～4年生果树每株追施低氮高磷钾复合肥0.25～0.5千克，5～6年生以上果树每株追施0.5～1千克。叶面喷施钙肥及有机营养肥，每隔10天喷施1次，连续喷施2～3次。

采果后期：10月中下旬至12月中旬。幼树施用有机肥10千克，45%复合肥0.25～0.5千克，12%过磷酸钙0.5千克，采用环状沟施；成年树施用有机肥10～20千克，45%复合肥1～1.5千克，12%过磷酸钙1千克，采用条状沟。

4. 保花保果 在花前、花期喷施0.10%～0.15%硼酸+0.01%芸苔素内酯1 000倍液，谢花后喷施0.3%～0.4%磷酸二氢钾+0.01%芸苔素内酯1 000倍液混合液2～3次。

5. 授粉技术 推广机械授粉，当花开20%～30%、50%～60%和90%时，分别进行授粉。选择晴天无风的上午9:00～12:00。

6. 整形修剪

（1）夏季修剪：树冠80%的芽达到了3～5厘米时开始抹芽。健壮的结果母枝间隔20～25厘米留1个结果枝。

（2）摘心（捏梢）：枝蔓顶端开始缠绕时进行摘心，培养成来年良好的结果母枝。

（3）疏枝：在抹芽和摘心未能及时全面进行时，可在夏季进行疏枝，秋天萌发的芽及时抹除。

（4）冬季修剪：采用“少枝多芽”修剪方法，每个主蔓上留 6～8 个结果母枝，其余枝条全部剪除。

7. 病虫害绿色防控

（1）农业防治：科学施肥、合理修剪、清洁田园。

（2）生物防治：利用昆虫病原微生物白僵菌、四霉素、性激素等防治。

（3）物理防治：人工捕杀、杀虫灯、色板、糖酒醋液诱杀。

（4）化学防治。

① 溃疡病：萌芽前和 9 月份喷施 0.3%四霉素 300 倍液+1.5%噻霉酮 500 倍液+有机硅 1 500 倍液 2～3 次。

② 软腐病：授粉后 20～30 天，选用 75%肟菌·戊唑醇 10 000 倍液+氨基酸钙 1 000 倍液+5%氨基寡糖素 1 000 倍液喷施 1～2 次。

③ 介壳虫：孵化盛期用 95%矿物油乳油 200 倍液+22.4%螺虫乙酯悬浮剂 4 000～5 000倍液喷雾防治，7 天一次，连续 2 次。

四、适宜地区

贵州山地贵长猕猴桃种植区。

（龙友华、邵宇）

贵州山地猕猴桃绿色高质高效生产技术模式

项目	11月	12月	1月	2月	3月	4月	5月	6月	7月	8月	9月	10月
生育期	落叶休眠期			萌芽期		展叶期至花蕾期	开花期至幼果期	果实膨大期			果实成熟期	采收期
措施	施冬肥、冬剪、清园、树干涂白、冬种			施萌芽肥		抹芽、疏蕾	授粉、疏果	施壮果肥				施冬肥、种植绿肥
				病虫害防治								
							杀虫灯					
技术路线	秋冬季栽培管理：①施冬肥，幼树每株施有机肥 10 千克，45%复合肥 0.25～0.5 千克，12%过磷酸钙 0.5 千克；成年树施用有机肥 10～20 千克，45%复合肥 1～1.5 千克，12%过磷酸钙 1 千克；②冬剪，采用少枝多芽修剪方法，每株选留结果母枝 12～16 根，留芽 200～300 个；③冬季树干涂白，喷施 3～5 波美度石硫合剂；④秋季果园生草，种植紫花苜蓿、箭舌豌豆等绿肥植物 春夏季栽培管理：①施萌芽肥，1～2 年生幼树每株追施 40～50 克，3～4 年生果树每株追施 80～100 克，5～6 年生以上果树每株追施 250～500 克；②抹芽、疏蕾、修剪，抹掉多余芽、疏除侧蕾、对春夏稍进行摘心、修剪；③授粉，采用人工机械辅助授粉；④施壮果肥，3～4 年生果树每株追施低氮高磷钾复合肥 0.25～0.5 千克，5～6 年生以上果树每株追施 0.5～1 千克。叶面喷施钙肥及有机营养肥，每隔 10 天喷施 1 次，连续喷施 2～3 次；⑤病虫害绿色防控，安装杀虫灯，应用生物农药、高效低毒化学农药在病虫害发生初期进行药剂防治												
适宜地区	贵州山地贵长猕猴桃种植区											
经济效益	每亩增加经济收入 2 000 元，节约农药成本 120 元，节约人工成本 200 元											

贵州欧标（符合欧盟标准的）茶园高效生产技术模式

一、技术概况

在常规茶园管理技术的基础上，选择 pH 4.5～6 之间的中小叶种无性系投产茶园，检测土壤重金属、农药残留，选择达标茶园作为专属基地，从源头上把好质量安全关；通过推广测土配方平衡施肥，有机肥部分替代化肥，使用脂溶性农药，采用机械或人工除草，从技术上把好质量安全关；按照“五统一”的管理模式，即统一种植管护技术、统一农资管理采购、统一生产加工技术、统一欧盟质量要求、统一包装销售，从管理上把好质量安全关。确保茶园生态实现自然平衡，专属基地生产的茶叶产品符合欧盟标准，提高茶青下树率、茶叶质量安全水平和市场竞争力，促进茶农增收，茶企增效。

二、技术效果

欧盟标准茶园专用肥（有机肥＋有机无机复混肥）＋脂溶性农药（欧盟允许使用）＋机械或人工除草＋石硫合剂封园，结合机械化耕作、施肥和修剪技术，推广生态调控、理化诱控、生物防治、科学用药的病虫草害绿色防控技术。产量提高 15％以上，化学肥料施用量减少 20％以上，化学农药施用量减少 30％～40％，减少投入和用工成本 20％～25％，茶叶产品 100％达到欧盟标准。

三、技术路线

组建技术团队，优选欧盟标准茶园专用肥配方，确定专属茶园生产技术方案和用药品种，减少病虫草害的发生危害和农药施用，增加天敌种类和数量，丰富茶园生物多样性，改善茶区生态环境。

1. 茶树种植

（1）茶园开垦及施肥：缓坡地由下而上等高进行。生荒地分初垦和复垦两次进行，初垦深度 0.5 米，并清除草根、杂物，复垦深度 0.25～0.3 米；熟地经深翻平整。

园地经开垦整理成茶行后，沿茶行开种植沟，宽 0.3 米，深 0.5 米。施入底肥，每亩施有机肥 1 000 千克以上，磷肥 100 千克左右，施肥后覆土 0.15～0.20 米。

（2）种苗选择：选择适应性、抗逆性强的无性系优良茶树品种，注重品种早、中、晚合理搭配，茶苗质量符合 GB 11767 中规定的Ⅰ、Ⅱ级标准。

（3）适时移栽：10 月至翌年 3 月移栽。

（4）茶苗定植。

① 将茶苗置于种植沟中，移栽时一手扶正茶苗，一手填土，分层将土填实；当填土至不露须根时，用手轻提茶苗，使根系自然舒展，再适当加细土压实。

② 定植方法：单行单株，行距 1.2～1.3 米，株距 20～25 厘米；双行单株，行距 150 厘米，小行距 40 厘米，株距 20 厘米，呈“品”字形排列。

（5）苗期管理。

① 及时补苗：发现缺丛缺株，及时补苗。

② 清除杂草：采用人工除去杂草，禁止使用除草剂。

2. 土壤管理

（1）定期检测土壤肥力水平和重金属元素，要求每2年检测一次。

（2）采用合理耕作，施用有机肥等方法改良土壤结构。

（3）幼龄茶园，优先间作豆科绿肥，培肥土壤，防止水土流失。

3. 施肥

（1）肥料选择：有机肥和无机肥配合使用。

（2）肥料采购与管理：应选择有资质的肥料生产厂家，并建立相关记录。

（3）基肥：以有机肥为主，适当增施氮肥。

① 施用量与时期：施用量200～300千克/亩，结合冬季田间管理，12月下旬施用。

② 施用方法：沿茶树滴水线开沟，沟深20厘米，宽15厘米，均匀施入，及时覆土。

③ 追肥：全年分2次，每次5～8千克/亩，第一次在2月底越冬芽萌动前施用，第二次在5月底夏茶萌发时施用。

4. 病虫草害防治 生态调控、理化诱控、生物防治、科学用药。

（1）生态调控：新植茶园应选用优良抗病虫品种，及时分批多次采茶，及时修剪病虫害发生重的茶园，将剪下的病虫枝带出茶园集中处理；秋末进行茶园深耕，减少地下害虫越冬虫口基数。

合理封园。剪去茶丛下部的枯枝、细弱枝、病虫枝和边脚枝，用石硫合剂对茶园进行叶面喷施，减少病虫越冬基数。

合理规划茶园和安排作物布局。种植诱集害虫的植物或不利于害虫生存的植物。

（2）理化诱控：人工摘除比较集中的害虫卵块、幼虫等。利用害虫的趋性，采取灯光诱杀、色板诱杀、性诱杀等措施减少害虫危害。

（3）生物防治：保护和利用茶园中的草蛉、螳螂、瓢虫和寄生蜂等天敌昆虫和有益生物，采用“以螨治螨”“以虫治虫”技术；利用核型多角体病毒和白僵菌等生物制剂防治害虫，提倡使用微生物源农药、植物源农药。

（4）科学用药：农药选用应符合我国和茶叶进口国的相应规定，合理选用农药，建立可选清单，制定科学的防治指标，当虫害达到防治指标时，合理正确选取农药与喷药机械，适时用药，防止药害。注意保护天敌，选择对害虫防治效果好，对天敌相对安全的时期用药；植物源农药宜在病虫害大量发生前使用，矿物源农药应严格控制在非采茶季节使用，茶园中杂草一律采用人工结合机械除草，禁止施用除草剂。

5. 基地管理 专属基地应建立配方施肥、安全用药等茶园管理制度，农药和肥料等农用物资统一考察并选择供应商。专属基地应配备有一定工作经验的植保员，对各项农事活动应做好记录，建立农事档案。专属基地设立标识牌加以区别。

6. 茶树修剪

（1）定型修剪。

① 定型修剪的对象：幼龄期茶树和经台割后重新抽枝的茶树。

② 幼龄茶园：分3次完成。第一次在茶苗移栽定植时进行，用整枝剪剪去离地0.15～

0.20 米以上部分；第二、三次分别在上一次修剪一年后进行，第二次在上次剪口上提高 0.15～0.20 米处修剪；第三次在上次剪口的基础上提高 0.10～0.15 米，用篱剪或修剪机修剪。

③ 台割和重修剪茶园：当新梢高度超过 0.40 米时，在当年秋季或次年早春离地 0.35～0.40 米进行第一次定型修剪，疏去细、弱枝。翌年在上次剪口处提高 0.10～0.15 米进行第二次定型修剪。要求剪口平滑。

（2）轻修剪：投产茶园的轻修剪每年或隔年一次，在春茶前或春茶后进行。修剪方法：用篱剪或修剪机剪去树冠面上部 0.03～0.05 米的枝叶。

（3）深修剪：深修剪时间在春茶结束后进行。深修剪的周期视茶园管理水平和茶蓬生产枝育芽能力的强弱而定。

7. 鲜叶采摘及运输、贮存

（1）采摘标准：完整的一芽二、三叶，春茶采摘长度 6～8 厘米，夏秋茶长度 5～6 厘米。

（2）运输：盛装用有小孔的竹背篓；运输工具干燥，无异味，严禁与有毒、有害、有异味、易污染的物品混装、混运，轻装轻卸。

（3）运抵加工厂的鲜叶应及时验收、摊放。

四、效益分析

1. 经济效益分析 通过欧标茶园专用肥和机械化管理技术、病虫草害绿色防控技术的综合应用，茶叶产量提高 15%以上，同时降低化学肥料和农药用量，减少农药的使用次数，节省药肥及用工成本，按照茶园生产平均收益计算，每亩可增收 1 500 元以上，节省肥料、农药成本 300 元。

2. 生态、社会效益分析 欧标茶园高效栽培技术的应用，减少病虫草害的发生危害，增加天敌种类和数量，丰富茶园生物多样性，改善茶区生态环境。专属基地生产的茶叶产品符合欧盟标准，提高了茶叶质量安全水平和市场竞争力。

五、适宜地区

西南茶区及条件相似的江南茶区。

（王家伦）

贵州欧盟标准茶园高效生产技术模式

项目		3月	4月	5月	6月	7月	8月	9月	10月	11月	12月	1～2月
生育期		春季			夏季			秋季			冬季	
措施	幼龄茶园	中耕、除草、打顶控高		除草、定型修剪、追肥	除草、病虫害防控、抗旱			除草、病虫害防控、定型修剪	施基肥		覆盖抗寒	施催芽肥
	投产茶园	中耕、除草、采摘		除草、追肥	除草、病虫害防控采摘		追肥	采摘、病虫害防控	中耕、除草、施基肥、修剪封园		抗寒	施催芽肥
技术路线		茶树种植：选择适应性、抗逆性强的无性繁育系优良品种，采用单行单株或双行单株种植。及时补苗，采用人工除去杂草，禁止使用除草剂 土壤管理：定期检测土壤肥力水平和重金属元素，要求每2年检测一次。根据检测结果，有针对性地采取土壤改良措施 施肥：基肥施用量200～300千克/亩，结合冬季田间管理，12月下旬施用。以开沟施肥方式进行，沿茶树滴水线开沟，沟深20厘米，宽15厘米，均匀施入，及时覆土；追肥：全年分2～3次，每次5～8千克/亩，分别在1月底旬、5月底和7月底施用 病虫草害防治：①生态调控，秋末结合施基肥，进行茶园深耕合理封园。用石硫合剂对茶园进行叶面喷施一次，以减少病虫越冬基数，减轻来年茶园的病虫危害，种植诱集害虫植物和天敌栖息植物；②理化诱控，采取灯光诱杀、色板诱杀、性诱杀等措施，并破坏害虫的栖息场所；③生物防治，保护和利用茶园中的草蛉、螳螂、瓢虫和寄生蜂等天敌昆虫，采用“以螨治螨”“以虫治虫”技术；提倡使用微生物源农药、植物源农药，禁止化学农药与微生物源农药、植物源农药混配使用；④科学用药，农药选用应符合我国和茶叶进口国的相应规定，合理选用农药，建立可选清单；植物源农药宜在病虫害大量发生前使用，矿物源农药应严格控制在非采茶季节使用；茶园中杂草一律采用人工结合机械除草，禁止施用除草剂 基地管理：专属基地应建立配方施肥、安全用药等茶园管理制度，农药和肥料等农用物资统一考察并选择供应商。专属基地植保员应做好各项农事活动记录											
适宜地区		西南茶区及条件相似的江南茶区										

第二十四章 云南省绿色高质高效技术模式

错季豆肥药双减绿色高质高效生产技术模式

一、技术概况

为解决腾冲市南部夏秋烟粮矛盾、合理轮作和农村劳动力季节隐蔽性过剩寻找出路，经过几年探索，在南部早植烟区试验烟后种植无筋豆（以下称错季豆）。通过推广应用精确定量栽培、测土配方施肥、病虫害绿色防控及统防统治和低残留化学农药等绿色发展技术，从而有效调控烟粮矛盾、农药残留、保障错季豆生产过程生产安全和农业生态环境安全，促进农业增产增效，农民增收。

二、技术效果

推广应用错季豆肥药双减绿色高质高效技术，采用“收购商+农户”的发展模式，实现农业外向型经济。借助良好的种植环境，保证种得出来卖得出去。有效增强蔬菜产业持续发展后劲。

三、技术路线

以品种为龙头，以技术为支撑，以绿色发展为目标，走“品种—技术—示范—推广”的技术路线。以精确定量栽培、测土配方施肥、病虫害绿色防控及统防统治等绿色发展技术为核心。对重点示范区域进行因地制宜的分类指导，及时解决生产中出现的问题。通过强化技术培训和宣传力度，不断提高农民的科技素质。实现产量指标化、栽培数据化、措施规范化、管理科学化。具体栽培技术如下：

1. 选地与整地 选择光照充足，土壤疏松肥沃地块平坦、肥力中等富含有机质、疏松透气、排灌方便的壤土或沙壤土，前茬种植冬烟稻田，做成高垄，种植垄宽1.2米，墒宽0.6米。基肥一般施入石灰50～75千克/亩后翻耕做墒，在墒中间开沟每亩条施厩肥1 500～2 000千克、复合肥50千克、硼砂1千克，播种前每亩穴施钙镁磷肥50千克。

2. 品种选择 选用优质无筋豆、小金豆、四季豆为主栽品种。该类品种生长强健，主蔓长2.5～2.7米以上，主蔓结荚为主；生长势强，单荚重22～35克。

3. 消毒播种 播种期一般在8月上旬播种结束，10月上旬至10月下旬采收上市。选用粒大、饱满、无病虫的种子，播种前用种子量0.4%的50%多菌灵拌种消毒，预防苗期发病。双行条栽，每墒播 2 行，小行距 30 厘米，穴距 35～40 厘米，每穴播种子 3～4 粒，出苗后每穴定苗 2 株，每亩 2 800 穴。同时，应播“后备苗”用于移苗补缺。播后用 48%乐斯本（毒死蜱）乳油 1 000 倍液喷施播种塘和墒面防治地下害虫。播种塘盖 2 厘米厚细土，然后覆盖地膜，待种子出土后，及时破膜放苗。

4. 田间管理

（1）间苗补苗：播种后 7～10 天要进行查苗补苗，并做好间苗工作，一般每穴留健苗 2 株。

（2）中耕除草：播种后 10 天第一次除草，第二次在爬蔓之前，这次要结合中耕培土于植株茎基部，以促进不定根的生长。

（3）搭架整枝：植株开始甩蔓时及时搭架，用竹竿或细木桩搭成“人”字形架（每亩约 3 000 棵），并注意引蔓，第一花穗下的侧蔓要全部抹去，主蔓长到架顶时摘心，中部的侧枝可以结荚后进行摘心。及时剔除老、残、病叶。

（4）肥水管理：根据错季豆的生理特性，要施足基肥，少施花肥，重施结荚肥。结荚肥一般施 2～3 次，每次亩施复合肥 10～15 千克。根外追肥可结合病虫防治，在药液中加入 0.2%“磷酸二氢钾”及 10 克钼肥进行喷雾，提高坐荚率。

整个生长期应掌握前期防止茎蔓徒长，后期避免早衰的原则，苗期至第一花穗前，以抑为主，结合中耕除草促提早开花结荚。开花结荚后叶面重点喷施钾肥，5～7 天一次，是夺取高产的关键。如果长势过旺，要去掉部分功能叶片。

5. 病虫害防治

（1）农业防治病虫：合理轮作，夏秋进行深耕翻土，清除田间烟秆和杂草，减少病虫源。合理施肥，多施用腐熟的农家肥，尽量少用化肥。

（2）化学防治病害：病害主要有锈病、炭疽病、细菌性疫病、根腐病。锈病可用 20%三唑酮 1 000 倍液喷雾；炭疽病可用 75%百菌清 800 倍液喷雾；细菌性疫病可用 72%农用链霉素或新植霉素 3 000 倍液喷雾；根腐病可用 70%敌克松 500 倍液灌根；病毒病主要通过蚜虫传播，结合灭蚜进行防治。

（3）化学防治虫害：虫害主要有豆荚螟、蚜虫、红蜘蛛等。防治豆荚螟在初花期可选用 48%乐斯本喷雾。始花期和盛花期是防治的最佳时期，重点喷施花、蕾、嫩荚密集部位；蚜虫虫害发生期间用 10%吡虫啉可湿性粉剂 2 000～3 000 倍液喷雾等，每 7 天喷 1 次。

6. 适时采收　采收标准当嫩荚已饱满，而种子痕迹尚未显露，达到商品标准时，为采收适期。

四、效益分析

1. 经济效益分析　错季豆肥药双减绿色高质高效技术的应用及借助良好的种植环境，保证种得出来卖得出去。项目实施可有效增强蔬菜产业持续发展后劲。错季豆产量提高 8%以上，同时降低农药的使用次数，节约农药使用成本和人力成本。按照错季豆生产平均收益计算，每亩可增收 1 500 元，节省农药成本 120 元。

2. 生态、社会效益分析　错季豆肥药双减绿色高质高效技术的应用，提高了无筋豆的产量，降低农药用量，同时也减轻农民的工作量，增产增收，给农民带来切实的效益；绿色栽培技术的应用，减轻了农业生产过程对自然环境的污染，环境意义重大。

五、适宜地区

南方旱植烟产区。

（余绍伟）

错季豆肥药双减绿色高质高效生产技术模式

<table>
<tr><td colspan="2">项目</td><td>7月</td><td colspan="3">8月</td><td>9月</td><td colspan="2">10月</td><td colspan="3">11月</td></tr>
<tr><td>生育期</td><td>夏播</td><td>物资
准备</td><td>播种</td><td>苗期</td><td colspan="2">生长期</td><td colspan="3">收获期</td><td></td><td></td></tr>
<tr><td rowspan="3">措施</td><td></td><td>选择优良品种、准备石竹搭架</td><td></td><td>间苗
补苗</td><td></td><td colspan="2">搭架整枝、肥水管理</td><td colspan="4"></td></tr>
<tr><td colspan="4"></td><td colspan="3">药剂防治</td><td colspan="4"></td></tr>
<tr><td></td><td colspan="10">杀虫灯</td></tr>
<tr><td>技术
路线</td><td colspan="11">选种：优质小金豆、无筋架豆王
田间管理：在植株开始甩蔓时及时搭架，并注意引蔓，第一花穗下的侧蔓要全部抹去，主蔓长到架顶时摘心，中部的侧枝可以结荚后进行摘心。及时去除老、残、病叶；要施足基肥，少施花肥，重施结荚肥
主要病虫害防治：锈病可用20%三唑酮1 000倍液喷雾；炭疽病可用75%百菌清800倍液喷雾；细菌性疫病可用72%农用链霉素喷雾；根腐病可用70%敌克松500倍液灌根；防治豆荚螟在初花期和盛花期可选用48%乐斯本1 000倍液喷雾；蚜虫虫害发生期间用10%吡虫灵可湿性粉剂粉2 000～3 000倍液喷雾</td></tr>
<tr><td>适宜
地区</td><td colspan="11">南方旱植烟区</td></tr>
<tr><td>经济
效益</td><td colspan="11">错季豆肥药双减绿色高质高效技术的应用，无筋豆产量提高8%以上，同时降低农药的使用次数，节约农药使用成本和人力成本。按照错季豆生产平均收益计算，每亩可增收1 500元，节省农药成本120元</td></tr>
</table>

第二十五章 陕西省绿色高质高效技术模式

日光温室早春茬西甜瓜肥药双减绿色生产技术模式

一、技术概况

在温室西甜瓜绿色生产栽培过程中，推广应用优质高抗品种、嫁接育苗、植物绿色天然活性剂、水肥一体化、病虫害绿色防控技术，重点推广嫁接育苗、水肥一体化、病虫害绿色防控技术，从而有效调控西甜瓜生长过程土壤连作障碍，降低农药残留，保障西甜瓜生产安全、农产品质量安全和农业生态环境安全，促进农业增产增效，农民增收。

二、技术效果

通过推广应用西甜瓜优质高抗品种、嫁接育苗技术、喷施植物生长调节剂，水肥一体化技术，结合病虫害绿色防控技术，西甜瓜提早成熟 7 天左右，产量提高 15%以上，农药化肥施用量减少 35%以上，生产和用工投入成本减少 30%，农产品合格率达 98%以上。

三、技术路线

指导示范区选用高产、优质、抗病品种，应用嫁接育苗技术培育健康壮苗，合理使用植物生长调节剂，推广科学覆膜水肥一体化技术，病虫害绿色防控技术等措施，提高西甜瓜生产能力，增强西甜瓜对病虫草害的抵抗力，改善早春茬西甜瓜的生长环境，控制、避免、减轻相关病虫害的发生和危害。

1. 科学栽培

（1）品种选择：选择适合本地区早春茬栽培的优质、早熟、抗病品种，如绿博特、绿翡翠、福运来、惠丽等品种。

（2）培育壮苗：采用穴盘基质育苗，穴盘选用 50 孔黑色 PS 标准穴盘，基质选用优质草炭、珍珠岩，优质草炭一般采取国外进口的。育苗应配备补光、保温、取暖和防虫网等设施，创造适合秧苗生长发育的环境条件，进行专业化育苗。

苗期温度白天 25～30 ℃，夜间温度不低于 18 ℃，定植前 7 天炼苗，白天 20～25 ℃，夜间降至 15 ℃。

（3）西甜瓜嫁接：早春西甜瓜嫁接，可以增强抗逆力，提高吸肥量，减轻土传病害发生，延长生育期，推广应用顶插嫁接法，操作简便高放，成活率高。

主要设施、工具及药品：小拱棚、遮阳网、地膜、嫁接夹、刀片、酒精棉、喷壶、普力克。

砧木两片子叶齐平真叶露出，接穗子叶展开时为嫁接最适时期，嫁接前1天小拱棚地面喷水，酒精消毒。摘除砧木生长点，斜向下45°左右插专用钢签0.8～1.0厘米；应用双面刀将接穗下胚轴切成长约0.5～0.8厘米的楔形，最后将接穗插至砧木上，并用嫁接夹固定。注意使接穗子叶与砧木子叶成十字。

嫁接完成后将嫁接苗放入小拱棚内，苗上覆盖地膜，小拱棚覆盖遮阳网。前3天小拱棚内湿度保持70%，白天温度保持在25～30℃，夜间在18～22℃。第三天开始揭膜透气，洒水打药，等苗上无水滴，盖膜。早晚通风，少量见光，随后每天逐渐加大通风量。

成活后降低温度以防止徒长，白天温度控制在20～25℃，夜间15～20℃。

（4）植物绿色天然活性剂使用：定植后喷施蛋白质植物免疫诱抗剂，建议6%寡糖·链蛋白1 000倍液喷施。为保证坐果，西瓜实施人工辅助授粉和0.1%氯吡脲涂果柄，甜瓜应用0.1%氯吡脲浸瓜胎或喷瓜胎，保花保果提高产量。氯吡脲使用浓度50～100倍液。

（5）多膜覆盖：定植后科学覆膜，保温降湿。严冬季节棚内加盖拱棚，实施多膜覆盖，提高棚室温度，增强保温防寒力，促进生长。

（6）水肥一体化技术：应用高垄栽培、地膜覆盖、膜下水肥一体化技术，减少水肥用量，提高肥料利用率，改善土壤性状，提高棚室地温，减轻病害发生，促进作物生长。

2. 主要病虫害防治

（1）防虫网阻隔害虫：定植前，温室入口、上下风口悬挂60目防虫网，阻隔白粉虱、斑潜蝇等害虫迁入危害。

（2）诱虫板诱杀害虫：利用害虫对不同颜色的趋性，在设施内放置黄板、蓝板，对白粉虱、斑潜蝇、蓟马等害虫进行诱杀。

（3）防治霜霉病：氟菌·霜霉威或噁唑菌酮·霜脲氰防治霜霉病，间隔期7～14天。

（4）防治白粉病：氟菌·肟菌酯1 000倍液2～3次，间隔期7～14天。

（5）防治蔓枯病：苯甲·嘧菌酯1 500倍液2～3次，间隔期7～14天。

四、效益分析

1. 经济效益分析 西甜瓜嫁接、植物活性剂、多膜覆盖技术的应用，可提高西甜瓜产量25%以上，水肥一体化和绿色防控技术可以减少水肥农药的使用次数，节约药肥使用成本和人力成本。按照西甜瓜棚室生产平均收益计算，每亩可增收3 000～5 000元，节约药肥成本180元。

2. 生态、社会效益分析 西甜瓜药肥双减绿色高效栽技术的应用，提高了西甜瓜产量，降低农药化肥用量，也减轻了农民工作量，增产增收，节本增效，给农民带来切实的经济效益；绿色高效栽技术的应用，减少了农药使用，降低了农药残留，使瓜果达到了绿色农产品要求，有益于保障食品安全；绿色栽培技术的应用，减少了化肥用量，减轻了农业生产过程中对自然环境的污染，环保意义重大。

五、适宜地区

北方日光温室早春茬西甜瓜产区。

（李改完）

日光温室早春西甜瓜肥药双减绿色高效栽培技术模式（白水县）

<table>
<tr><td colspan="2" rowspan="2">项目</td><td colspan="3">10月</td><td colspan="3">11月</td><td colspan="3">12月</td><td colspan="3">翌年1月</td><td colspan="3">2月</td><td colspan="3">3月</td><td colspan="3">4月</td><td colspan="3">5月</td><td colspan="3">6月</td></tr>
<tr><td>上</td><td>中</td><td>下</td><td>上</td><td>中</td><td>下</td><td>上</td><td>中</td><td>下</td><td>上</td><td>中</td><td>下</td><td>上</td><td>中</td><td>下</td><td>上</td><td>中</td><td>下</td><td>上</td><td>中</td><td>下</td><td>上</td><td>中</td><td>下</td><td>上</td><td>中</td><td>下</td></tr>
<tr><td>生育期</td><td>早春</td><td colspan="2"></td><td colspan="5">育苗期</td><td colspan="6">定植</td><td colspan="4">生长期</td><td colspan="5">收获期</td><td colspan="5"></td></tr>
<tr><td colspan="2" rowspan="3">措施</td><td colspan="2"></td><td colspan="5">选择良种、
嫁接育苗</td><td colspan="14">田间管理</td><td colspan="6"></td></tr>
<tr><td colspan="21">免疫诱导剂、植物生长调节剂、多膜覆盖、水肥一体化</td><td colspan="6"></td></tr>
<tr><td colspan="21">防虫网、杀虫板、药剂防治</td><td colspan="6"></td></tr>
<tr><td colspan="2">技术路线</td><td colspan="27">品种：选择优质早耐寒熟抗病的绿博特、绿翡翠、福运来、惠丽等优良品种
育苗：采用补光、保温、取暖和防虫网等专业化育苗设施，进行穴盘基质育苗
嫁接：顶插接，砧木两片子叶齐平真叶刚露出，接穗子叶展开时为嫁接最适时期，摘除砧木生长点，斜向下45°左右插专用钢签0.8～1厘米；应用双面刀将接穗下胚轴切成长约0.5～0.8厘米的契形；最后将接穗插至砧木上，并用嫁接夹固定。接穗子叶与砧木子叶成十字。嫁接完成将嫁接苗放入小拱棚内，苗上覆盖地膜，小拱棚覆盖遮阳网。前3天小拱棚内湿度保持在70%，白天温度保持在25～30℃，夜间18～22℃。第三天开始揭膜透气，洒水打药，等苗上无水，盖膜。早晚通风，少量见光，逐渐加大通风量。成活后白天温度控制在20～25℃，夜间温度15～20℃
植物活性剂：定植后喷施6%寡糖·链蛋白1 000倍液，西瓜0.1%氯吡脲50～100倍液涂果柄，甜瓜浸或喷瓜胎，保花保果
主要病虫害防治：①防虫网阻隔害虫；②诱虫板诱杀害虫；③防治霜霉病，氟菌·霜霉威或噁唑菌酮·霜脲氰防治霜霉病，间隔期7～14天；④防治白粉病，氟菌·肟菌酯1 000倍液2～3次，间隔期7～14天；⑤防治蔓枯病，苯甲·嘧菌酯1 500倍液2～3次，间隔期7～14天</td></tr>
<tr><td colspan="2">适宜地区</td><td colspan="27">北方日光温室早春茬西甜瓜产区</td></tr>
<tr><td colspan="2">经济效益</td><td colspan="27">嫁接育苗、植物活性剂、多膜覆盖应用，可提高西甜瓜产量25%以上，膜下水肥一体化和绿色防控技术减少水肥药次数，节约物资和人力成本。按照西甜瓜棚室生产平均收益计算，每亩可增收3 000～5 000元，节约药肥成本180元</td></tr>
</table>

日光温室茄子肥药双减绿色高效栽培技术

一、技术概况

在茄子绿色生产栽培过程中，重点推广优化棚型、土壤修复、嫁接栽培、水肥药一体化、连续换头整枝及以物理和化学防治为主的病虫绿色防控技术，从而有效防控土壤连作障碍、降低农药残留，有效保障了产品质量和生产效益，有利于生态环境保护。

二、技术效果

通过应用肥药双减绿色高效栽培技术，茄子产量达到每亩18 000千克，增产15%以上，节约农药化肥30%～40%，节约用水40%以上，减少用工和投入35%以上，农产品合格率达到100%。

三、技术路线

优化棚型结构、定植前土壤修复、科学施肥、良种嫁接育苗、水肥药一体化、连续换头整枝、病虫害绿色防控，达到肥药双减、提高品质、增加产量和提高效益的目的。

1. 优化棚型 选择背风向阳的山坡地，建设跨度9米、脊高5.5米、全钢架、无后坡、无立柱的温室，棚内冬季最低温度达到12℃以上，光照增强9%以上，可增产15%以上。

2. 土壤修复

（1）石灰氮太阳能消毒技术：在7月上旬到8月上旬实施，每亩地面撒80千克石灰氮+1 500千克碎秸秆→旋耕土壤两遍→南北向起垄→覆盖地膜→垄沟灌足水→密闭温室15～20天。达到杀灭根结线虫、地下害虫、杂草和病原菌等有害生物，增加土壤有机质，降低表层土壤含盐量的作用。

（2）科学施底肥：每亩用微生物菌肥卢博士有机液肥—蔬菜专用肥1千克，于定植前半个月拌入1米^{3}有机肥放于阴凉处发酵好。定植前连同充分腐熟的有机肥10～15米^3、15∶15∶15的三元复合肥50千克、硫酸镁15千克、硫酸亚铁2千克、硫酸锌2千克、硼砂1千克混合均匀施入土壤做基肥。

3. 良种嫁接育苗 采用贴接法嫁接，砧木选托鲁巴姆，接穗选布利塔或东方长茄。

（1）嫁接用苗培育：一般在7月下旬到8月初播种托鲁巴姆种子，当砧木播种后15～20天，幼苗出齐时播种茄子种子。砧木5～6片真叶展开，茄苗4～5片真叶展开时进行嫁接。

（2）嫁接：接穗在半木质化部位斜切出长1厘米楔形削面，砧木在第3～4片真叶处斜切出长1厘米楔形削面，苗茎上留1～2片完好真叶，将接穗与砧木楔形削面对齐后用嫁接夹固定。

（3）嫁接后管理：嫁接苗栽于覆盖遮阳网和棚膜的小拱棚内，前3天基本不见光、不通风，相对湿度控制在90%～95%，温度白天20～30℃，夜间不低于15℃。3天以后逐渐开始见光、通风，适当降低温度。1 周后当嫁接苗开始生长，进行大温差管理，白天 25～32 ℃，夜间 12～15 ℃。嫁接苗砧木上长出的侧芽，应及时抹掉。

4. 水肥药一体化 利用已有的管道灌溉系统，追施高质量的大量元素水溶肥，并随水肥将防病、防虫的农药进行灌根，起到省工、省水、省肥、省药，提高肥效、药效，提高蔬菜产量与品质的目的。

（1）追施大量元素水溶肥：茄子门茄坐住后开始追肥，每次每亩追高氮高钾水溶肥（配比接近 21－7－22）5 千克左右，追肥时应先浇清水 10～15 分钟，再进行追肥，追肥结束后还需浇清水 10～15 分钟，洗净滴灌带内的肥料。

（2）农药灌根防病虫：定植时，每亩用 25％嘧菌酯悬浮剂（阿米西达）20 毫升和 25％噻虫嗪水分散颗粒剂（阿克泰）4 克先加水 45 千克混匀，将茄子苗盘浸入药液蘸根 10 秒左右，拿出苗盘等基质干到便于起苗后定植。35 天后随追肥或浇水，每亩再用 25％嘧菌酯悬浮剂（阿米西达）100 毫升和 25％噻虫嗪水分散颗粒剂（阿克泰）20 克灌根一次，70 天后再进行一次。

5. 连续换头整枝技术 在门茄开始膨大时，及时去二分杈以下的叶片和侧枝，只保留第一次分杈时分出的两条侧枝，进行双干整枝。待植株株高达到 130 厘米左右时，即两条枝干上都坐住 3～4 个茄子时要及时进行摘心，然后培养顶端的旺杈作为生长点继续生长，新的生长点结 2 个茄子后再摘心，再培养一个新的旺杈继续生长，如此循环，控制植株继续长高。每条枝干上同一时期只留 3～4 个果实即可，以保证茄子植株营养生长与生殖生长的平衡，保持连续结果能力。

6. 病虫绿色防控

（1）防虫网设置：高温闷棚前在温室通风口安置 50～60 目防虫网，通风口宽度需达到 1 米左右。

（2）黄板张挂：定植后，每亩均匀悬挂黄板 30 片左右。

（3）选用高效低毒低残留农药：防治灰霉病可在点花时加入适乐时，发生后可用 50％啶菌·乙霉威水剂或 42.4％吡醚·氟酰胺悬浮剂喷雾防治。

防治蚜虫、白粉虱可用 10％烯啶虫胺水剂、或 24％螺虫乙酯悬浮剂喷雾防治。

防治螨虫可用 43％联苯肼酯乳剂、或 240 克/升螺螨酯悬浮剂、或 110 克/升乙螨唑悬浮剂喷雾防治。

防治蓟马可以用 10％多杀霉素悬浮剂、或 5％阿维·啶虫脒微乳剂、或 6％乙基多杀菌素悬浮剂喷雾防治。

四、效益分析

1. 经济效益分析 肥药双减绿色高效栽培技术的应用，起到了省工、省肥水、省农药的作用，可增 15％以上，每亩可节本增效 6 000 元以上。

2. 生态、社会效益分析 一是节约农药化肥的用量，降低农残含量，提高产品质量，保障消费安全。二是减少生产用工与成本，增加农民收入，改善农民生活，助推乡村振兴。三是农药化肥用量的减少，降低了对环境的污染，为改善生态环境发挥了重要作用。

五、适宜地区

日光温室能种植越冬茄子的区域。

（乔宏喜）

日光温室茄子肥药双减绿色生产技术模式

<table>
<tr><td rowspan="2">项目</td><td colspan="3">7月</td><td colspan="3">8月</td><td colspan="3">9月</td><td colspan="3">10月</td><td colspan="3">11月</td><td colspan="3">12月</td><td colspan="3">1月</td><td colspan="3">2月</td><td colspan="3">3月</td><td colspan="3">4月</td><td colspan="3">5月</td><td colspan="3">6月</td><td colspan="3">7月</td></tr>
<tr><td>上</td><td>中</td><td>下</td><td>上</td><td>中</td><td>下</td><td>上</td><td>中</td><td>下</td><td>上</td><td>中</td><td>下</td><td>上</td><td>中</td><td>下</td><td>上</td><td>中</td><td>下</td><td>上</td><td>中</td><td>下</td><td>上</td><td>中</td><td>下</td><td>上</td><td>中</td><td>下</td><td>上</td><td>中</td><td>下</td><td>上</td><td>中</td><td>下</td><td>上</td><td>中</td><td>下</td><td>上</td><td>中</td><td>下</td></tr>
<tr><td>生育期</td><td colspan="2"></td><td colspan="8">育苗期</td><td colspan="2">定植</td><td colspan="5">生长期</td><td colspan="22">收获期</td></tr>
<tr><td rowspan="4">措施</td><td colspan="4">石灰氮太阳能消毒（旧棚）</td><td colspan="35"></td></tr>
<tr><td colspan="2"></td><td colspan="8">选择良种、嫁接育苗</td><td colspan="29">设置防虫网、张挂黄板、选用高效低毒低残留农药、水肥药一体化</td></tr>
<tr><td colspan="9">优化棚型（新棚）</td><td colspan="3">科学施底肥</td><td colspan="27"></td></tr>
<tr><td colspan="13"></td><td colspan="26">连续换头整枝</td></tr>
<tr><td>技术路线</td><td colspan="39">优化棚型结构：跨度9米，脊高5.5米，全钢架、无后坡、无立柱
定植前土壤修复：7～8月石灰氮太阳能消毒技术，增施生物菌肥和有机肥
良种嫁接育苗：贴接法将托鲁巴姆与布利塔或东方长茄嫁接
水肥药一体化：通过滴灌将水溶肥和农药施入根际
连续换头整枝：控制株高，平衡营养生长与生殖生长
病虫害绿色防控：综合应用黄板、防虫网和高效低毒低残留农药</td></tr>
<tr><td>适宜地区</td><td colspan="39">日光温室能种植越冬茄子的区域</td></tr>
<tr><td>经济效益</td><td colspan="39">肥药双减绿色高效栽培技术的应用，起到了省工、省肥水、省农药的作用，可增15%以上，每亩可节本增效6 000元以上</td></tr>
</table>

第二十六章
甘肃省绿色高质高效技术模式

天水市麦积区花牛果品农民专业合作社“有机肥＋水肥一体化（物联网＋自动施肥＋渗灌）”技术模式

一、技术概述

在苹果绿色生产过程中，大力推广应用有机肥＋水肥一体化技术，具有显著节水、节肥、省工的效果。在有灌溉条件的果园，利用物联网＋自动施肥＋渗灌设备，使用水溶性肥料，特别是有机水溶性肥料，在灌溉的同时完成施肥，使肥料的施用实现少量多次，提高肥料的利用效率，减少化肥的浪费的同时，增加了有机肥的施入。

二、技术效果

“有机肥＋水肥一体化（物联网＋自动施肥＋渗灌）”技术模式通过推广应用水肥一体化技术，通过滴灌将水肥直接输入到果树根部，结合果树病虫害绿色防控技术，苹果果品品质得到提高，化肥利用率提高20%，水分利用率提高10%以上，减少投入和用工成本30%。

三、技术路线

水肥一体化技术采用压力系统和果树的需肥要求，将肥料和水进行合理配比，借用导管，将水分和肥料直接施到果树上。与传统的施肥方式相比，可以大量的节省人力。水肥一体化将水肥直接送到果树根系周围，可以很好地防止水分淋溶，提高水肥利用效率，也可以缓解土壤板结的发生。

1. 果园土壤耕作

（1）秋季结合施有机肥对果园进行深翻，深翻深度20～30厘米。幼树可采用隔行深翻，逐年扩大树盘。

（2）果树生长季节在行间进行深度为5～10厘米浅耕或锄地，以破除板结和杂草，做到雨后必耕，灌水后必耕，有草必耕。

2. 果园水肥一体化系统调试安装

（1）按照设计图纸的分区情况逐区安装，为了防止开沟后对果树根系的影响，每个区渗灌管安装后立即进行打压试水，通过阀门调节每棵树的流量达到设计要求并没有漏水情况，立即填埋，然后进行下一个区的安装。

（2）在打压试水之前要安装好首部系统，调试变频柜和水泵要运转正常，压力和流量要符合灌溉地块实际需要。

（3）物联网系统控制的传感器主要测定土壤湿度、pH 和温度，一般 50～80 亩一套，气象站测定空气温度、湿度和降雨量，所有数据传输由区域网完成，为了保证数据的连续性，要保证网络和供电正常。

（4）自动施肥机可以通过物联网、手机和手动控制，与灌溉管道和施肥罐连接，使用之前按照亩用量和所施肥面积计算总施肥量，并将一个分区的肥料加入施肥罐进行溶解，并检查 pH 罐中酸液是否能满足要求，然后在自动施肥机触摸屏上对施肥时间、区组施肥顺序、EC 值和肥液 pH 进行设定。

（5）浇水施肥之前首先开启电频柜和水泵，用清水冲洗管道 10 分钟，然后开启施肥机，施肥结束后再用清水冲洗管道 20 分钟。

3. 果园施肥

（1）基肥施用：秋季果实采收后，苹果树落叶前，沿树冠垂直投影外围行间两侧采用机械开沟（开沟深、宽度为 35 厘米），每亩施商品有机肥 550 千克，株施 10 千克；施入腐熟农家肥 3 000 千克；农家肥按目标产量以不少于斤果斤肥的施肥量施入。

（2）生育期施肥：苹果施肥整体方案主要分为 2～4 月春肥、4～5 月为花芽分化、5～6月第一次膨果，7～9 月第二次膨果，9～11 月秋冬肥五个关键施肥期，根据苹果的需肥的特点，春肥主要以高氮的大量元素为主，每亩用量 5～10 千克，花芽分化以高磷的水溶肥为主，每亩用量 5～6 千克，第一次和第二次膨大肥以高钾水溶肥为主，第一次膨果肥每亩用量 5～10 千克，第二次膨果每亩用量 10～20 千克。为了改良土壤，维护根际土壤的良好状态，以上四个施肥期每次配合大量元素水溶肥使用 5 千克液体微生物菌剂和 5～10 千克有机水溶肥，在大量元素水溶肥中都添加了锌，硼和铁等微量元素，秋冬肥主要以高氮和高磷的大量元素水溶肥为主，每亩 20～30 千克，菌剂 10 千克，有机水溶肥 20～30 千克。在苹果三次新生根生长期，各浇灌 5～10 千克中量元素钙和镁水溶肥。

四、效益分析

1. 投入成本 物联网＋自动施肥＋渗灌系统投入 51 万元，180 米^3 储水罐成本运输及安装 5 万元，300 亩开沟人工及主控室修建及场地平整 30 万元，总投入 86 万元。投资按 10 年分摊，年投入 8.6 万元。

2. 年节省费用 节省施肥人工每年每亩按 2 个工，每个工 120 元计算，300 亩施肥节省人工 72 000 元；肥料每亩节省 100 元计算，300 亩年节省 30 000 元。总节省费用每年 102 000 元。

3. 增加收入 苹果每年增产按 200 千克计算，平均每千克按 2.5 元计算，300 亩总计增收 150 000 元。

4. 增效 节省费用加增加收入减去投入成本，300 亩每年节本增效 166 000 元，亩节本增效 553.3 元。

五、适宜地区

该技术模式适宜于灌溉水源便利，电力设施配套齐全的山地、川地苹果种植基地，树龄要求在6年以上。

（高飞）

麦积区花牛果品“有机肥＋水肥一体化（物联网＋自动施肥＋渗灌）”技术模式

<table>
<tr><td rowspan="2">项目</td><td colspan="3">2月</td><td colspan="3">3月</td><td colspan="3">4月</td><td colspan="3">5月</td><td colspan="3">6月</td><td colspan="3">7月</td><td colspan="3">8月</td><td colspan="3">9月</td><td colspan="3">10月</td><td colspan="3">11月</td></tr>
<tr><td>上</td><td>中</td><td>下</td><td>上</td><td>中</td><td>下</td><td>上</td><td>中</td><td>下</td><td>上</td><td>中</td><td>下</td><td>上</td><td>中</td><td>下</td><td>上</td><td>中</td><td>下</td><td>上</td><td>中</td><td>下</td><td>上</td><td>中</td><td>下</td><td>上</td><td>中</td><td>下</td><td>上</td><td>中</td><td>下</td></tr>
<tr><td>生育期</td><td colspan="7">萌芽新梢生长期</td><td colspan="3">开花期</td><td colspan="15">果实生长期</td><td colspan="5">落叶休眠期</td></tr>
<tr><td rowspan="3">措施</td><td colspan="7">果园浅耕除草、灌水</td><td colspan="3">追施速效氮肥为主的肥料</td><td colspan="17">水肥一体化方式灌水施肥</td><td colspan="3"></td></tr>
<tr><td colspan="10">病虫防治</td><td colspan="15">氮磷钾配合施肥</td><td colspan="5">落叶前后施基肥</td></tr>
<tr><td colspan="3"></td><td colspan="24">根外追肥</td><td colspan="3"></td></tr>
<tr><td>技术路线</td><td colspan="30">按照设计图纸的分区情况逐区安装，为了防止开沟后对果树根系的影响，每个区渗灌管安装后立即进行打压试水，通过阀门调节每棵树的流量达到设计要求并没有漏水情况，立即填埋，然后进行下一个区的安装
在打压试水之前要安装好首部系统，调试变频柜和水泵要运转正常，压力和流量要符合灌溉地块实际需要
物联网系统控制的传感器主要测定土壤湿度和 pH，和温度，一般 50～80 亩一套，气象站测定空气温度，湿度和降雨量，所有数据传输由区域网完成，为了保证数据的连续性，要保证网络和供电正常
自动施肥机可以通过物联网，手机和手动控制，与灌溉管道和施肥罐连接，使用之前按照亩用量和所施肥面积计算总施肥量，并将一个分区的肥料加入施肥罐进行溶解，并检查 pH 罐中酸液是否能满足要求，然后在自动施肥机触摸屏上对施肥时间，区组施肥顺序，EC 值和肥液 pH 进行设定
浇水施肥之前首先开启电频柜和水泵，用清水冲洗管道 10 分钟，然后开启施肥机，施肥结束后再用清水冲洗管道 20 分钟
果园基肥在秋季果实采收后，苹果树落叶前施用为宜，每亩施商品有机肥 550 千克，株施 10 千克；施腐熟农家肥 3 000 千克；农家肥按目标产量以不少于斤果斤肥的施肥量施入。生育期苹果施肥整体方案主要分为 2～4 月春肥、4～5 月为花芽分化、5～6 月第一次膨果，7～9 月第二次膨果，9～11 月秋冬肥五个关键施肥期。根据苹果的需肥的特点，春肥主要以高氮的大量元素为主，每亩用量 5～10 千克，花芽分化以高磷的水溶肥为主，每亩用量 5～6 千克，第一次和第二次膨大肥以高钾水溶肥为主，第一次膨果肥每亩用量 5～10 千克，第二次膨果每亩用量 10～20 千克。为了改良土壤，维护根际土壤的良好状态，以上四个施肥期每次配合大量元素水溶肥使用 5 千克液体微生物菌剂和 5～10 千克有机水溶肥，在大量元素水溶肥中都添加了锌，硼和铁等微量元素，秋冬肥主要以高氮和高磷的大量元素水溶肥为主，每亩 20～30 千克，菌剂 10 千克，有机水溶肥 20～30 千克。在苹果三次新生根生长期，各浇灌 5～10 千克中量元素钙和镁水溶肥</td></tr>
<tr><td>适宜地区</td><td colspan="30">适宜于灌溉水源便利，电力设施配套齐全的山地、川地苹果种植基地</td></tr>
<tr><td>经济效益</td><td colspan="30">使用水肥一体化技术，每年每亩节省 2 个工，每亩肥料节省 100 元，苹果增产 200 千克</td></tr>
</table>

第二十七章

青海省绿色高质高效技术模式

设施蔬菜秸秆生物反应堆技术应用模式

一、技术概况

秸秆生物反应堆技术是利用专用菌种使作物秸秆发酵，产生有益营养物质，促进作物生长发育、提高作物抗病性、提高作物产量和品质的一项农业技术。对提高蔬菜产品质量、菜田养分提升、改善土壤理化性状和克服连作障碍等方面有显著作用。

二、技术效果

1. 增加二氧化碳浓度 一般可使作物群体内二氧化碳浓度提高 4～6 倍，光合效率提高 50%以上，生长加快，开花坐果率提高，标准化操作平均增产 30%左右，产品品质显著提高。

2. 提升温度 冬季里温室 20 厘米地温提高 4～6 ℃，气温提高 2～3 ℃，生育期提前 10～15 天。

3. 防治病虫 菌种在转化秸秆过程中产生大量的抗病孢子，对病虫害产生较强拮抗、抑制和致死作用，疫病、根腐等发病率显著降低，农药用量减少 50%以上。

4. 改良土壤 20 厘米耕作层土壤孔隙度提高 1 倍以上，有益微生物群体增多，各种矿质元素被定向释放出来，有机质含量增加 10 倍以上。

5. 提高资源利用效应 提高了微生物、光、水、空气游离氮等自然资源的综合利用率。据测定：在二氧化碳浓度提高 4 倍时，光利用率提高 2.5 倍，水利用率提高 3.3 倍。

三、技术路线

示范区蔬菜种植选用高产、优质、抗病蔬菜品种，培育壮苗，采取标准化生产和病虫害绿色防控等措施，秸秆生物反应堆技术应用能发挥出很好的增产增收效应。

1. 制作反应堆前的准备工作

（1）秸秆的选择：凡作物秸秆，像麦秸、玉米秸秆、蔬菜秸秆等都可采用。

玉米等木质化程度较高的秸秆，不仅需要做晒干处理，更需要做压扁处理，同时配合麦秸以 1∶1 的比例同时使用，这样有利于反应堆更好更快的反应。

（2）秸秆生物反应堆：每亩地秸秆用量、菌种、尿素及复合肥用量的比例，如表27－1。

表 27-1　每亩设施所需原材料配比

主要材料	发酵剂	调节剂（调节碳氮比）	配肥（补充营养元素）
各类作物秸秆	菌种	尿素	三元复合肥
3 000～4 000 千克	8～10 千克	10 千克	40 千克

2. 反应堆的具体操作流程

（1）开沟：在温室内南北向开沟，长度与栽培畦等长，沟宽 40 厘米，深 25～30 厘米，沟与沟的中心距离为 100～120 厘米（具体根据种植作物的不同进行相应的调节）。

（2）铺秸秆：每沟铺满秸秆，高 25～35 厘米，沟两端底层秸秆露出 10～15 厘米，铺匀踩实，高出地面 10 厘米（先铺一层玉米秸秆，再铺一层麦草秸秆，再铺一层玉米秸秆，后铺一层麦草秸秆）。

（3）撒菌剂：将菌种均匀撒在秸秆上，用铁锹轻轻拍打，使表层菌剂的一部分渗透到下层秸秆上（应按秸秆重量 2‰的用量撒入微生物菌剂，同时撒入 3%～5%尿素或一定量的复合肥以加速秸秆的腐解并定向培养出有益微生物菌群）。

（4）覆土起垄：撒完菌种后即可覆土，厚度 15～20 厘米，不超过 20 厘米。之后，反应堆再进行一次覆土起垄，厚度 10 厘米，待垄面因浇水塌陷后再进行一次覆土，厚度 5～10 厘米，两次覆土共计 15～20 厘米。为减少水分蒸发，覆土后应立即覆膜。

（5）浇水：反应堆做好后可进行灌水，水一定要浇满沟，浇透，使秸秆吸足水分。灌水后 8～12 天定植作物。

（6）定植、打孔：浇大水后 10 天，直接将苗栽植在秸秆反应堆起的垄上，并浇穴水，定植后立马在距苗 10 厘米处，用 14 号钢筋打孔，孔间距 15～20 厘米，穿透秸秆层打至沟底。缓苗期每两个植株间打 2 个孔，采收期打 4～6 个孔，以后每隔 20 天通一次以前打的孔。

（7）定植后 5～7 天浇小沟水，最好是膜下灌水，之后土壤含水应控制在 65%左右。

3. 其他种植管理措施正常进行

4. 进入采摘后期　注意控制、与对照比较病虫害。

5. 拉秧后观察秸秆腐化情况　有条件的单位可以检测对照土壤养分及理化性状和产品品质等指标。

四、效益分析

1. 经济效益分析　秸秆生物反应堆技术，可提高蔬菜产量 10%以上；可提前 10 天左右上市，能显著提高销售收益；减少根腐等病害，减少防治成本；延长收获期。按照设施蔬菜生产平均收益计算，每亩可增收 1 100 元，节省农药成本 80 元。合计每亩深冬蔬菜能增收 1 180 元以上。

2. 生态、社会效益分析　秸秆生物反应堆技术应用，能显著提高产量，能带来较好的种植收益；降低病害防治成本，改善产品品质；将农业秸秆资源化利用，对农业生态保护有着重要意义。

五、适宜地区

北方地区设施蔬菜种植区域。

（景慧）

设施蔬菜秸秆生物反应堆技术模式

<table>
<tr><th rowspan="2">项目</th><th colspan="3">9月</th><th colspan="3">10月</th><th colspan="3">11月</th><th colspan="3">12月</th><th colspan="3">1月</th><th colspan="3">2月</th><th colspan="3">3月</th><th colspan="3">4月</th><th colspan="3">5月</th><th colspan="3">6月</th><th colspan="3">7月</th><th colspan="3">8月</th></tr>
<tr><th>上</th><th>中</th><th>下</th><th>上</th><th>中</th><th>下</th><th>上</th><th>中</th><th>下</th><th>上</th><th>中</th><th>下</th><th>上</th><th>中</th><th>下</th><th>上</th><th>中</th><th>下</th><th>上</th><th>中</th><th>下</th><th>上</th><th>中</th><th>下</th><th>上</th><th>中</th><th>下</th><th>上</th><th>中</th><th>下</th><th>上</th><th>中</th><th>下</th><th>上</th><th>中</th><th>下</th></tr>
<tr><td>特殊措施</td><td colspan="5">制作反应堆前的准备工作，地块落实，秸秆、菌种、配肥等准备</td><td colspan="2">反应堆制作</td><td colspan="2">灌水、起垄、定植、打孔</td><td colspan="3">缓苗、打孔</td><td colspan="12">进入采收期，注意继续打孔、隔两周通一次以前打的孔，灌溉时注意土壤含水应控制在65%左右；其他管理措施照常</td><td colspan="4">进入采摘后期，注意控制、与对照比较病虫害</td><td colspan="8">拉秧、清洁棚室，深翻土壤、观察秸秆腐化情况，有条件的单位可以检测对照土壤养分及理化性状和产品品质等指标</td></tr>
<tr><td>其他管理</td><td colspan="36">按各地设施越冬蔬菜正常生产技术管理即可</td></tr>
<tr><td>技术路线</td><td colspan="36">制作反应堆前的准备工作：①秸秆的选择，凡作物秸秆，像麦秸、玉米秸秆、蔬菜秸秆等都可采用；②按要求备足秸秆、菌种、尿素及复合肥用量
反应堆的具体操作流程：①开沟，在温室内南北向开沟，长度与栽培畦等长，沟宽40厘米，深25～30厘米，沟与沟的中心距离为100～120厘米；②铺秸秆，每沟铺满秸秆，高25～35厘米，沟两端底层秸秆露出10～15厘米，铺匀踩实，高出地面10厘米；③撒菌剂，将菌种均匀撒在秸秆上，用铁锹轻轻拍震，使表层菌剂的一部分渗透到下层秸秆上；④覆土起垄，撒完菌种后即可覆土，厚度15～20厘米，不超过20厘米。之后，反应堆再进行一次覆土起垄，厚度10厘米，待垄面因浇水塌陷后再进行一次覆土，厚度5～10厘米，两次覆土共计15～20厘米。为减少水分蒸发，覆土后应立即覆膜；⑤浇水，反应堆做好后可进行灌水，水一定要浇满沟，浇透，使秸秆吸足水分。灌水后8～12天定植作物；⑥定植、打孔，浇大水后10天，直接将苗栽植在秸秆反应堆起的垄上，并浇穴水，定植后注意经常打孔、通孔；⑦定植后5～7天浇小沟水，最好是膜下灌水，之后土壤含水应控制在65%左右。其他管理按本地区同类蔬菜种植技术即可</td></tr>
<tr><td>适宜地区</td><td colspan="36">北方设施蔬菜生产区域</td></tr>
<tr><td>经济效益</td><td colspan="36">使用秸秆生物反应堆技术，可提高产量10%以上；可提前10天左右上市，能显著提高销售收益；减少根腐等病害，减少防治成本；延长收获期。按照设施蔬菜平均收益计算，每亩可增收1 100元，节省农药成本80元。合计，每亩深冬蔬菜能增收1 180元以上</td></tr>
</table>

第二十八章 宁夏回族自治区绿色高质高效技术模式

宁夏西吉县露地西芹绿色高质高效生产技术

一、技术概况

在露地西芹绿色生产栽培过程中，推广应用覆膜穴播压沙技术，集成精量播种、芽前封闭除草、病虫害绿色防控等绿色高质高效技术，破除干旱制约瓶颈，实现西芹标准化生产。

二、技术效果

应用覆膜穴播压沙技术，较传统畦灌栽培，平均每亩节水300米^{3}以上，节水率50%以上，提高收益100元以上，采用病虫害绿色防控技术，发病率减少20%以上，农药用量减少15%以上。

三、技术路线

1. 冬前准备

（1）田块选择：选择前茬种植小麦、胡麻、马铃薯、玉米等作物田块，忌与伞形科作物连作。重茬种植需秋季复种绿肥，提高土壤肥力，减轻土壤连作障碍。

（2）秋耕施肥：秋季深耕25厘米以上，每亩施腐熟农家肥5 000千克，磷酸氢二铵24～28千克，尿素10～12千克，硫酸钾14～18千克。

（3）冬灌：平整田块，提高整地质量，创造良好的土壤结构，利于芹菜生长。

2. 品种选择 选用适合本地区栽培、适宜目标市场销售的高产、抗病品种，如文图拉、加州王、法国皇后、圣地亚哥等。

3. 播期安排 一般选择3月中旬至4月下旬播种。

4. 播种前准备

（1）水洗沙：每亩准备水洗沙1.5米^3，用量过多会造成土壤沙化，降低出苗率，增加生产成本。

（2）整地、作畦、打孔：做小畦，畦宽5米，畦埂宽40厘米，高30厘米，在畦内按1.6米宽农膜种植三幅，两幅之间留空隙10厘米，在农膜上每隔15厘米打直径2厘米播种孔。

（3）芽前封闭除草：播种前3～4天，使用33%二甲戊灵乳油100～130毫升兑水

15～20千克，喷施地表，封闭地面。

5. 播种 先将打好孔的农膜在地头铺好，3 人一组，2 人点种，1 人用水洗沙封穴，每穴播种 10 粒，每亩用量约 0.5 千克。

6. 田间管理

（1）浇播种水：播种后及时灌水，小水灌溉，将主渠的水分配给几个小畦，灌水时以刚淹过沙为宜，每亩灌水量 30～40 米^3。

（2）刮沙：10 天后灌出苗水，种子露白时轻刮沙，防止烧苗。

（3）除草间苗：2 叶时除草，每穴留苗 4～5 株，培育壮苗。

（4）定苗：3 叶时定苗，每穴定苗 2～3 株，每亩定苗 6 万～9 万株。

（5）肥水管理：根据降雨情况灵活调整，一般灌水 7～8 次，采收前 3 天灌水一次，提高芹菜品质。施肥时遵循前期少、中期充足、后期少的原则，结合灌水，分别在生长前期、中期、后期追肥 3 次，每亩追施尿素 16～20 千克、硫酸钾 3～5 千克，可喷施磷酸二氢钾、硼肥等叶面肥，提高芹菜质量。

（6）病虫害防控：集成配套杀虫灯，黄蓝板等物理防控措施，每亩放置小菜蛾性诱剂 3～5 套，采用“三灌两喷法”保健性植保方案，转变病虫害防控方式，改治病为防病。

7. 采收 当芹菜生长到 55 厘米时即可收获，收获过晚，叶柄变空，失去价值。采收工具清洁、无污染。

8. 分级 按照目标市场标准严格分级，分为大、中、小三个级别。大芹菜：茎秆直径 4～5 厘米，长度 65～70 厘米；中芹菜：茎秆直径 3～4 厘米，长度 60～65 厘米；小芹菜：茎秆直径 2～3 厘米，长度 55～60 厘米。

9. 残膜、沙子回收及处理 采收后及时将残膜连同沙子卷起，运出田外做无害化处理。

四、效益分析

1. 经济效益 每亩产量 6 500 千克，每亩产值 10 400 元，每亩纯收入 6 300 元；种植、除草、收获等种植环节每亩需 300 个工时，每工时 8 元，每亩务工收益 2 400 元。

2. 生态、社会生态效益 应用覆膜穴播压沙技术，提高了水资源利用效率，提升了西芹标准化生产水平，带动了冷藏保鲜、制冰、运输、餐饮等相关行业发展，增加了就业岗位。

五、适宜地区

适宜在宁夏、陕西、甘肃、青海、黑龙江、吉林、辽宁等同海拔或高海拔、冷凉地区推广应用。

（宁夏回族自治区园艺技术推广站）

宁夏西吉县露地西芹绿色生产技术模式

项目	1月			2月			3月			4月			5月			6月			7月			8月			9月			10月			11月			12月		
	上	中	下	上	中	下	上	中	下	上	中	下	上	中	下	上	中	下	上	中	下	上	中	下	上	中	下	上	中	下	上	中	下	上	中	下
生育期	休耕期						播种期					幼苗期			叶丛生长期						采收期、绿肥播种								绿肥翻压							
措施	改善土壤理化性状						精选良种合理密植					促壮苗			标准化生产						按标准分级，提高商品率								提高土壤肥力							
技术要点	冬前准备：秋季深耕25厘米以上，每亩施腐熟农家肥5 000千克，磷酸氢二铵24～28千克，尿素10～12千克，硫酸钾14～18千克 品种选择：选用文图拉、加州王、法国皇后、圣地亚哥等品种 播期安排：3月中旬至4月下旬 播种前准备：每亩准备水洗沙1.5米^3；做小畦，畦宽5米，畦埂宽40厘米，高30厘米；按1.6米宽农膜种植三幅，两幅之间留空隙10厘米；在农膜上每隔15厘米打直径2厘米播种孔；播种前3～4天，使用33%二甲戊灵乳油100～130毫升兑水15～20千克，喷施地表，封闭地面 播种：播种时先将打好孔的农膜在地头铺好，2人点种，1人封穴，每穴播种10粒，每亩用量0.5千克 田间管理：播后及时灌水，以刚淹过沙为准，每亩灌水量30～40米^3；播后10天后灌出苗水；芹菜种子露白时轻刮沙；2叶时除草，每穴留苗4～5株；3叶时定苗，每穴定苗2～3株，每亩定苗6万～9万株；整个生育期灌水7～8次，采收前3天灌水一次；分别在生长前期、中期、后期，每亩追施尿素16～20千克、硫酸钾3～5千克；喷施磷酸二氢钾、硼肥等叶面肥，提高芹菜质量 主要病虫害防治：集成配套防虫网、多功能杀虫灯，黄板、蓝板等物理防控措施，每亩放置小菜蛾诱芯3～5套，全生育期采用“三灌两喷法”保健性植保方案，第一步：覆膜前撒施10亿个枯草芽孢杆菌/克可湿性粉剂1～2千克拌细沙土于畦面；第二步：定植后用10克35%锐胜悬浮剂＋20毫升6.25%亮盾悬浮剂＋25毫升益施帮兑水15升喷淋；第三步：10～15天后用25%阿米西达悬浮剂10毫升＋25毫升阿速勃兑水15升灌根；第四步：用杨彩2 000倍液（10毫升）＋度锐1 500倍液（10毫升）兑水15升喷施 采收：55厘米左右适时收获 分级：按照目标市场标准严格分级。大芹菜：茎秆直径4～5厘米，长度65～70厘米；中芹菜：茎秆直径3～4厘米，长度60～65厘米；小芹菜：茎秆直径2～3厘米，长度55～60厘米 残膜、沙子回收及处理：采收后及时将残膜连同沙子卷起，运出田外做无害化处理																																			
适宜地区	宁夏、陕西、甘肃、青海、黑龙江、吉林、辽宁等地																																			
成本效益分析	亩投入：每亩种子150元，肥料500元，农药350元，人工费3 100元（播种300元，间苗400元，采收2 400元），每亩投入4 100元 亩产值：每亩产量6 500千克，每亩产值10 400元 亩纯收入：每亩纯收入6 300元																																			

第二十九章 新疆维吾尔自治区绿色高质高效技术模式

博湖县鲜食辣椒绿色生产技术模式

一、技术概况

鲜食辣椒严格执行绿色栽培技术规程，应用标准化栽培、绿色防控、测土配方施肥、病虫害预警测报技术，有效保障蔬菜产品绿色安全、维护农业生产环境安全，促进农业增产增效，农民增收。

二、技术效果

通过推广应用设施栽培、节水灌溉、新型育苗、绿色防控、农药化肥减量增效集成增效技术，促进示范区社会化服务和订单种植率80%以上，化肥、农药减量3%以上，每亩成本指标降低6%以上，示范区蔬菜优质率增加5%以上，蔬菜单产水平提高500千克，平均每亩效益提高800～1 000元，农残抽检合格率在98%以上。

三、技术路线

选用高产、抗病、耐贮运适合本地市场需求的鲜食辣椒品种，采取种子处理、钵盘育苗、科学肥水管理，采用高效低毒、低残留生物农药和生物防治方法防控病虫害，按标准生产出绿色的鲜食辣椒。

1. 育苗期管理

（1）品种选择：选择优质、高产、抗病、耐运输、商品性好，适合本地市场需求的优良辣椒品种，如超级猪大肠、螺丝椒等。

（2）育苗：播种育苗一般选择在2月初，选用温室、塑料棚、温床、128穴育苗穴盘等育苗设施育苗，对育苗设施进行消毒处理，创造适合秧苗生长的环境条件，营养土选择未种过茄科作物的菜园土与腐熟的有机肥混合，有机肥与园土比例为7∶3或5∶5。

（3）种子处理：浸种催芽，消毒后用温水浸泡8小时，捞出洗净，进行变温催芽。28℃保温16小时，20℃保温8小时，出芽后保持25℃，以利蹲芽。

（4）苗期管理：如表29-1。

（5）水分管理：根据墒情适当浇水。

（6）炼苗：冬春育苗，定植前1周，白天15～25℃，夜间6～8℃炼苗结束时，幼苗的环境条件应尽可能与定植田环境条件一致，以利于定植后缓苗。

表 29-1 辣椒育苗管理

时　　期	日温（℃）	夜温（℃）	地温（℃）	备　　注
播种至出苗	30～35	20～22	20 ℃以上	
出苗至齐苗	28～30	18～20	20	
齐苗至破心	27	17～18	13 ℃以上	适当通风
破心至 1 叶展开	30	18～20	20	
1 叶展开至移植	25～27	15～16	15	移栽前 2～3 天低温锻炼
缓苗至定苗前	25	15	15	
定苗前 5～7 天	20～25	15		

注：上述温度是指晴天、阴天、白天温度可掌握在 20 ℃。

（7）壮苗指标：苗龄 25～35 天后。株高 15 厘米，长出 3～5 片真叶，叶片大而厚，叶色浓绿，茎粗，根系成坨不散、无锈根，全株无病虫害、无机械损伤。

2. 移栽

（1）移栽前准备：整地、施底肥，定植前翻耕土地 30 厘米左右深，每亩施入经充分腐熟的农家肥 2～3 吨。

（2）移栽：选择晴天下午，气温较低时移栽。移栽时，先平整地面，铺膜方便滴水，行距 50 厘米，按规定在移栽前 1～2 天滴水，使地面湿润，便于移栽。移栽要求：株距 15～20厘米，平行线型移栽。

3. 肥水管理　视生长情况可适时追肥，在施足基肥的基础上，每亩可增施 5～10 千克矿源腐殖酸滴灌肥，分 2～3 次施用，每亩追施大量元素水溶肥料（滴灌磷酸氢二铵）5 千克，分 2～3 次施用，15～20 天左右滴灌一次。控制水量，保证辣椒生长所需水分，适时滴水。辣椒定植按照随定植随浇水，移栽后随天气情况 3～5 天浇一次缓苗水，以后进行蹲苗并中耕松土 2～3 次。待 80%的椒果直径达 2 厘米时，浇催果水并追肥。

4. 田间管理　适时中耕除草，减少田间杂草。无法中耕的杂草需人工拔除。

5. 虫害防治　主要虫害有菜青虫，防治方法为：优先选用生物制剂，如选用苦参碱（0.3%水剂，每亩 100～150 克）防治菜青虫，如虫害后期无法控制虫害，可选用氯氟氰菊酯（2.5%水乳剂，每亩 20～30 毫升）的 2 000～4 000 倍液喷雾防治菜青虫。

6. 及时采收　按照大小进行商品分级装箱，采收完毕后将残枝败叶和杂草清理干净，集中进行无害化处理。

四、效益分析

1. 经济效益　通过实施蔬菜产业提升行动，加快推进蔬菜产业化进程，优化全县蔬菜产区布局、种类结构、茬口安排，提高蔬菜产品质量、产量和档次，增加精细高档蔬菜比重，蔬菜单产水平提高 500 千克/亩，平均每亩效益提高 800～1 000 元。

2. 生态、社会效益　提高鲜食辣椒产量，农民增产增收；化肥、农药减量 3%以上，亩成本指标降低6%以上；降低商品农药残留，商品百分之百达到绿色农产品要求，减轻了农业生产过程中对自然环境的污染，有益于保障农产品生产安全。

五、适宜地区

博湖县蔬菜产区。

（沈凤瑞）

鲜食辣椒绿色高效栽培技术模式

项目		2月			3月			4月			5月			6月			7月			8月		
		上	中	下	上	中	下	上	中	下	上	中	下	上	中	下	上	中	下	上	中	下
生育期	春茬			育苗期			大田移栽				生长期					收获期						
措施		选择优良品种					田间管理							药剂防治								
					杀虫灯																	
技术路线		选种：超级猪大肠、螺丝椒等优良品种 播种育苗：一般选在2月初，对育苗设施进行消毒处理，营养土选择未种过茄科作物的菜园土与腐熟的有机肥混合，有机肥与园土比例为7∶3或5∶5 种子处理：浸种催芽，消毒后用温水浸泡8小时，捞出洗净，进行变温催芽。28℃保温16小时，20℃保温8小时，出芽后保持25℃，以利蹲芽 苗期管理：根据墒情适当浇水 炼苗：冬春育苗，定植前1周，白天15～25℃，夜间6～8℃炼苗结束时，环境条件应尽可能与定植田环境条件一致，以利于定植后缓苗 壮苗：苗龄25～35天，株高15厘米，长出3～5片真叶，叶片大而厚，叶色浓绿、茎粗，根系成坨不散、无锈根，全株无病虫害、无机械损伤 移栽：整地、施底肥，移栽前翻耕土地30厘米左右深，每亩施入经充分腐熟的农家肥2～3吨。移栽前先平整地面铺膜方便滴水，行距50厘米，按规定在移栽前1～2天滴水，使地面湿润便于移栽。选择晴天下午气温较低时移栽。移栽要求：株距40～50厘米，平行线型定植 肥水管理：视生长情况可适时追肥，在施足基肥的基础上，每亩可增施5～10千克矿源腐殖酸滴灌肥，分2～3次施用，每亩追施大量元素水溶肥料（滴灌磷酸氢二铵）5千克，分2～3次施用，15～20天左右滴灌一次。控制水量，保证辣椒生长所需水分，适时滴水。辣椒定植按照随定植随浇水，移栽后随天气情况3～5天浇一次缓苗水，以后进行蹲苗并中耕松土2～3次。待80%的门椒直径达2厘米时，浇催果水并追肥 田间管理：适时中耕除草，减少田间杂草。无法中耕的杂草需人工拔除 虫害防治：主要虫害有菜青虫，防治方法：优先选用生物制剂，如选用苦参碱（0.3%水剂，每亩100～150克）防治菜青虫，如虫害后期无法控制虫害，可选用氯氟氰菊酯（2.5%水乳剂，每亩20～30毫升）的2 000～4 000倍液喷雾防治菜青虫																						
适宜地区		博湖蔬菜产区																				
经济效益		扩大亩产值超万元的高效蔬菜种植面积，蔬菜单产水平提高500千克/亩，平均每亩效益提高800～1 000元																				

第二部分

第一章 北京市绿色高质高效行动典型案例

北京宏福国际农业科技有限公司生产案例

近年来，以荷兰为代表的现代化大型连栋温室蔬菜工厂化生产模式在国内迅速发展，截至2018年底，北京单位面积2公顷以上的大型连栋温室蔬菜工厂化生产面积达到30公顷，虽然占设施总面积比重仍然较小，但呈现快速增加趋势，设施装备及技术水平提升较为明显。作为连栋温室蔬菜工厂化生产的典型代表，北京宏福国际农业科技有限公司通过引进高标准连栋温室及配套设备，集成现代化生产技术体系，于2016年开始连续4年进行高标准番茄生产，实现了生产、包装、运输及销售一体化，取得良好效果。

一、基本情况

北京宏福国际农业科技有限公司成立于2015年，公司现有北京宏福国际现代高科技农业产业园、大庆宏福国际（中荷）现代高科技农业产业园两个生产园区。北京宏福国际现代高科技农业产业园位于北京市大兴区庞各庄镇，占地1 276亩，现拥有智能化玻璃温室5公顷和配套技术区0.6公顷，于2016年12月建成投产，生产品种为樱桃番茄和中型果番茄。大庆宏福国际（中荷）现代高科技农业产业园位于黑龙江省大庆市林甸县，总占地10 000余亩，项目分为三期建设，一期现代化温室12.5公顷，于2018年5月建成投产，生产品种同为樱桃番茄和中型果番茄。两园区错期定植，实现了番茄周年供应。

该公司采用“工厂化生产园区＋销售”的运营模式，以工厂化农业生产为基础，致力于构建一套高产、高效、优质和安全的农业生产新体系。园区番茄生产采用连栋温室工厂化生产技术模式，具体内容为在玻璃连栋温室条件下，选择连续坐果性强，抗早衰、耐低温弱光的品种，配备精准化环境控制系统、自动化营养液灌溉及循环利用系统、二氧化碳回收利用系统、支架式栽培系统、轨道车等省力化设备，采用商品岩棉或椰糠基质进行生产，集成小苗龄嫁接技术、环境精准化调控技术、营养液精准化灌溉及循环利用技术、长季节植株管理技术、病虫害综合防治技术等先进技术。该模式实现了番茄生产的规模化、标准化，保证了产品优质安全。另外，该公司北京及黑龙江大庆两个生产基地错期生产，实现了产品全年持续供应。目前，园区年销售额达到2 500万元，技术推广辐射带动周边农户生产1 000亩，每年带动农民增收175.8万元。

二、行动亮点

1. 符合首都功能定位，引领农业科技创新 宏福农业园区大型智能连栋温室生产采用工厂化生产方式（包括机械技术、工程技术、现代信息与物联网技术、生物技术、计算机技术等），将现代生产方式植入传统农业生产中，彻底改变了传统农业面朝黄土背朝天的生产模式，为未来北京市设施农业发展提供了一个良好范本，引领了农业科技创新进步。

2. 符合乡村振兴战略要求，构建现代农业产业体系　乡村振兴的基础是产业兴旺，该园区采用现代化连栋温室标准化生产方式，并采用生产＋品牌销售的发展模式，建立了自有品牌及销售渠道，转变了农业发展方式，构建现代园区农业产业体系、生产体系及经营体系。

3. 符合农业的“三高”特征，推进农业提质增效　园区通过运用工厂化生产技术，采用专业化的生产方式，为作物提供良好的生长环境，极大提高了土地产出率、资源利用率及劳动生产率。目前园区最高产量为41.4千克/米^2，达到国内最高产量水平，亩产值最高达到33万元/年。

4. 符合高质量农产品的要求，满足消费者需求　以生物防治保护作物为基础，将化学制品的使用量降到最低，农药使用量相比传统农业降低50%以上；采取封闭循环系统，避免对地下水造成污染，通过采用精准化灌溉，提高了水分利用效率，每千克番茄耗水量降低至19.3升；整个生产过程标准化且符合保护生态环境的要求，产品符合欧盟标准，保证安全。

三、主要措施

1. 引进先进设施设备，提高农业装备水平　大兴园区全套引进荷兰venlo型全玻璃高标准连栋温室，温室面积5公顷，透光率85%以上，温室肩高6.5米，脊高7.5米，单跨度8米，立柱间距4米。另外，园区还引进了悬挂式栽培系统、立体加温系统、高压喷雾及空气扰动系统、自动控制系统、水肥一体化系统及其他省力化装备，建立了系列装备的本地化应用策略，为作物生长创造了良好的硬件条件。

2. 采用先进生产技术，实现高产高效生产　园区与北京市科研及推广部门合作，开展适宜品种的引进筛选及配套技术集成。先后引进国内外适宜长季节栽培的番茄品种25个，通过采用椰糠标准化基质，集成了无土栽培水肥精准化调控技术、植株标准化管理技术、环境精准化调控技术、熊蜂授粉及病虫害绿色防控技术等内容，实现了高产高效生产。

3. 培养技术员及专业化生产工人，探索职业农民培育新模式　一是开展了专业技术人员培养。围绕工厂化生产条件下的育苗、环境管理、水肥调控、植株管理、病虫害防控、质检等环节，以理论与实践操作相结合的形式，培养技术人员10人。二是开展了专业化工人培训将农民转变为产业工人，从事固定的操作环节，并对各环节操作标准进行培训。以周为单位，为不同的操作环节制定合理的单价，形成一套计件管理体系，提高工作速率及质量。

4. 建立现代化运营体系，促进效益最大化　采用品牌化经营的发展策略，创建了自有品牌“宏福柿”，并建立了线上＋线下全覆盖的销售渠道。“宏福柿”系列产品覆盖北京、上海、深圳、广州、武汉、香港等全国各大城市高端超市，同时积极开拓俄罗斯、新加坡等海外市场。通过生产与销售相结合，建立了现代运营体系，增加了产品附加值。

（王艳芳）

第二章

天津市绿色高质高效行动典型案例

绿色高质高效做引领，振兴辣椒产业促增收

一、基本情况

天津市宁河区作为以农业为主导产业的区，蔬菜产业越来越成为全区农业的支柱产业，2018年蔬菜面积5.7万亩，总产量19万吨。宁河区聚焦传统优势辣椒产业，以绿色高质高效行动为依托，全力攻克产业发展制约瓶颈，重拾农民种植辣椒信心，以“小辣椒、大产业”为主要突破口，摸索出成熟的露地辣椒绿色高质高效栽培技术模式，涌现出天津百利种苗培育有限公司等多个蔬菜产业龙头企业，培育了从事蔬菜生产和服务的家庭农场、种植大户、农民专业合作社等一大批新型农业经营主体，促进全区蔬菜产业由高产型向高质高效型转变。

二、行动亮点

2019年，宁河区开展园艺作物绿色高质高效创建工作，围绕露地辣椒和设施番茄为主的蔬菜作物，创建核心区0.57万亩，辐射带动全区5万多亩蔬菜种植转型升级和可持续发展。通过集约化育苗移栽、增施有机肥、水肥一体化、病虫害绿色防控、起垄机等绿色高质高效技术的应用，鲜辣椒产量提高10%以上，比传统沟灌冲施肥要节水、节肥40%以上，比传统栽培要节药8%和省工40%以上，每亩节本增效1 750元，农产品合格率达100%，使宁河辣椒主产区广大干部群众发展辣椒信心倍增。

三、主要措施

1. 规划引领促发展 以振兴辣椒产业为目标，综合分析宁河区各镇区位优势、种植历史、资源禀赋和产业基础，统筹发展布局，因地制宜，因村实策，科学制定发展规划。确定实施三大主产区、建设三个示范基地、做大三个龙头企业的发展方向，把宁河区辣椒产业做大做强，促进农民增收。

2. 技术集成破顽疾 聚焦辣椒产业进行联合攻关，集成并完善1套“全环节”的露地辣椒绿色高质高效栽培技术模式，减少化肥、农药、用水使用量，减低人工投入，节本增效，实现绿色生产。特别是针对露地辣椒顽疾“炭疽病”，施良策、推良法、出实招、见实效，通过筛选抗病新品，实施育苗移栽，合理稀植，采用高畦栽培，推广水肥一体化及药剂浸种、诱捕器诱杀、高效低毒农药等病虫害绿色防控技术，全程精准管理，靶向治

疗，将发病率控制在4%以内，辣椒提前半个月采摘上市，最大限度躲避病害高发季节。

3. 创新机制做扶持 为推进适度规模经营，推广普及集约化育苗技术，引导农民使用高质量种苗，制定《宁河区蔬菜集约化育苗补贴项目实施方案》，进行种苗补贴。对蔬菜育苗用户按照实际育苗量进行补贴，补贴株数1 305万株，推广普及集约化育苗技术，降低育苗成本，较一般农户可节省0.05元/株，单位面积育苗数是传统营养钵育苗的2～3倍，集约化育苗技术提高育苗质量和数量。

4. 多方联动成合力 联合天津市蔬菜产业体系专家进村入基地，与农民面对面加大宣传、培训和指导力度，提高技术覆盖率。同时结合困难村帮扶工作，突出“一村一品”，打造样板田，创建辣椒病虫害综合防治示范区，全程进行跟踪技术服务。并帮助龙头企业和农户对接，进行订单种植，有的龙头企业为引导农户种植，种植前承诺农户出现绝收情况补贴1 000元/亩的鼓励机制，增强农民种植信心。

5. 统一标准造体系 推行统一育苗、统一肥水管理、统一病虫防控、统一技术指导、统一机械作业，核心示范区实现“全过程”社会化服务，通过购买服务的方式，推行标准化生产，推进适度规模经营，将传统的小农生产引入现代农业的轨道。推广普及集约化育苗技术，推广测土配方施肥技术，增施生物菌肥，铺设水肥一体化设备，全程进行病虫害防控，委托专业服务利用无人机结合人工防治组织开展病虫害专业化统防统治，全程进行技术指导，委托农机作业服务组织开展整地、起垄、播种、施肥、中耕、打药的全程机械作业。

6. 产销对接延链条 在积极做好农资供给、信息直通、资金筹措、科技培训等产前服务的基础上，着力拉伸产后销售、加工链条，重点加强蔬菜品牌创建，发展“一镇一品”，打造地域特色明显、发展潜力较大、带动农民增收效果显著的“岳川”辣酱。积极支持龙头企业与农民签订保底收购合同，优先收购当地生产的辣椒，使核心示范区订单生产面积达到100%，确保辣椒尽产尽销，保证农民利益。

（王睿）

第三章 河北省绿色高质高效行动典型案例

依托特色蔬菜生产走多业态融合发展之路

河北省青县司马庄绿豪农业专业合作社是一个集特色蔬菜生产、加工销售、特色蔬果采摘、特色餐饮、会议接待等多业态的新型农业经营主体。

一、基本情况

合作社建于1997年，合作社现有土地1 300亩，拥有固定资产3 960万元，年销售收入4 200万元。合作社现有生产部、销售部、餐饮部、培训部、综合信息部、财务部、质检部共7个部门。拥有餐饮楼、游客接待中心、配菜车间、检测中心、培训中心等设施，可开展会议接待、农业技术培训、农业休闲游、婚宴等业务。

多年来，合作社先后被评为“国家AA级旅游景区”“全国休闲农业与乡村旅游五星级示范点”“全国青少年儿童食品安全科技创新实验示范基地”“全国新型职业农民培育示范基地”“河北省现代十佳休闲农业园区”。

二、行动亮点

1. 提升产品质量 按照“四个最严”的要求，成立了农产品检测中心，配备2名专职人员，全年检测农产品3 000批次。

2. 提高生产效益 搞“蔬菜宴”，把新奇特的蔬菜搬上了餐桌。这一经营模式取得了显著的经济效益，为现代农业园区的发展走出了一条“基地＋特色蔬菜宴”的新路径；搞礼品菜销售，年销售“礼品箱菜”40万箱，取得显著的经济效益。

3. 增加农民收入 合作社流转本村农户土地1 200亩，每亩流转费800元，直接为农民增收96万元；吸纳本村农民220人到园区从事农业生产、餐饮服务、旅游接待，为从业人员增收800万元，农民占全部用工的95%。

4. 优化生态环境（农药化肥减量增效） 合作社推广蔬菜滴灌、膜下沟灌等措施，发展特菜、果树等高效、低耗水产业。推广施用有机肥，逐年减少化肥施用量，主要农作物化肥利用率达到38%。推广绿色防控技术，减少农药使用量，农作物农药利用率37%。

三、主要措施

1. 政策扶持引导 2016年，为进一步推进合作社发展，成立“青县大司马现代农业园区”，规划园区涵盖2个乡镇26个村，总面积为67 962亩，2016年11月“青县大司马现代农业园区”被河北省政府认定为河北省省级现代农业园区。

2. 品种区域结构优化 多年来合作社本着“你无我有、你有我优、你优我特”的经营理念，先后引进试种 500 余种特色蔬菜瓜果品种，筛选出各种叶用蔬菜、水果黄瓜等特色蔬菜 150 余种，是河北特菜品种最全的合作社。

3. 技术集成推广 示范推广绿色生产集成技术，引进新品种、新技术、新装备是合作社的主攻方向，与中国农业科学院、中国农业大学、河北农业大学、河北省农林科学院、河北省蔬菜产业体系等十几家科研院所建立了合作关系，聘请河北农业大学校长申书兴教授为首席专家，中国农业大学在司马庄建立了教授工作站，成立了青县运河湖蔬菜花卉研究所，标志着青县大司马现代农业园区已经由单纯的蔬菜种植向蔬菜科学研究方向转移。

4. 标准生产推进 主持、参与制修订了河北省地方标准、沧州市地方标准等标准 15 个。

5. 三产融合发展 20 多年来，依托合作社生产的特菜，合作社所属的庄园餐厅开发出了具有浓郁地方特色的“大司马蔬菜宴”，近百种特色叶菜、果菜经过严格的筛选、清洗，摆上餐桌，配备秘制的黄豆酱，为游客提供了一桌老少皆宜的美食盛宴，2012 年 8 月，在全国休闲农业创意精品大赛决赛文化创意银奖。2019 年，走进中央七套“食尚大转盘”栏目，“大司马蔬菜宴”名扬京津冀，成了沧州乃至河北蔬菜的一张名片。合作社充分利用各种优势打造集农业旅游、乡村文化、古运河文化、红木文化、武术文化、书画文化为一体的多业态观光采摘旅游度假区。2018 年接待游客 35 万人次，旅游收入达 1 650 万元；开办了“快乐采摘、一日农夫、亲情菜园”等项目。2016 年以来，合作社承接了新型职业农民培训班 185 期，共 8 500 余人，接待实训学员 15 800 人次。

6. 品牌创建 合作社共注册 3 个商标，“青青牌”是河北省著名商标，“大司马牌”是中国驰名商标。6 类蔬菜通过有机认证，12 个蔬菜产品通过绿色食品认证，授权使用国家地理标志保护产品“青县羊角脆”区域公共品牌。2018 年“大司马牌”甜瓜被评为河北省优质产品。

7. 新型经营主体培育 合作社利用自身已经积累下的经济基础及技术优势，确立了“特菜＋多业态”发展理念，抓住机遇，利用国家发展农业的各项政策措施，通过聘请专业技术人员合理规划流转土地，扩大再生产，并通过不断学习，使自己由原来的特色蔬菜种植、销售单一模式，向多业态模式发展。

8. 社会化服务 合作社以特色蔬菜种植为主，通过订单农业，辐射带动周边 6 个乡镇 20 个自然村 1 200 多户，转移农村劳动力 3 600 余人。为当地农业发展、农民增收、农村繁荣，推动社会和谐进步发挥龙头带动作用。

（宋立彦、崔华、狄政敏、张建峰、马宝玲）

第四章 山西省绿色高质高效行动典型案例

设施蔬菜谱新篇，强县富民促发展

——曲沃县日光温室黄瓜套种苦瓜绿色产业发展

一、基本情况

曲沃县位于山西省南部，辖五镇二乡，23 万人，其中农业人口 19 万。结合县政府提出的“蔬菜富县”的发展战略，把大力发展蔬菜产业作为一项任务来抓，以典型带动抓示范、立项扶持作保证、科技服务促提升、整体推进见成效，走出了一条“以菜促农、以菜兴农、以菜富农”的新路子。日光温室蔬菜产业经过近 20 年的发展，已形成规模化种植，仅蔬菜一项人均增收 1 000 多元。

二、行动亮点

1. 探索出了适合曲沃本地的设施和种植模式 根据黄瓜的特性，不断探索试验，跨度从 7 米增加至 10 米，温室长度从 60 米增加到 150 米，温室面积从一个单位 0.6 亩增加到 1.5 亩，亩产量从 1.5 万千克增加到 2.5 万千克，基本探索出保温性好、使用寿命长、在天气－20 ℃以下不加温的情况下仍能正常生产蔬菜的半地下式日光温室。

2. 技术水平不断完善和提高 在栽培技术规范化基础上，向 7F 标准化生产技术转型并普及，随着集成技术的不断落地，不仅提高了产品的质量，还为曲沃蔬菜产业可持续发展做出了很大的贡献。技术的普及孕育了许多科技示范户和高产典型，有的日光温室越冬茬黄瓜每亩产值高达 7 万多元。

3. 社会效益和经济效益显著 一是推动了传统农业向现代农业转变，设施农业改善了局部生产条件和生产环境，优化了种植结构；二是使种植业结构不断深化，黄瓜品种更新换代，产品质量也在不断地提高，经济效益显著；三是设施农业生产方式粗放型向精细集约型转变，解决了大批农村剩余劳动力；四是加快了农业科技的推广，效益驱使农民对实用技术的渴望，自觉学习有关科技知识，从而提升了生产者的科技水平。

三、主要措施

1. 上下联动、建设高标准日光温室 曲沃县政府本着“超前规划，一步到位”的原则，政策上倾斜，资金上扶持，单位间协调；乡政府统一协调，靠前指挥；村政府通过土地流转，调整地块。金融系统积极配合，促农发展；曲沃县信用联社通过“三户联保”，曲沃县农业银行通过“惠农卡”积极支持蔬菜产业发展；曲沃县农机局争取省、市资金，资助建棚户卷帘机。在县、乡、村三级政府的大力扶持下，曲沃蔬菜产业形成了栋连栋、片连片的种植格局。

2. 改变传统、推进标准化生产 被菜农誉为“黄金搭档”模式的越冬黄瓜套种越夏苦瓜，在曲沃蔬菜产业效益历史上拉开新的序幕。

（1）品种不断更新换代。每年从外地引进2～3个新品种进行试验、示范，取优淘劣，推广普及。

（2）育苗炼苗，合理密植。前密后疏，使整栋温室受光均匀充分，提高黄瓜产品效益和质量。

（3）深翻、倒翻、晒垡减少重茬病引起的死苗。

（4）重施基肥，少施或不施叶面肥。

（5）控温蹲苗，培养越冬根系。

（6）适当水肥，避免低温病害。

（7）晴天棚内作业，阴天不进行任何操作，使棚内黄瓜植株最大限度地接受散射光。

（8）利用白籽南瓜做砧木，克服连作障碍带来的技术难题，利用秸秆还田，补充棚内二氧化碳的缺乏和低地温带来的歇瓜问题，利用超声波刺激，提高黄瓜的产量。利用生物技术工程达到肥药双减，提高黄瓜产品质量。

（9）推广普及黄瓜7F标准化生产技术。倡导以有机肥、生物有机复合肥为主，化肥为辅的施肥原则，保护土壤结构。对于病虫害防治，倡导以农业综合防治、物理防治、生物防治为主，化学防治为辅的防治原则。

（10）打破常规，把握主动。利用各种办法把握黄瓜上市期，供应市场空当，提高效益。

3. 多渠道服务、形成简便快捷的培训网络

（1）公开联系方式，在专家和菜农间搭建科技桥梁，采取远程咨询和现场指导相结合，真正做到农业与科技零距离。

（2）田间地头指导培训。由曲沃县政府出资聘请十余个乡土专家配合县蔬菜站分片承包，以技术覆盖式园区县菜农，使菜农实实在在地掌握黄瓜种植技术。

（3）周期循环培训。从选种开始，县技术团队陆续循环在各蔬菜园区循环培训授课。

（4）通过项目实施带动农民技术员。通过实施科技入户项目带动农民技术员，一个技术员培训10个示范户，一个示范户再辐射带动10个种植户，加速蔬菜种植新技术的推广和安全蔬菜生产的进程，使农业增效、农民增收，增强曲沃县蔬菜产品的竞争力。

（焦艳荣）

第五章 内蒙古自治区绿色高质高效行动典型案例

强化技术集成，实现绿色发展

一、基本情况

东河区是包头市的老城区，辖区总面积 470 千米^2，总人口 54 万，下辖 12 个街道办事处、2 个农业镇，农区面积 380 千米^2，农业人口 8.4 万人，全区耕地面积 12 万亩。东河区拥有独特的设施农业生产小气候，是包头市及周边盟市主要的菜篮子基地，先后获评国家第八批农业综合标准化生产示范区，国家特色蔬菜产业技术体系示范区、自治区现代农牧业产业化示范园区。

2018 年以来，东河区围绕构建绿色生态循环农业总目标，实施设施农业绿色高质高效示范区创建面积 5 万亩，建设有核心示范区 2 个、辐射带动区 7 个，培育新型经营主体 9 个、社会化服务组织 2 个，带动村落 17 个，涉及全区主要涉农大村，直接参与建设农户 420 户，辐射带动农户 5 000 多户。主要集成示范推广技术 4 套，分别为土地深松起垄覆膜水肥一体化技术，无土穴盘嫁接潮汐式育苗技术，温室环境智能控制及物联网技术一体化应用，测土配方施肥及生物有机肥、生物农药、二氧化碳气肥综合配套应用及病虫害绿色防控技术。

二、行动亮点

一是“四控”及增产增收效果显著。设施农业高质高效创建核心示范区冬春茬黄瓜平均产量 2.3 万千克，较其他区域每亩平均增产 0.5 万千克、节约用水量 200 米^3 以上、化肥 12 千克以上、农药减量 30%，每亩平均增收 1.1 万元。冬春番茄每亩平均产量 0.7 万千克，较其他区域每亩平均增产 0.2 万千克，节约用水量 150 米^3 以上、节约化肥 15 千克以上、农药减量 35%，每亩平均增收 0.6 万元。

二是示范辐射带动成效突出。项目集成推广了适合东河区发展需求的设施综合配套技术，累计进行技术培训和现场指导 30 余次、培训人数 6 000 余人，组织现场观摩会 4 次、参与人员 800 多人，发放宣传资料 10 000 多份。通过创建项目的实施，极大地促进了设施农业生产方式转变和生产体系健全。

三是专业化社会化服务发展加快，生产强度和生产成本显著降低。项目区从选种育苗到整地定植再到病虫害防治全程实行社会化专业化服务，将土地深松起垄等高强度劳动全部转变为机械化作业，植物保护工作也采取机械化社会化服务，既节约了生产成本，又提升了生产效率。

四是技术集成应用率进一步提高。项目实施有力推进了良种良法配套、农机农艺结合、生产生态协调，目前，东河区示范区良种覆盖率达到100%，病虫害专业防控率、土地机械深松起垄覆膜及水肥一化应用率达80%，为农民增产增收提供了强有力支撑。

三、主要措施

一是强化组织领导，明确责任分工。成立了设施农业绿色高质高效创建工作领导小组，明确了各部门、单位的职责任务，各部门通力合作抓推进，形成了创建工作合力。同时聘请包头市农业科学院及有关专家担任技术顾问，成立了项目技术指导保障组，确保了项目高效推进。

二是加强技术集成，精心制定项目方案。邀请自治区、包头市项目指导专家和当地种植能手、技术骨干参与起草、论证项目方案，加强对农业综合配套技术的提炼和集成，确保集成的综合配套技术融入标准化生产，确保方案接地气、可推广、可复制，有针对性和实用性。

三是强化培训推广，落实技术到户。将创建区划片组织实施，每个片区选派一名技术推广指导员，片区内每20户为一个创建小组，每个小组确定一个示范户，做到集成技术推广层层有人抓、户户有人管、身边有示范。

四是强化技术集成，推广生产新模式。集成推广二氧化碳气肥、生物有机肥、生物农药综合配套应用技术和土地深松起垄覆膜水肥一体化技术，鼓励畜禽粪污、农作物秸秆资源化无害化利用，引导群众转变生产方式，构建绿色循环可持续发展模式。

五是强化项目资源整合，提升高质高效建设力度。整合中央财政支持优势特色产业发展资金、产业兴村强镇示范项目补助资金、星创天地项目扶持资金，统筹捆绑使用高质高效创建项目，助推两个核心示范区农业设施提档升级，产业链进一步延伸，保障高质高效创建成效。

六是强化品牌创建和产销衔接，助推高质高效发展。对2个核心示范区和1个辐射带动区的黄瓜、番茄、青椒、尖椒、豆角5个主要农产品进行了绿色食品认证，注册庄三果蔬、沁铭泰蔬菜、沙尔沁蔬菜等商标。同时，依托祥利丰、润宸等农业公司大力推广订单农业、定制农业，通过基地＋平台＋客户的形式将生产与消费紧密联结。

七是强化农业社会化服务，推动农业生产标准化、服务专业化。针对劳动强度大，技术含量高的关键环节，积极推进设施农业社会化服务，大力培育农机、植保、育苗等社会化服务组织，努力降低农业生产者的劳动强度，提升农业生产的科技水平和专业化程度，实现农业节本增效。

（武晓峰、杨宁、杨阳）

第六章 辽宁省绿色高质高效行动典型案例

以项目为平台，诚心为农户服务

——喀左县联欣乐柿蔬果专业合作社

辽宁省朝阳市喀左县以全国蔬菜绿色高质高效创建活动为契机，紧紧围绕绿色兴农、质量兴农、品牌强农战略，坚持绿色发展理念，从新品种试验示范、病虫害绿色防控、肥药减量控害、连作障碍绿色消减、高产高效栽培模式等方面入手，重点开展黄瓜绿色标准化栽培、蔬菜连作障碍消减技术、优良品种对比试验等技术攻关。项目建设10个百亩以上的核心示范区，创建面积1 000亩。核心示范区集成组装、示范展示工厂化育苗、水肥一体化、病虫害绿色防控（粘虫板、补光灯、弥粉机、生物农药）、生物有机肥应用＋秸秆还田利用（机械化、物联网技术、智能温湿度调控、辣根素、氰氨化钙、土壤修复）等10种“4＋X”绿色高质高效技术模式。在项目实施过程中，喀左县联欣乐柿蔬果专业合作社扎实有效的开展工作，取得了很好的效果。

一、合作社基本情况

喀左县联欣乐柿蔬果专业合作社位于喀左县公营子镇土城子村，成立于2018年3月，入社成员107人，入社资金20余万元。领办人廉清娜从事温室番茄种植14年，兼职各种业公司驻朝阳地区新品种推广试验员，积累了丰富的蔬菜种植指导经验，先后荣获农民农艺师、科技致富带头人、喀左县政协委员等荣誉称号。2018年10月，合作社被遴选为绿色高质高效核心示范区实施主体，落实项目示范户67户，73栋暖棚，面积100亩，示范推广“工厂化育苗、水肥一体化、病虫害绿色防控（粘虫板、补光灯、弥粉机、生物农药）、生物有机肥应用＋秸秆还田利用”技术模式。

二、积极开展试验示范推广

在喀左县联欣乐柿蔬果专业合作社的带动下，公营子核心示范区农户严格按项目方案实施。

一是合作社通过加强与科研院所和公司企业合作，常年开展试验示范工作，重点开展番茄新品种对比试验、有机肥大面积应用示范等，通过新品种试验，摸清了番茄生长的习性，掌握了栽培要点，为大面积种植提供了技术支撑，筛选出适宜本地区种植的品种，通过新技术的示范，摸索出很多推广经验，总结教训，促进了新技术的应用推广。

二是严把种苗质量关。项目区苗木全部由社会化服务中标单位喀左县旭华蔬菜产销专业合作社供应，苗木健壮、无病虫害、叶色浓绿，根毛白色，多而粗壮，大小均匀一致，单盘苗木整齐，无空穴，不徒长、无机械损伤，苗木定植后，缓苗快、长势健壮，为高产优质奠定了基础。

三是项目区改变灌溉方式，把原来的暗灌和软管微喷灌都改成了滴灌，达到水肥一体。滴灌是农业最节水的灌溉技术之一。滴灌系统内达到一定压力后，滴灌带均匀出水，以水滴的形式缓慢而均匀地滴入植物根部附近土壤。通过注入水中的肥料，可以提供足够的水分和养分，让作物对肥料吸收快，肥效好、养分利用率高。

四是项目区秸秆还田利用，把上茬作物秧子粉碎还入棚内，每亩另外施入玉米秸秆1 000千克，结合夏季高温闷棚15～20天，不但杀灭了棚内的病虫草害，还腐熟了秸秆，提高了土壤肥力，增加了土壤有机质含量，同时解决了棚区内乱堆乱放作物秧子而污染环境的现象。

三、成效显著，辐射带动效果明显

项目实施以来，水肥一体化、病虫害绿色防控、秸秆综合利用等集成技术得到广泛应用，质量水平明显提升。秸秆的综合还田利用，大大减少了农村的面源污染，优化了农村的生态环境。项目核心示范区较非创建区节肥20%、番茄增产25%。示范区按照“4+秸秆综合利用”栽培技术模式生产，每亩平均可增收1 500元，节省农药化肥成本300元左右。水肥一体化应用减少了肥料在地里的残留，缓解了水体污染，一定程度上节约了人力物力，滴灌可节省灌水30%。

项目辐射带动效果明显，项目顺利实施不仅让核心区示范户尝到了甜头，而且还辐射到周边棚户，带动公营子镇、中三家镇蔬菜高质高效生产，辐射带动设施蔬菜生产面积1 000亩，露地尖椒生产面积1 950亩。辐射带动邻近建平县、朝阳县等番茄种植区农户3 000多户，也带动了频振式杀虫灯、测土配方施肥、有机肥代替化肥、水肥一体化等技术的应用，实现平均亩产8 000千克左右，亩节本增效1 000元。

（辽宁省朝阳市喀左县保护地技术服务总站）

第七章 吉林省绿色高质高效行动典型案例

东北地区蔬菜绿色生产技术模式
——黄瓜绿色高效栽培技术典型事例

一、基本情况

吉林省长春市宽城区小南，地处长春市近郊，大部分农民以种植蔬菜为主要生活来源，经过多年的发展形成了设施栽培为主要栽培模式的蔬菜种植区，该地区早期蔬菜生产水平较低，品种应用混杂，茄子、辣椒、黄瓜、番茄、各类叶菜都有种植，产出的蔬菜品质较差，此外由于常年种植，土壤环境恶化，连作障碍严重，导致枯萎病等病害经常性发生，严重影响了产量，降低了农民的收入。针对以上问题，早春生产季节，科研人员在当地积极推广优良品种，开展黄瓜嫁接技术，规范了当地种植品种，提高了当地黄瓜种植水平，当地嫁接黄瓜种植面积达到360亩，农民效益得到显著的提高。

二、行动亮点

1. 蔬菜产量提高，收入增加 蔬菜的高产是菜农收入的基本保证，当地菜农通过黄瓜嫁接栽培的种植方式，提高黄瓜早期的抗寒性，实现了提早栽培，可提早上市5～7天，生长旺盛时期健壮的根系可提供更多的营养，促进商品瓜的生长，在生长后期，嫁接的黄瓜仍能保持较强的生长势，延长收获期，整个生长期可提高产量8%以上，增产效果显著。每亩平均可增收1 200元。

2. 降低病害发生，保证产品健康，环境避免污染 黄瓜通过嫁接增强抗病性、抗逆性和肥水吸收性能，在低温、弱光条件下，由于嫁接苗的根系扎根深，生长旺盛，抗枯萎病能力强，抗寒性好，仍旧能保证肥水的正常供应，使上部的叶片抵抗力增强，保证叶片能够健康的生长，降低了病害的发生。整个生育期可减少打药2～3次，农药施用量减少30%～50%。生长期用药的减少，提高了黄瓜的商品质量，减少了农药对环境的污染。

三、具体措施

1. 树立典型示范户 眼见为实是农民的信条，为提高技术的转化效率，与当地种植大户合作开展黄瓜品种、嫁接技术的试验示范，通过种植大户的示范带动，由点及面，逐渐将技术推广应用。

2. 试验示范新品种，调整品种结构 由于没有统一的管理，当地种植的蔬菜品种较多，同一种类蔬菜的品种也不统一，种出来的蔬菜杂乱，很难形成规模，基本上都是靠零散销售，效率效益都受到影响。通过种植大户，在当地累计试验示范了30多个黄瓜品种，通过试验选出2个品种作为当地主栽品种。蔬菜品种统一了，黄瓜也好卖了，效益也出来了。

3. 开展技术集成推广 在推广嫁接技术的同时，发现当地浇水仍旧采取大水漫灌的方式，大水漫灌一是浪费水，同时又增加棚室的湿度，容易发生病害，对于嫁接苗来说，大湿度还容易诱发接穗不定根的发生，影响嫁接苗的生长。在推广嫁接技术的同时开展膜下滴灌技术的推广，两项技术的集成应用，病害的降低、产量的提高起到了关键性的作用。

（赵福顺、潘博、姜奇峰、耿伟）

第八章

黑龙江省绿色高质高效行动典型案例

以高质高效为核心走“北菜南销”致富路

一、基本情况

哈尔滨永和菜业有限公司成立于2012年，是黑龙江省“北菜南销”重要基地、黑龙江省十大标准化蔬菜生产基地、哈尔滨市农业产业化市级重点龙头企业、哈尔滨市休闲农业星级示范点和县级产业扶贫基地。总规模达到1.7万亩，现有标准钢架塑料大棚1 700栋、阳光智能温室49栋、4 300米^{2}智能育苗温室1座、2 880米^{2}蔬菜冷藏库1个、3 340米^{2}蔬菜加工车间1个。以北菜南销、观光采摘、配送直营为主，拥有果蔬宅配会员3 000余人，合作集团配送单位37家，年配送蔬菜达200万千克。基地种植果蔬50余种，拥有全省最大的千亩番茄园区，认证绿色食品5个，有机食品3个，获准注册“宾州”商标，基地产品在上海、杭州、义乌等地蔬菜市场畅销不衰，近三年年平均南销蔬菜11 000吨，效益320万元，年带动就业人员800人，人均收入1.2万～1.3万元。

二、行动亮点

永和菜业始终坚持以发展绿色优质、高质高效的产业模式为核心，扩大绿色生产覆盖面，打通优质产品疏通路，大力发展夏菜种植。

1. 坚持特色模式，打造标准基地 采取“公司＋合作社＋农户”运营模式，当地171名农民带地2 900亩（带机械）入社，发挥土地流转效能。为贫困户无偿提供杂粮杂豆、蔬菜种子、种苗、化肥和技术指导及服务，以高于市场40%的价格回收贫困户农产品，统一销售。打造永和乡永和村张殿发屯、长河屯、大房子屯三个“菜园革命”示范屯，实现庭院生产统一技术指导，采取订单销售、合作协议等方式，建立稳定的合作伙伴关系。

2. 坚持绿色发展，打造优品基地 坚持打造绿色基地，提高产品内在质量和品质价值。推进农业三减，实施测土配方施肥，施用生物有机肥，引进水肥一体化等节能技术，确保基地产品优质。产品统一使用“永和蔬菜”品牌标识，通过广告、网络传媒、展览讲座等宣传方式提升品牌知名度。发挥运营中心和乡村体验店作用，积极挂靠淘宝、京东等知名网销平台，扩大产品网上交易量。

3. 坚持效益为先，打造高效基地 基地通过提升主导产业整体水平，品牌效应持续放大，产品质量不断提高，农民经营性收入不断增加，棚室蔬菜效益显著，比较效益日益突出。以基地单栋阳光智能温室（80米×9米）生产为例，每栋阳光智能温室种植一茬草莓及一茬黄瓜，可实现销售收入为163 950元，农民财产性收入稳步增长。

4. 坚持科学建园，打造精品基地　引进并示范种植了一批优质、抗病、高产的蔬菜优良品种，推广绿色防控、统控统治、配方施肥，开展有机肥替代化肥，减少农药使用量，组织全程机械化生产，努力提高机械化生产程度及水平。基地建立了集约化育苗中心，提高育苗标准化水平。全程按照绿色蔬菜生产标准种植，增加绿色优质蔬菜供应。

5. 坚持节能减排，打造生态基地　加强与科研院校横向交流和纵向合作，探索节能、高效、环保的新型技术在设施蔬菜的应用，购置新能源锅炉代替传统燃煤锅炉，打造全新节能环保供热系统，提高加热效率，节约能源，减少废气排放，打造环境友好型农业。

三、主要措施

合作社坚持采取蔬菜基地＋蔬菜加工＋生态旅游观光“三产融合”为一体的产业发展模式，坚持以市场为导向，按照市场需求确定种植品种、生产规模、目标市场，从“种的好”向“卖得好”转变。

一是政策助力，推动基地高质量发展。2017—2018年，依托黑龙江省出台蔬菜金融贷款贴息政策贷款3 800万元，为企业直接贴息200多万元，大大降低了贷款融资压力。2019年，公司投资2.14亿元，在永和基地建设4条蔬菜冷冻脱水生产线、隧道冷库及库房，基础设施装备整体实现大幅改善和提高。

二是量身定制，发展北菜南销生产模式。借助省政府确定宾县为“北菜南销”基地县的有利契机，永和菜业已成为哈尔滨市农业产业化市级重点龙头企业、哈尔滨市24个重点支持发展的蔬菜生产基地之一及黑龙江省“北菜南销”重要基地。基地不断加大上海、广州、杭州等南方销售市场的巩固和拓展，以销定产，使之成为黑龙江省蔬菜产业发展的龙头。

三是产业融合，推动基地多元化发展。多年来，永和菜业坚持促进一产“接二连三”，实现融合发展。打造集休闲观光体验、现代农业展示、三产融合示范于一体的综合型基地。注重发挥现代科技在蔬菜生产领域的推广和应用，推进蔬菜冷藏和精深加工，加快推进物联网、互联网建设，真正实现生产领域全程可追溯；真正做到销售领域线上与线下、电商与微商有机融合。

四是不忘初心，助力农民脱贫致富。通过蔬菜种植、销售与贫困户建立利益连接机制，模式为“1＋2＋6”，即：一个塑料钢架大棚，带动2户贫困户，配送6个定制家庭，由乡经管中心作贫困户的委托代表人，统筹管理县下拨的产业扶贫资金，对221户建档立卡的扶贫户，按每户每年分取保底利润为2 500元，由乡经管中心向企业收取利润分成，并下拨给贫困户。

（叶青雷、刘翠翠）

第九章 上海市绿色高质高效行动典型案例

找差距，求突破，提升绿叶蔬菜机械化发展水平

上海市崇明区蔬菜绿色高质高效创建工作，紧紧围绕农业农村部创建要求，加快转变蔬菜生产模式，积极推进蔬菜生产向机械化方向发展，推动蔬菜机械装备总量稳步增长，机械结构持续改善，机械化率持续提高。

一、查找问题，明确努力方向

近年来，崇明区蔬菜机械化水平稳步提升，但在发展中仍然存在一些问题，主要为：一是机械装备结构不尽合理。动力机械集中在中小型，小型机械多，大型机械少，现存老旧机械多，新型适用机械少，老旧机械报废更新不及时。二是蔬菜生产田间管理程序复杂。蔬菜生产周期比较短、品种多，机械的适应性差，绝大多数蔬菜都为鲜嫩的幼叶、多汁的果实，机械采收难，作业机械要求高。三是农机服务组织经营不足。农机规模化经营不足，机械规模作业推行难，农机大户的服务能力、带动作用不强，农机服务信息化低，跨区作业市场有待开拓和发展。

二、确定目标，突破发展瓶颈

崇明以蔬菜保护镇为重点，以蔬菜规模化生产基地为抓手，以绿叶蔬菜绿色标准化周年生产为基础，以减少劳动力成本为目标。通过示范推广从秸秆粉碎、深翻旋耕、施肥、开垄作畦、田园管理、植保机械、水肥一体、基质苗移栽和田间运输等机械的综合应用，实现提高工作效率300%～400%，减少人工成本70%以上，机械化率较非行动区增10%以上，实现农业增效农民增收。

三、优化技术，实现示范引领

在本轮创建中，共安排265万元资金用于蔬菜机械化应用。其中：在静捷、泛信、玉英、锦英、名钥等5个绿叶蔬菜核心示范基地建立蔬菜从深耕、耕翻、施肥、作畦、开沟、播种、覆盖、移栽、田间运输、植保、秸秆还田等为主的绿叶蔬菜全程机械化。选择净达、名钥等2个蔬菜基地建立蔬菜整理加工产能提升核心示范区。主要用于蔬菜精深加工设备，厂区内产品的运输、整理和包装以及高温库的改造等，为今后全区蔬菜机械推广应用起到了扎实的示范引领作用。

崇明以绿叶蔬菜绿色标准化生产为依据，优化机械生产技术，不断积累有效经验，强

化蔬菜农机农艺技术融合，加强示范引导，提高蔬菜基地应用农机农艺融合技术的自觉性，从而有力推动全区蔬菜生产机械化进程。

1. 农机与农艺有机融合技术

（1）品种的选择：应选用符合绿叶蔬菜机械化生产技术要求的圆粒光滑型绿叶蔬菜种子，如青菜、米苋等。

（2）机械化播种：一是直播，选用精量组合式排种器与工作部件等机构的优化组合，具有平整、播种、镇压等联合作业功能，实现绿叶蔬菜均匀、密植的精量播种。具体操作，根据播种品种，调节播种量，播幅为1.2～1.4米，播种行数为12～13行，播种行距为6～10厘米，深度为0.5厘米，亩播种量为0.8～2.5千克。二是机械化育苗采取全自动、半自动气压式播种方式，集播种镇压、调水于一体，实现集约化基质育苗，并根据各品种从种子到成苗的生长需求，确定各育苗期的温湿度、光照等环境条件，具有苗质量好、育苗时间短、出苗率齐、成苗率高、缓苗期短、省工、土地利用率高等特点。

（3）机械化整地：以培肥设施菜地土壤为目标，利用秸秆粉碎直接还田机、深翻机、旋耕机、施肥机、开沟机、平整机、田园管理机等小型机械，实现从除草至作畦的全程机械化，达到畦底宽1.5～1.7米、畦面宽1～1.2米，畦高0.3～0.35米，沟宽0.25～0.3米，整形、镇压使畦面微实、平整，以满足后期作业的需要。具有作业效率高、整地质量好、质量标准统一等优点。

（4）基质苗移栽：根据移栽的蔬菜品种，选用符合生产所需的移栽机械，如PF2R移栽机、PVHR2－E18蔬菜移栽机、2ZB－2移栽机等，根据品种不同可选用为2行、4行、6行移栽机械，调节行距和株距，移栽时应适当调节移栽机的速度，不宜过快或过慢。具有省时、省力、操作简单等优点。

（5）水肥一体化管理技术：利用水肥一体化技术将灌溉与施肥融为一体，是借助压力系统（或地形自然落差），将可溶性固体或液体肥料，按土壤养分含量和作物种类的需肥规律和特点，配兑成的肥液与灌溉水一起，通过可控管道系统供水、供肥，使水肥相融后，通过管道和滴头形成滴灌，均匀、定时、定量浸润蔬菜根系发育生长区域，使主要根系土壤始终保持疏松和适宜的含水量，同时根据不同的蔬菜品种的需肥特点，土壤环境和养分含量状况，作物不同生长期需水、需肥规律情况进行不同生育期的需求设计，把水分、养分定时定量，按比例直接提供给绿叶蔬菜。

（6）植保机械：在病虫害防治中，贯彻“预防为主、综合防治”的方针，全面推广应用绿色防控技术、科学合理使用化学农药，确保绿叶蔬菜的安全生产。在生产过程中使用“四诱（杀虫灯、性引诱剂、色诱和食诱）一网（防虫网）”绿色防控措施防治害虫。并在药剂防治病虫害中，根据规模化基地的特点，成立专业植物保护队伍，使用静雾式、无人机喷药、自走式喷杆喷雾机等现代喷雾机械的示范推广应用，实现了农药的减量、防效的提高等。

2. 效益分析

（1）经济效益分析：绿叶蔬菜全程绿色机械化生产的应用，可大大减少在绿叶蔬菜生产过程中的劳动力成本，同时通过机械化生产在化肥和农药的用量上，减少了用量和用药次数，节省了使用成本和人工成本。按照设施绿叶蔬菜生产，每亩可节省人工、化肥、农药成本500元以上，每亩可增加收入650元以上。

（2）生态、社会效益分析：绿叶蔬菜绿色机械化生产技术的示范应用，提高了绿叶蔬菜生产的水平，降低了用肥和用药成本，大大地减少了劳动力成本，可增加绿叶蔬菜在市场的竞争力，产品质量得到进一步提高，为崇明世界级生态岛建设提供强有力的技术保证，生态效益明显。

四、措施有力，推动稳步发展

1. 加强组织领导，建立工作小组 成立蔬菜机械化生产工作小组，统筹安排，整合资源，明确责任，及时解决机械化生产推进中遇到的问题，为蔬菜机械化生产提供组织保障。

2. 积极整合资源，加快水平提升 积极争取上海市农技和农机等技术部门支持，通过多学科、多领域、多行业密切配合，探索符合崇明蔬菜生产实际的高效机械。通过对以绿叶蔬菜为主的机械化生产展示、示范以及农机与农艺相互融合，构建崇明蔬菜机械化生产关键技术生产体系，实现降低劳动成本、提高生产效率、节约生产资源的目标。

3. 加大扶持力度，提高竞争实力 做好新品种、新技术的引进工作，加大对新型智能温室、大型蔬菜耕作机械、蔬菜特种机械等蔬菜机械的资金扶持力度，发展壮大崇明蔬菜生产能力，降低蔬菜生产成本，不断提升崇明蔬菜综合竞争实力。

（李珍珍）

第十章

江苏省绿色高质高效行动典型案例

建设上海蔬菜外延基地，助推蔬菜产业高质量发展

——睢宁县蔬菜绿色高质高效行动典型案例

睢宁县委县政府高度重视蔬菜产业发展，坚持以乡村振兴战略为总抓手，以深化农业供给侧结构性改革为引领，打造上海蔬菜外延基地，建成富民带动能力强、放心消费程度高的蔬菜产业强县。全县涌现出一批积极创新实践的典型，其中睢宁秋歌农业发展有限公司大力推进蔬菜绿色高质高效行动，加快了蔬菜产业提质增效，促进了农业增效、农民增收。

一、基本情况

睢宁县位于江苏省西北部，是国家生态示范县、全国科技进步县、省高效设施农业发展先进县。近年来围绕生态优先、绿色发展，突出产业特色和一二三产融合发展，加快农业产业结构调整，全县蔬菜复种面积达68万亩，总产量200万吨，总产值近80亿元。

睢宁秋歌农业发展有限公司蔬菜生产基地位于双沟镇，基地核心区生产规模6 000亩，种植品种以番茄、丝瓜、鲜食玉米等为主。基地建有蔬菜交易市场、保鲜库、加工生产线、质量检测站等设施设备。2016年成功创建部级园艺标准园，2017年成为上海市商务委挂牌的上海蔬菜外延基地。

二、行动亮点

秋歌公司紧紧围绕实施乡村振兴战略，突出绿色化、优质化、特色化、品牌化，调优生产布局，构建全产业链，生产优质安全蔬菜，绿色蔬菜占比达到80%。

1. 质量安全水平高 遵循绿色发展的内涵和要求，引导蔬菜生产由主要满足“量”的需求向更加注重“质”的需求转变，推进设施构型标准化，对老旧棚室进行改造，依标生产，严格质量管控，生产的蔬菜以质量信誉赢得市场。

2. 集约生产效率高 发展适度规模经营，推广轻简栽培，应用水肥一体化等智能化设施装备，加强农机与农艺融合，大幅度降低生产成本，提高了劳动效率。

3. 产业融合程度高 着力推进蔬菜产业与加工流通、电子商务、休闲体验等业态融合，引进鲜食玉米加工生产线2条，年加工鲜食玉米3 000吨，大部分通过网上销售，销售额达到1 000万元；在番茄、鲜食玉米等成熟季节，吸引大批市民、学生到基地采摘、体验、品尝，成为学生课外研学基地。

4. 农民收入大幅提高 推行“公司＋基地＋合作社＋农户”模式，成立睢宁县缘生源番茄种植专业合作社、睢宁县瓜呱缘丝瓜种植专业合作社，通过合作社把小农户与大市场有机连接起来，促进农民增收。

三、主要措施

1. 在蔬菜新品种推广上下功夫 公司依托江苏省农业科学院蔬菜研究所建立产业研究院，建设50亩蔬菜良种繁育基地，包括新品种展示中心和工厂化商品苗供应中心，示范推广蔬菜新优品种与种苗。

2. 在现代智能设施装备提升上下功夫 根据品种与茬口等需求，选择与之相适应的设施类型。为有效防治设施连作障碍，提高土地利用率，推广应用高标准装配式温室大棚。新材料应用上选用防雾流滴膜、PO涂覆膜等新型覆盖材料。全面应用“两网一灌”（防虫网、遮阳网、膜下滴灌），在耕作、田间管理等环节上推广机械应用，减少劳动力投入。

3. 在生态绿色生产技术集成推广上下功夫 大力推广省农技推广总站等总结的“轮（轮作换茬）、控（控病控盐）、改（改进设施方式、耕作方式）、替（设施专用品种替代普通品种、嫁接苗替代实生苗、有机肥替代化肥、基质替代土壤、达标膜替代超薄膜、生物农药替代部分化学农药、机器替代人工）、收（废旧农膜回收利用、蔬菜废弃物资源化利用）”蔬菜绿色高效生产模式，覆盖面90%，平均减肥减药35%，增产增效16%。

4. 在放心菜全程质量追溯上下功夫 全程落实质量安全管理制度，做到不符合标准的投入品不使用、不符合食品安全标准的不采收、检测不合格的产品不销售。对废旧农膜与农药包装废弃物及时回收，上交到镇回收中心。建设物联网，安装“二维码”追溯系统，和上海农产品中心批发市场进行对接，确保产品质量可追溯。

5. 在绿色蔬菜品牌建设上下功夫 充分利用农产品推介会、展销会以及“互联网＋”等平台，推介“双溪翠”品牌，在徐州七里沟农产品批发市场设立专柜直销公司产品，同时销往上海农产品中心批发市场、常州凌家塘等全国知名大型批发市场。

6. 在蔬菜产业的融合发展上下功夫 基地建有库容2 000吨的保鲜库一座、自动流水加工生产线2条，进行田头预冷、清洗、分拣分级、包装储藏等商品化处理，配有冷链物流运输车2辆，有效提高了产品的货架期和商品性，扩大了外销外运范围。拓展“农业＋”功能，推进蔬菜生产与网销、观光、科普、采摘、体验等融合，深度拓展产业链条，加速产业融合。

（张心宁、严军、刘敏、彭辉、张新亮、陈刚）

第十一章 浙江省绿色高质高效行动典型案例

坚持两山理念，共享绿色发展

——安吉白茶绿色高质高效行动典型案例

一、安吉白茶产业现状

安吉县域面积 1 886 千米^2，境内“七山一水二分田”，山地资源丰富，全年气候温和，是“绿水青山就是金山银山”理念的诞生地，中国美丽乡村的发源地和生态文明建设的先行地。

安吉白茶是安吉县自主培育的特色优势农业产业，从 1982 年在安吉县大溪村发现仅有的 1 株野生白茶古树至今，经过近 40 年的繁育推广，全县白叶 1 号品种规模种植面积达 17 万亩，产量 1 830 吨，产值 26.92 亿元，为全县农民人均增收 7 000 余元，在全国 264 个茶叶主产县的产业综合实力评估中排名第六。

二、安吉白茶产业绿色行动亮点

一是产业规模提升。2005 年至今，安吉白茶在 15 年的时间里，种植面积从 3.7 万亩增加到 17 万亩，增长了将近 3.6 倍；产量从 270 吨增加到 1 830 吨，增加了 5.8 倍；产值从 3 亿元增加到 26.92 亿元，提升了 8 倍。二是生产效率提高。全县安吉白茶标准化生产技术推广率达 95%以上，大力推进“机器换人”，建成符合安吉白茶生产特点的全自动生产流水线 40 条，省级标准化名茶厂 12 家。三是茶农收入增加。中国白茶第一村——溪龙乡黄杜村 90%的家庭都在从事白茶产业，20 世纪 90 年代全村人均纯收入不足千元，种植安吉白茶后 2003 年人均收入达到万元，时至今日，黄杜村的户均收入达到 30 万~50 万元。四是茶园生态优化。全面推进茶园生态化改造，山顶保留原始林木，山腰种隔离带和防风林，山脚保留原有植被，大力实施有机肥替代化肥，推广绿色防控技术，茶园小生态不断改善。

三、安吉白茶产业绿色发展举措

安吉白茶，从引种下山到大规模种植，从建立品牌到名扬四海，从习总书记“一片叶子富了一方百姓”，到捐献 1 500 万株白叶 1 号茶苗“先富带后富”，安吉白茶产业的蓬勃发展，其关键在于“两山”理念的指引下，安吉白茶产业始终坚持绿色发展，做到五个“一”：

一是有一个区域公用品牌，1997 年申报“安吉白茶”为地理标志证明商标，创新使用“母子”商标管理，母商标树立产业品牌形象，子商标明晰生产企业。2019 年安吉白茶通过了农业农村部“农产品地理标志”登记，标志着安吉白茶从产地、产品到品牌得到全方位、全领域、全覆盖的知识产权保护。安吉白茶品牌价值达 40.92 亿元，连续十年跻身全国茶叶类区域公共品牌价值十强。

二是有一套发展战略和扶持政策，安吉白茶立足原产地，坚持“做大一产、做优二产、做美三产”一二三产融合发展战略，先后出台《关于加快提升发展安吉白茶产业的实施意见》《安吉县加快提升发展白茶产业若干扶持政策的通知》《深入推进安吉白茶“双百行动”的实施意见》等全面涵盖茶园生态改造、品牌建设、市场营销、全产业链培育的综合扶持政策。

三是有一个专业技术服务团队，以科技兴农为着力点，安吉通过“个转企、小升规”不断提升安吉白茶企业规模，引导实施“公司＋基地＋农户”模式，以企业化的高标准来规范茶农生产，提高安吉白茶品质。在加强对茶企、茶农技术指导的同时，通过“院企”“校企”合作优势互补等形式，先后开展了“安吉白茶加工工艺研究”“安吉白茶鲜爽度提升”“安吉白茶限药减肥”等 20 余项课题的研究。

四是有一套质量监督体系，建立了一套“六合一”的质量追溯管理体系，并开发集金融功能的“安吉白茶金溯卡”，对全县 250 余家安吉白茶协会成员单位进行统一编码、统一印制防伪标识，实现了安吉白茶全程跟踪与溯源。同时全县域推进全国绿色食品原料标准化基地建设和精品绿色农产品基地建设，建立健全安吉白茶全程风险防控机制，全面推行农产品质量网格化监管，实现横向到边，纵向到底，不漏死角监管格局。

五是有一条完整的产业链，依托生态茶园的特色资源，融合采摘体验、文体休闲、旅游观光、影视拍摄等同步开发建设，建成白茶祖、茶博园等景区，吸引了《如意》《侠客行》等电视剧入园拍摄，引进了中国第一野奢精品度假酒店“帐篷客”落户溪龙白茶园区。“中国竹乡安吉白茶飘香二日游”被评为全省休闲农业与乡村旅游精品线路，实现了“茶园向景区”的转变。

安吉县，在深入践行“绿水青山就是金山银山”理念的指引下，大力发展茶产业，走出了一条壮大茶经济，丰富茶文化，打造茶旅游的特色发展路子，将不断为乡村振兴增添新动力。

（白艳）

第十二章

安徽省绿色高质高效行动典型案例

依托茶产业联合体，推进茶叶绿色高质高效

——黟县清野茶叶联合体

为推进2019年茶叶绿色高质高效行动，黟县积极依托3家省级示范茶业产业联合体：黟县清野茶叶联合体（2017年被评为省级示范联合体）、黟县黑茶产业联合体和黟县弋江源优质茶叶产业联合体（2018年被评为省级示范联合体），通过发挥联合体在产业发展中的联结和龙头作用，全力推进了2019年茶叶绿色高质高效行动。

一、基本情况

黟县清野茶厂是黟县祁门红茶生产加工和出口的龙头企业。成立于1997年，注册资金500万元，现坐落于黟县碧阳镇五东殿工业园区，经过十几年的努力，目前拥有固定资产2 000万余元，员工38人，管理技术人员7人，是专业从事茶叶种植、加工、销售，实行产业化经营模式和清洁化生产规范管理龙头企业，也是2019年茶叶绿色高质高效行动创建重要承担单位。

企业占地面积近14亩，拥有红茶精制车间、拼配车间、包装车间以及原料、成品仓库、评审室、质检中心，2014年引进清洁化红茶生产线，年加工量、销售近1 000吨、产值6 800多万元。企业主要生产“清野”牌系列红茶及其他名优产品，还有近年来开发了玫瑰红茶。企业拥有出口备案基地茶园6 000余亩，原以供货出口为主，在县农业和商务部门的支持和鼓励下，2018年6月开始自营出口，当年自营出口茶叶103吨、金额61.7美元，均价6美元1千克，2019年自营出口和供货出口顺畅，自营出口大幅增加。

为了做大做强企业、带动产业发展、细化社会分工和互利共赢，企业积极探索，确定走联合体之路，2015年由黟县清野茶厂发起，3个农民茶叶专业合作社、8个茶叶家庭农场、43家个体茶叶初制厂组建了黟县清野茶叶联合体，通过联合体的利益联结和分工协作，联合体取得长足发展，2017年被评为省级示范联合体。

二、行动亮点

1. 农业投入品进行有效管控　结合黄山市农资配送体系建立，黟县清野茶厂和联合体内的2家茶叶合作社加入配送体系，同时清野茶厂对联合体内其他主体采购的农药产品进行进一步要求并进行购药补贴和组建统防统治专业队伍进行病虫害统防统治，联合体联结的茶叶合作社、茶叶初制厂负责对茶农的监管，不收购使用非配送农药和安全间隔期不

足的鲜叶，保证了联合体内茶园基地产品的质量安全，并降低了病虫害的防治成本。合作社、茶叶初制厂产品价格同等下优先出售给企业，企业按约定及时兑现货款，同时企业对合作社、茶叶初制厂产品符合欧标的给予适当加价，对农残超标的清退出联合体，目前未发生超标事件。联合体全年采购安装诱虫色板近40万片、太阳能杀虫灯80盏，采购生物农药苦参碱8 000多瓶，茶树病虫害绿色防控得到大面积推广，茶叶质量安全水平提升。

2. 促进了夏秋茶资源的开发利用 黟县清野茶厂是祁门红茶精制加工出口企业，联合体鼓励茶叶合作社、茶叶初制厂使用茶园高档鲜叶原料生产名优茶自行内销和企业部分订单收购，出口大宗茶的鲜叶主要是春茶尾和夏秋茶，通过联合体茶叶初制厂的作用，生产红毛茶，企业敞开收购，同时大力推广茶叶机采，降低采茶成本，全年实现机采近万亩，生产红毛茶近千吨，增加了茶农和初制厂的收入。

3. 推进茶园有机肥替代化肥 由于茶园长期大量使用化肥，造成茶园土壤有机质下降和酸化、板结，茶叶品质下降，2017年企业选择联合体1家茶叶专业合作社的茶园进行有机肥替代化肥试验示范，通过试验示范取得显著成效，为茶园有机肥替代化肥在联合体内推广奠定了基础。

三、主要措施

1. 加强组织领导 结合黟县大力“五黑”特色产业发展，把茶产业发展作为黟县“五黑”特色产业重要部分，同时为推进黟县茶叶绿色高质高效行动，成立由县长为组织、分管副县长为副组长的领导组，落实行动实施方案。

2. 加强技术支持 结合黟县“五黑”特色产业，县政府与安徽省农业科学院签署战略合作协议，安徽省农业科学院组织专家团队在黟县技术支撑，这包括了茶叶研究所，为黟县茶叶绿色高质高效行动提供了强有力的技术支持；同时市农业农村局茶业办专家也多次深入现场开展技术服务。

3. 加大资金扶持 县政府从2014年开始出台茶产业扶持政策，安排专项资金扶持茶产业，每年根据茶产业发展的需求安排300万～100万元不等的专项资金，到2018年总计安排了600多万元，2019年出台“五黑”扶持政策，其中安排茶产业80万元。同时财政预算每年安排40万元的会展专项，主要用于以茶叶为主的各项会展活动。

4. 积极培育茶叶联合体 在省级农业产业化龙头企业晋升难度大的背景下，积极培育产业联合体，通过龙头企业联结茶叶专业合作社、家庭农场、茶叶初制厂等新型经营主体，完善利益联结机制，合理分工协作，促进了产业发展，并培育了3家省级示范联合体。

（黟县农业农村局）

第十三章 福建省绿色高质高效行动典型案例

安溪县茶叶上好绿色高质高效底色
——以举源茶叶合作社管理模式为例

近年来，安溪全县61万亩茶园，在举源茶园管理模式的示范带动下，推进全县茶园从茶山大生态—茶园微生态—绿色技术集成等层面立体推进，建成绿色高质高效茶园35万亩，推动了安溪茶农树立种好茶、管好茶的思维从茶杯延伸至茶园，推动了从政府到民间对茶园高效管理的高度重视，转变茶产业的发展理念。

一、行动亮点

举源合作社茶园位于福建省安溪县龙涓乡举源村布岩山，海拔750～850米，茶园土壤以红壤和红黄壤为主，茶园实际面积600亩，山地面积1 800亩。为改进之前掠夺性、不合理的生产管理方式，仅重视改善茶园生态系统栖息环境为主，却忽视了茶树本身的培育潜能，不仅产生了农资投入、人工成本高，经济效益逐步下降，与可持续经营管理茶园和增收冲突的局面。举源由此思考出发，通过强化实施绿色高质高效栽培管理行动，茶叶平均售价提高30%以上，呈现了全域茶山生态景观底色好，肥料农药施用大减少，茶青质量茶叶品质更好，生态与经济效益超前好。

二、技术模式

主要通过创新性地实施茶园退茶种林、茶树疏植留养、园地留草割草、行间套种绿肥、季节轮采轮休等技术集成，优化茶树空间管理模式，其技术措施如下：

1. 茶园退茶种林　改变原来漫山遍野纯茶园的“秃头茶山”和哇面、梯壁裸露，物种单一的情形。对部分高坡度茶园和山头顶部茶园，采取退茶种林，山腰和路边建设林带，山脚建设道路，田边、水边植树绿化。即在茶山顶部套种涵养林5～10亩；在茶山顶部顺着坡面横向水平，每隔30～50米退茶2～3米宽的园地，种植防护林；在纵向山脊或道路边退茶1米宽园地，种植景观林，打造茶园周边有林，路边沟边有树，茶林相间，远看是山、近看是茶园的生态风貌。

2. 茶树疏植留养　安溪许多在2000年后开发的茶园，茶树种植方式基本是矮化密植茶园，茶树株距30厘米左右，行距100～120厘米，高度30～40厘米，导致茶树未老就衰弱，抗逆性差，病虫害容易发生，每年需要多次喷施农药防治病虫害，举源茶园也是如此。2012年，举源率先试验对茶园和茶树进行手术，根据情况分类实施：一种是疏株疏行，培育独株大树茶，将原来密植的茶树，先隔一行挖掉一行、后再隔一株挖掉一株，挖除70%～75%的茶树，使株行距扩大至250厘米左右，株距80厘米左右，留高茶树至80～120厘米；另一种是采取疏行，即隔一行挖掉一行，行距扩大至250厘米左右，株距30～40厘米，留高茶树至70～80厘米。这样，茶丛间隔增加，茶树通风透气，光合作用好，疏植留养2年后，茶树枝条变得更加健壮、树冠变宽、芽叶肥厚，芽梢百芽重比密植茶园高30%～40%，茶叶品质大幅提升，茶树抗逆性增强，病虫害发生量大减少。

3. 茶树草本共生 茶树稀植留养后，茶行间空间大，茶园中的蓼草、马塘等优质杂草自然生长，在采茶前或杂草子上花下荚前，将杂草割除覆埋，全面禁止使用除草剂除草。这种留草养草管理方式，使茶园生物多样性增加，益虫种类和数量增加，土壤的蚯蚓越来越多，土壤松软，每年仅需在冬季翻耕1次茶园，每年可降低锄草劳动力成本约400元/亩。

4. 套种绿肥覆盖 茶园中每亩套种2.5千克大豆或花生等豆科作物，或每亩套种2千克油菜花。在豆科作物和油菜花初夹期割除覆盖作绿肥。一年套种两次绿肥，两年后土壤有机质提高20%以上，碱解氮、速效钾含量提高15%以上，土壤pH由原来3.9～4.2提高至4.8～5.5，土壤肥力明显增加，茶叶品质滋味更浓厚、香气更馥郁，观音韵更丰满，商品肥料施用量减少50%以上。

5. 改变施肥次数 改变传统每年每季都要施用追肥的方式，仅在春茶或秋茶施用1～2次追肥，并在秋茶采摘后1个月内，结合深翻土壤，施用有机肥，采用“有机肥＋配方肥”“有机肥＋深施”模式，提升土壤活性，减量肥料又增效。这种施肥方法示范辐射全县实施后，对全县茶园土壤取样500个检测，有机质平均含量比增30%，土壤有机质含量优良级别比例达90%以上。

6. 茶园轮采轮休 改变原来一年采制春、夏、暑、秋四季茶的习惯，对茶树高度在70～120厘米的茶园，采取一年采制春、秋两季茶，夏、暑茶留养不采，然后在处暑后10天内和翌年立春前10天内各进行轻修剪。对原来矮化树高未达到70厘米的茶园，一年只采春季茶或秋季茶，采春茶的在春茶采制后10天内进行深修剪，采秋茶的在次年立春前10天内进行一次轻修剪。采取这种轮采轮休的管理方式，让茶树有休养恢复过程，调节生长规律，这样，茶树发芽密度虽然减少，但可促进茶树根系发达，枝条更健壮，芽梢更肥壮，基本没有鸡爪枝和对夹叶出现，百芽重提高30%～40%，茶叶品质提升，毛茶平均售价每千克提高40元左右。每年采摘春秋两季茶，虽然年总产量会减少35%～40%，但可节省生产和加工成本，并且提升了茶叶质量，年纯收入不会减少甚至会增收。

（杨文俪、刘异平）

第十四章 江西省绿色高质高效行动典型案例

品牌引领绿色发展，产业助推脱贫攻坚

——江西省遂川县茶叶绿色高质高效行动典型案例

一、基本情况

遂川县是中国名茶之乡、全国重点产茶县、中国茶业百强县、中国茶产业示范县，也是狗牯脑茶的原产地。2019年，全县茶园面积28.2万亩，年产量8 700吨，“狗牯脑”品牌价值达22.22亿元，“狗牯脑茶”被江西省农业农村厅评为全省首批农产品地理标志保护发展产品和江西农产品“十大区域公用品牌”。自2018年开展茶叶绿色高质高效创建，遂川县集成推广一批高质高效、资源节约、生态环保的标准化绿色高效技术模式，集中打造一批茶叶绿色高质高效订单生产基地，为茶产业高质量发展和全县脱贫攻坚提供了强劲动力。

二、行动亮点

1. 建设了一批绿色高质高效茶叶生产示范基地 以狗牯脑茶主产区汤湖、高坪、左安等乡镇为核心示范区，建设绿色高质高效茶叶生产示范基地6个，建设面积3 000亩；辐射推广戴家埔乡等区域茶园达50 000亩以上。示范基地严格按标准要求种植、管理，建设安装了频振式太阳能杀虫灯、粘虫黄板等绿色防控设施，推广使用生物农药，套种林木，硬化茶园游步道等。

2. 形成了一套技术规程 结合开展了标准化示范区的体系构建，共收集、修订118项国家标准、行业标准、地方标准和企业标准，包括《狗牯脑茶树良种繁育技术规程》《狗牯脑有机茶生产技术规程》等，有力指导狗牯脑茶产业关键领域的生产实践。

3. 开展“遂川狗牯脑茶”农产品地理标志登记 2018年11月启动“遂川狗牯脑茶”农产品地理标志登记工作，现已完成前期准备工作，目前正上报国家农业农村部审查，有望获批国家“遂川狗牯脑茶”农产品地理标志登记认证。

4. 提升了生产经济效益 通过开展茶树良种繁育与推广、有机肥替代化肥等绿色栽培技术模式推广应用示范、茶园机械化管理及其配套栽培技术，病虫草害绿色防控技术应用示范，创建区化肥使用量较2017年减少了20%，化学农药使用量较上年减少了10%，示范点机械化修剪达80%，全年每亩平均产量较非创建区高5%以上，基地茶园节本增效10%以上，实现了茶园提质增效的目的。

5. 成功打造了一批生态观光茶园 大力建设了一批生态观光茶园，包括汤湖镇玗山村瑶埂茶园、汤湖村石角湾茶园等一批生态观光茶园，通过茶树品种换植、茶园改造提升、套种桂花树、安装太阳能杀虫灯、粘虫板、修建茶园小道，完善茶文化设施等措施，既改造提升了茶园生产能力，又成为茶乡观光旅游景点，成为全县茶旅融合模式的一个样板。

三、主要措施

1. 实施一系列发展战略和扶持政策 遂川县先后出台《遂川县狗牯脑茶产业发展奖补办法》《遂川县脱贫攻坚产业扶贫工程实施方案》《遂川县建档立卡贫困户发展产业奖补办法》等一系列政策文件，县财政每年投入 3 000 万元建立“狗牯脑茶产业发展基金”。其中 1 000 万元用于茶叶基地建设奖补，1 000 万元用于市场营销、品牌宣传奖补，1 000 万元用于加工企业设备升级、投资创新等奖补。针对不同类型的贫困户，因户施策落实帮扶措施，让贫困户获得稳定收益，实现脱贫增收。

2. 大力推进“全过程”服务体系建设 一是与江西省蚕茶研究所、湖南农业大学等建立了长期战略合作关系，开展全方位指导服务。二是选派专业技术骨干，实行分组包片负责制，深入到田间地头实地指导，累计完成技术培训 1 000 人次。三是在核心区开设遂川县茶叶技术咨询服务中心和专业技术服务队，通过市场化运作方式，为茶农和企业提供茶园采摘用工、茶园管理等茶叶生产全程社会化专业技术服务。

3. 建立一整套质量监督体系 制定了《狗牯脑茶包装管理办法》，逐步推进狗牯脑茶包装标志标识使用规范化。进一步推广使用狗牯脑茶二维码防伪溯源标贴，各狗牯脑品牌共享企业在其销售的狗牯脑茶产品外包装上加贴该防伪标贴，对狗牯脑茶产品进行“实名认证”，努力做到“一品一标”，实现产品质量全程可追溯。

4. 开展一系列品牌营销活动 一是聘请著名表演艺术家唐国强出任形象代言人和遂川县扶贫形象大使，大力投放广告。二是坚持定期或不定期举办手工制茶大赛、全民饮茶日活动、高峰论坛、品茗会、推介会等茶事活动，提升狗牯脑茶知名度。三是积极组织茶企参加各地茶叶评比活动和在上海、杭州、南昌、北京、广州等大型茶博会。四是创建村级邮乐购，开展电子商务，把村淘服务站开进村尤其是贫困村，引导茶农积极拓展茶叶销售渠道，增加收入。

通过认真开展茶叶绿色高质高效行动，遂川县狗牯脑茶迅速发展，为全省茶产业绿色布局、绿色建园、绿色生产、绿色加工、绿色支撑、绿色品牌创建和产业脱贫攻坚提供了有力借鉴。

（张成才）

第十五章

山东省绿色高质高效行动典型案例

整体推广绿色生产模式，助推日照绿茶高质量发展

日照市是山东省茶叶主产区和我国纬度最高的优质绿茶生产基地，与韩国宝城、日本静冈并称为“世界三大海岸绿茶城市”。2017年以来，日照市相继出台各项茶产业扶持政策，在全市茶园整体推广茶叶绿色生产模式，有力地推动了茶产业高质量发展。

一、基本情况

日照市茶园总面积28万亩，年产干毛茶1.62万吨，总产值28.8亿元，涉及38个乡镇、760个村，茶叶从业人员30余万人，茶产业成为当地重要的高效特色产业。为推动日照市茶产业高质量发展，在农业农村部、山东省农业农村厅的指导下，日照市自2017年开始，在全市茶园整体推广茶叶绿色生产模式，取得了良好效果。

这种模式主要包括：茶园环境优化技术、绿色高效施肥技术、病虫害绿色防控技术、茶叶高效低碳清洁化加工技术以及移动互联技术等5大关键技术。

1. 基本原则 遵循生态化原则，以茶为主，农、林、牧、渔协调发展。①以植树造林为重点，加强茶园生态建设。②运用综合优化调控技术，大力推广绿色生产技术，减少化学农药和肥料的使用。③大力推广园林化、水利化、良种化、机械化栽培。

2. 制定标准 先后发布实施了《地理标志产品 日照绿茶》《日照绿茶 幼龄茶园无公害生产技术规程》《日照绿茶 投产茶园无公害生产技术规程》及《日照绿茶 有机茶园生产技术规程》等多项标准，建成省级标准茶园示范基地35处、市级标准化生产基地45处，有效期内茶叶“三品一标”认证总数达到82个。

3. 科技支撑 日照市茶叶科学研究所被科技部评为“山东省（茶叶）科技成果转化中心”，被农业农村部列为“国家茶叶产业技术体系日照综合试验站”，被山东省科技厅批准为“山东省茶业工程技术研究中心”，成为山东省茶业技术龙头。日照市政府与中国农业科学院茶叶研究所签订战略合作协议，共建“中国农业科学院茶叶研究所北方茶叶研究中心”。将陈宗懋院士作为高层次智力人才引入日照市，设立“山东省院士工作站”，以技术服务、技术研发、人才培养、技术咨询等方面开展全方位合作交流。同时，积极承办全国茶叶绿色生产模式及配套技术培训班等一系列高层次培训活动，进一步提升科技水平。

二、行动亮点

通过推广茶叶绿色生产模式，茶园年用药次数减少了2～3次，每亩节约农药及人工

投入200元左右，部分茶企和合作社达到了化学农药零施用，减少了化学农药施用对环境的污染，茶园中天敌数量平均增加60%～70%，极大地改善了茶园生态环境。在有关部门的例行监督检测中，样品抽检合格率均达到100%，全市茶叶质量安全水平进一步提高，经济、社会和生态效益显著。

三、主要措施

1. 政府出台政策，加大资金扶持 市委、市政府先后出台了《日照市茶产业发展扶持政策试行办法》《关于做大做强茶产业的实施方案》等，3年来市县两级财政共安排1.5亿元用于茶产业高质高效发展，其中茶园绿色防控投入9 000余万元，用于购买茶园绿色防控高效低毒脂溶性农药、生物药和粘虫板等，免费发放到茶叶龙头企业及茶叶种植户，全市实现茶园绿色防控全覆盖。

2. 统一采购发放，保障应用效果 绿色防控物品由市财政统一招标、采购，市农业农村局负责接收、发放和指导使用。3年来，共发放粘虫板1 658.64万张并全部应用到茶园中，采购藜芦碱3 028.80万毫升，苦参碱2 625.63万毫升，茚虫威1 427.56万毫升，联苯菊酯2 751.42万毫升，石硫合剂1 095.36万克，矿物油2 757.52万毫升，并在茶园中广泛施用，全市38处镇（街道）28万亩茶园实现了绿色防控全覆盖，茶园绿色防控成效显著，社会满意度高。

3. 坚持科技引领，强化试验示范 加强与中国农业科学院茶叶研究所、中国茶叶学会、院士团队等科研机构的合作，大力开展茶叶科研攻关，加强试验示范研究。日照市政府与中国农业科学院茶叶研究所签订了战略合作协议，共建“中国农业科学院茶叶研究所北方茶叶研究中心”，并成立了陈宗懋院士专家工作站，在岚山区巨峰镇打造陈宗懋院士绿色防控核心技术试验示范园、绿色生态茶园示范园、茶树特色品种示范园“三个千亩示范片区”，先后安排50盏天敌友好型杀虫灯，2.7万张天敌友好型色板，1 000台（套）绿盲蝽诱捕器及性诱剂等院士团队核心技术产品在核心示范区进行试验示范。

4. 强化宣传培训，提升安全意识 市、区县农业、茶叶部门不定期组织开展由茶叶加工企业、茶叶种植大户、茶叶经销户等相关人员参加的培训会议，印发茶园绿色防控技术手册及明白纸40 000余份，并利用广播、电视、报刊、网络等媒体宣传茶叶绿色防控知识。加大市政府《关于禁止销售使用高毒农药的通告》宣传力度，在全市所有乡镇驻地、村庄、农资经销店、重点产茶区域全部张贴。

（李玉胜、丁德恩、郭常青）

第十六章

河南省绿色高质高效行动典型案例

打造全方位链条，为蔬菜产业保驾护航

内黄县位于河南省北部，冀、鲁、豫三省交界处，地处黄河故道，因黄河而得名。全县总人口81万人，其中农业人口64万人，总面积1 161千米^2，耕地面积108万亩。内黄县属暖温带大陆性季风气候，年平均气温13.5℃，光辐射量486.4千焦/米^2，全年无霜期208天，年降水量574.9毫米，年日照时数2 740.7小时。主要农产品有小麦、玉米、尖椒、花生、蔬菜、水果等。

一、蔬菜产业发展基本情况

截至2018年底，全县蔬菜总面积达到33.8万亩（不包含尖椒），总产量259万吨，总产值40亿元；其中，温棚设施总面积达到20.7万亩，总产量193万吨，总产值34.7亿元。蔬菜已成为内黄县支柱产业，先后取得了“中国蔬菜之乡”“中国尖椒之乡”“全国设施蔬菜重点区域基地县”“中国果菜标准化建设十强县”等荣誉称号。

二、取得的主要成效

1. 大力调整种植结构，蔬菜规模效应初步显现　内黄县从20世纪90年代初开始调整种植结构，2015年引进占地500亩、总投资5亿元的基祥农业科技博览园项目，采用“基祥农业＋合作社＋基地＋农户”的发展模式，向农户提供“规划、设计、建设、育苗、管理、销售”一条龙服务，使种植形式向基地、园区的规模种植转型，推动农业结构调整。目前，全县已基本形成了6大瓜菜生产基地：亳城乡、东庄镇5.3万亩早春＋秋延大棚番茄生产基地，马上乡、张龙乡3.6万亩早春大棚甜瓜＋秋延菜椒生产基地，高堤乡2.5万亩早春大棚菜椒西瓜＋秋延辣椒生产基地，梁庄镇1.7万亩温室黄瓜套种苦瓜生产基地，井店镇1.8万亩早春大棚黄瓜＋越冬蒜苗生产基地，城关镇、中召乡2.2万亩早春小弓棚西瓜＋夏秋露地菜生产基地。全县有5处被国家评定为高标准蔬菜园区，示范带动效果明显。

2. 不断改良技术和引进品种，产出效益大幅度提高　内黄县先后与省内外多家科研单位和知名公司协作，陆续引进了400多个蔬菜新品种，并成功筛选出20多个品种在全县大面积推广，引进推广新技术10余项，大大提升了蔬菜的经济效益。从2018年开始在设施蔬菜中推广应用水肥一体化设备，大大减少了农药化肥投入量，提高了蔬菜产品质量，增加每亩经济效益。

3. 大力推动安全依标生产，蔬菜品质进一步提升 内黄县以河南省蔬菜质量检测中心为依托，构建了农产品质量实时检测信息系统。同时在各大生产基地、园区建立了产品追溯系统。全县已获得35处蔬菜无公害产地认定和29个蔬菜产品认证，创建并拥有了“东发”牌西瓜；“甜美丰”牌甜瓜；“广发”牌黄瓜等多个蔬菜品牌，大大提升了蔬菜产品的影响力。

4. 积极开拓国内外市场，蔬菜流通渠道不断完善 近年来，内黄县建成并投入运营的果蔬城占地1 500亩，年交易额可达100亿元。并建有三大系统：理货仓储、冷链速冻和物流配送系统；信息发布、电子交易和安全可追溯系统；品牌研发、示范推广和会展交流系统。通过果蔬城龙头企业的带动和“公司＋市场＋合作社＋农户”的产业模式，让“内黄菜，放心吃”的品牌逐步走向全国。近两年，内黄县依托电商产业园，正在拓展电商渠道，通过线上交易将内黄县蔬菜产品销售至全国各地。

5. 积极推动育苗新兴产业，产业链条不断延伸 目前，全县有集约化育苗工厂35处，总占地面积1 200余亩，其中占地50亩以上的育苗工厂11处，全年总育苗量可达4亿株以上，逐渐由农户育苗向集约化工厂育苗转型。全县普遍采用的是最先进的无土基质育苗和嫁接技术，并使用优质砧木育，提高种苗的抗逆性和成活率，种苗销售至濮阳、安阳、河北、山东等地。

目前，内黄县正在构筑以基祥农业科技博览园为依托的技术推广平台、以果蔬城为依托的果蔬交易平台、农产品质量安全监测平台、电商服务平台和“一乡一品”六大蔬菜基地的“四平台一基地”模式，正在引领着蔬菜产业逐渐从传统、分散种植到科技、规模种植，田间地头到大市场、线下到线上交易的整体转变。

三、主要工作措施

1. 加强领导，保障措施得力 内黄县委、县政府高度重视蔬菜产业发展，把蔬菜生产列入议事日程，加强对蔬菜产业的领导，精心组织，适时研究和解决蔬菜产业发展中遇到的困难和问题。蔬菜主管部门发挥职能作用，相关部门通力协作，形成合力齐抓共管，确保蔬菜生产持续健康发展。2015年以来连续出台设施蔬菜奖补政策，进一步推动全县设施蔬菜发展。

2. 广泛宣传，深入带动 通过采取召开现场会、印发宣传资料、举办技术培训班等多种形式，大力宣传发展高效农业的现实意义，使广大农民群众充分认识到高效农业是目前农民脱贫致富奔小康的重要途径，充分调动了农民群众发展现代农业的积极性。

3. 加大服务力度，做大、做强内黄县蔬菜产业 2018年，进一步加强县、乡、村三级蔬菜技术推广网络建设，对乡、村两级技术人员实行动态管理，对全县蔬菜技术员实行定期考核，对不称职技术员及时淘汰，使技术员队伍充满活力，能够充分发挥技术指导服务作用，为内黄县瓜菜产业健康发展奠定了基础。

（侯莉）

第十七章

湖北省绿色高质高效行动典型案例

创新发展模式，推动产业高质量发展

——云梦县四季长青蔬菜专业种植合作社高质量发展典型案例

一、基本情况

四季长青蔬菜种植合作社位于云梦县隔蒲潭镇陈刘村。该村交通便利，地势平坦，土壤肥沃，具有20多年的种菜历史，合作社成立于2013年4月，是一个按照“民办、民管、民受益”的原则，由刘四田、陈长军、刘望清等三名党员，刘壮等200名社员成立的集蔬菜种植、销售为一体的民间农村经济合作组织，合作社基地面积800亩。采取“党支部＋合作社＋农户”模式，成立了党支部，目前合作社有党员4人，积极构建集约化、组织化、专业化、规模化、社会化相结合的新型农业经营体系，提高了基地示范带动作用。合作社生产基地是云梦县部级蔬菜绿色高质高效项目核心示范基地、云梦县绿色食品蔬菜标准化生产核心示范基地，基层农技推广科普示范基地，也是湖北省现代农业产业体系蔬菜“减肥减药提质增效”示范基地。2018年，合作社以实施蔬菜绿色高质高效创建项目为契机，集成技术，完善制度，强化管理，创建品牌，在全县蔬菜产业发展中发挥了典型示范带头作用。

二、行动亮点

以部级蔬菜绿色高质高效创建为契机，通过测土配方施肥、增施有机肥、生石灰调节酸碱度等措施，达到减少化肥使用量10%左右。水肥一体化的应用，提高肥料利用率5%以上；通过信息化平台建设，强化质量监管，保证从田头到餐桌的食品安全，为消费者提供满意农产品；建成了一个长20米、宽8米、高2.2米约352米^{3}的废弃物回收池，全面清理项目核心区、示范区8 000亩田间废弃物，通过生物菌无害化发酵，形成有机肥还田，改善了田间生态环境。

2018年，合作社取得了西兰花、南瓜等9个蔬菜产品绿色蔬菜证书；获得孝感市示范合作社称号；在亚非种业举办的全国“亚非杯”西兰花良种良法大赛中获第二名；在湖北米阳网络公司开展的蔬菜种植合作社民间网络评选中获“金牌蔬菜专业种植合作社”冠军。

绿色高质高效行动助推合作社快速、健康成长，至目前社员规模扩展到185户，实现每亩平均收入近万元，产值700多万元，并辐射带动1 000多农户实施蔬菜标准化生产。

三、主要措施

1. 提高肥料利用率 示范区主要采取增施有机肥（每亩施40千克微生物肥加80～200千克有机肥作底肥），100%应用测土配方施肥及每亩用100千克左右生石灰调节酸碱度等措施，达到减少化肥使用量10%左右，同时通过水肥一体化的应用，提高肥料利用率5%以上。

2. 减少农药投入 一是开展品比试验筛选抗病品种、育苗基质中加功能微生物机质等措施培育壮苗，提高抗性；二是改过去“宽厢平畦”为“窄厢深畦”改善田间通风提高抗病能力，预防病害；三是整合项目安装太阳能杀虫灯30盏、性诱捕器700个、黄板15 000张、生物导弹5 000枚，进行病虫综合防治害虫。通过上述措施，减少施药1～2次，每亩节约成本60余元。

3. 提高产品质量安全 大力推广使用Bt、阿维菌素、苦参碱等生物源和植物源高效低毒低残留农药防治病虫害，严格按照农药安全间隔期采收，县农产品质量检测中心定期不定期开展农残检测检，产品合格率99%以上。

4. 积极组织培训 聘请湖北省市农业科学院、华中农业大学及省市业务主管部门蔬菜专家进行专门技术培训，培训农民100多人次，印发《蔬菜绿色高质高效栽培技术》《无公害蔬菜高效栽培与病虫害绿色防控》等技术资料500多份；组织合作社参加武汉种博会，举办“垄上行”及其他观摩会5次，提高了合作社成员素质。

5. 加强品牌培育 合作社示范带动周边1 000多农户、10 000多亩蔬菜实施标准化生产。合作社在2017年2月获得了国家工商行政管理总局下发的商标“田云香”商标，2018年10月由中国绿色食品发展中心下发了9个蔬菜品种的绿色食品证书，“田云香”牌西兰花、南瓜、苦瓜等畅销武汉、河南、南京、杭州等地，社会效益明显。

6. 抓好社会化服务 结合蔬菜绿色高质高效创建实施，合作社开展了测土配方施肥，土壤翻耕深松、病虫害统防统治及废弃物回收利用等社会化服务，土地翻耕深松面积1 000多亩，病虫害统防统治3次，飞防面积1 000多亩，测土配方，水肥一体化灌溉800亩，蔬菜废弃物回收面积1 002.5亩，取得较好的经济效益、生态效益和社会效益。

7. 推进农技农艺融合 积极推行轻简化栽培技术应用，结合项目实施，购置新型农机4台套，为云梦县蔬菜提供农机服务，提高了蔬菜机械化作业水平。

8. 发展特色种植 结合项目建设和产业扶贫工作，以四季长青合作社为载体，辐射红新果蔬等产业扶贫点发展特色蔬菜种植及休闲观光业融合，促进一二三产业融合发展，带动农民增收300元左右。

（李荃玲、田石忠、张凤英）

第十八章

湖南省绿色高质高效行动典型案例

立足绿色、精细、高效，推进蔬菜产业可持续发展

一、基本情况

汉寿县龙阳镇华诚蔬菜专业合作社于2008年4月在辰阳街道办事处仓儿总社区挂牌成立，注册资金1 140万元，现有社员1 178户，蔬菜种植基地1.08万亩。合作社主要生产菜心、芥蓝、藕、松花菜、辣椒等蔬菜，注册了“龙阳华诚”商标，“汉寿玉臂藕”成了地标产品，申领了粤港澳大湾区“菜篮子”生产基地认定。年销售各类时鲜蔬菜8万吨以上，实现销售收入约1.5亿元，每年出口粤港澳地区产品达3 000吨，销售额达200多万美金。合作社是国家农业农村部蔬菜标准园、国家级星创天地、湖南省现代农业特色产业园省级示范园、常德市农业产业化龙头企业。

二、主要成效

1. 多措并举，提升品质 合作社建立了产地准出制度，重点推进绿色蔬菜生产产地和产品认定、认证工作，制定生产技术规程，推行标准化生产。2019年，合作社新增绿色蔬菜产地认证面积1 600亩，4个产品获得了绿色食品认证。对生产投入品进行登记使用，建立基地监测、信息采集、录入、传输系统，创建蔬菜溯源网站+手机APP，实施蔬菜生产全过程多方位实时监控。确保蔬菜产品质量安全可防、可控、可追溯，保障了“舌尖上的绿色与安全”。

2. 示范带动，社员增收 近几年来，合作社示范推广了穴盘基质育苗、无土栽培、病虫害绿色防控等技术20余项，“早春辣椒的假植方法”“芥蓝无土栽培方法”2项科研成果申请了国家专利。目前，合作社已成为汉寿县最重要的科普教育基地、新型职业农民田间培训基地，每年培训人次达1 000人次以上。2018年，根据市场形势，合作社引导菜农减少白菜、甘蓝种植面积，增加松花菜1 500多亩，增加产值300多万元。开展蔬菜分级、包装、保鲜加工，提高蔬菜品质，蔬菜价格较普通农民销售价格高0.2～1.0元/千克；开展“线上线下”电商服务、直销及农校、农超对接等销售新模式，进一步提高蔬菜的销售量和销售价格。通过这些措施，使社员每亩增加产值近500元左右。

3. “两减一增”，优化环境 一是在露地菜薹、辣椒、菜心等蔬菜上大面积推广“两减一增”技术；二是配套运用农业的、物理的防治技术防治虫害。合作社安装杀虫灯50盏，每年推广害虫性诱剂1万个、粘虫板2.5万张、生物农药2.0万瓶（包）、有机肥

500 吨，每年减少化学农药使用量达 4 万包、化肥 100 吨。通过“两减一增”技术推广，以获得最佳的经济、社会和生态效益。

三、主要措施

1. 加大投入，完善基地设施 合作社新建了 15 亩育苗连体钢架大棚、200 亩钢架单体大棚、1 500 多亩喷灌设施基地；配套建设了水肥一体化智能系统、质量安全溯源系统；修建科研办公楼、有机肥料加工车间、分拣包装车间、冷藏保鲜库；添置机械装备 30 余台；完善了园区水、电、路等基础设施条件。目前，合作社已发展成了汉寿县极具代表性的设施农业形象展示园。

2. 技术引领，强化科技推广 合作社大力开展院企共建，经常性邀请相关专家临田指导、现场咨询与培训；聘请了湖南农业大学刘明月教授、湖南省蔬菜研究所袁祖华副所长及岳麓山国家大学科技园创业服务中心胡伟等 5 人组成了创业导师团队，形成了专家指导、技术服务、产学研结合的一体化模式。

3. 创新引领，三产撬动致富 合作社积极探索“五新”技术的研发、集成与推广，助推种植水平优化升级。与步步高连锁有限公司等 18 个网点建立了长期稳固的鲜菜供应关系；开展了蔬菜直销、配送、电商服务等销售新模式；利用毗邻县城的优势，合作社坚持把产业发展与新农村建设、美丽乡村建设同步推进，实现农文、农旅、农体相结合，全力打造科普农业、观光农业、创意农业，进一步延伸产业链条，丰富产业内涵，促进了一二三产业良性互动、融合发展。

4. 依托市场，加强品牌创建 合作社注册了“龙阳华诚”商标，根据市场需求生产高品质的蔬菜，实现蔬菜生产组织化、销售品牌化，引导社员进行专业化生产，为品牌建设打下坚实基础。同时，合作社利用“中国·汉寿蔬菜文化节”“中国品质·常德品牌”等活动宣传“龙阳华诚”蔬菜品牌。

5. 振兴乡村，助力产业扶贫 合作社按照县委、县政府提出的“政府引导、企业主导、精准扶贫”的产业扶贫政策，进一步自加压力，树立“主体责任”意识。把自身的发展与产业扶贫结合起来，把蔬菜作为产业扶贫的主战场，采取“教”“带”“帮”措施带动贫困户调整产业结构，科学发展蔬菜产业，全面提升“抱团效应”。2019 年，华诚蔬菜合作社在洲口镇小河村帮扶 83 户贫困户建立 20 亩高标准蔬菜大棚，每亩获纯收入 20 000元。

（黄庆）

第十九章 广东省绿色高质高效行动典型案例

绿色高质高效行动，引领特色荔枝产业转型升级

茂名市是全国水果第一市，荔枝产业在全市农业和农村经济中具有举足轻重的地位，是当地农民增收的支柱产业。近年来，茂名市以问题为导向，大胆探索，紧紧围绕供给侧结构性改革的主线，通过实施品种改良、果园基础设施改造、创新销售渠道、推进产业融合等措施，大力提高质量和效益，引领产业转型升级，推进荔枝产业绿色高质高效的发展，取得良好成效，荔枝成了农民致富的摇钱树。

一、以品种结构优化促产业优质高效发展

通过选育和引进优质荔枝新品种，引导果农开展品种结构的调整，改变了品种结构不合理、品种老化等发展问题。采取“压缩中间、拉长两端”的策略，制定品种结构调整目标，推行高位嫁接换种和回缩间伐技术，将面积过大的中熟品种黑叶和白腊，改造为早熟妃子笑和迟熟优质品种桂味，达到既优化荔枝产期结构，减轻销售压力，又提高优质果品比例，丰富品种结构。

目前，全市已建成荔枝品种调整优化示范园 32 个，面积 10 885 亩，早、迟熟优质品种荔枝由原来的 20%增加到 40%。通过多年持续开展荔枝高质高效行动，全市累计超过 40 万亩的荔枝品种结构得到合理调整。经优质化改造后的荔枝销售价格成倍提高，在取得良好经济效益的同时，也带动了全市荔枝优质化改造的积极性。

二、创新营销方式，促进全产业链纵深发展

近年来，茂名荔枝冷链物流不断优化，荔枝电商持续兴旺。从 2013—2018 年，销售茂名荔枝的网店数量从 36 家发展到 1 500 多家，增长 40 多倍，网络销售量则由 450 吨跃增到 4.5 万吨，增长 100 倍。2018 年茂名荔枝邮寄业务量同比增长 240%。茂名已建成荔枝自动分拣流水线 4 条，日处理能力可达 4 万件（电商件），荔枝日处理能力 2 000 件（电商件）以上的发货场 12 个。茂名荔枝建立了寄递全流程监控系统，实时监控荔枝寄递数量以及流向，积累销售数据，做到精准备货，确保新鲜的产品快速配送到消费者手中，据顺丰公司统计，茂名荔枝寄件量居全国之首。

“茂名水果大数据与质量安全溯源系统平台”对产业分布、产量、生产过程、安全监管、预测等数据进行采集和分析，发布相关信息和价格动态资讯，为果品安全溯源、产业规划、科学决策提供数据基础。

举办“荔枝网上行”及网上荔枝节活动，在淘宝网、京东商城等电商平台开展“贡园荔枝网上拍卖”“荔枝网上秒杀”等宣传活动；以荔枝为媒，全面推进优质农产品“茂名荔枝”区域品牌建设，组织荔枝企业参加全国各地举办的农产品展销会、博览会等活动，展示推介茂名荔枝特色品牌。

三、秉持发展理念，践行绿色高效信念

一是积极建设茂名水果溯源体系，强化产地认证，提升“茂名水果”质量安全品牌形象，建设地理标志水果产品保护基地。二是实行病虫害绿色综合防控，通过开展荔枝蒂蛀虫等重要病虫害进行预测，及时发布病虫信息，定期发布预警信息，指导运用生物及物理技术防控，减少农药使用次数和使用量，减少农药面源污染。组织专家技术人员深入荔枝产区，指导病虫害防治和果农规范使用农药。经广东省农业农村厅农残检测茂名荔枝连续11年合格率100%。三是开发应用新型生产工具，推广新技术。坚持科学调控秋抽发、老熟时期，坚持不懈优先应用适度环割、环剥，以及断根、控水等生物、物理措施，适当辅以化学药物进行控冬梢促花，极大减少了荔枝冬季控梢化学药物的使用量达到绿色栽培的目的。

通过编制发布《茂名市荔枝标准果园生产管理规范》农业地方标准和《茂名市网上销售荔枝等级规格》等行业标准，大力提升茂名荔枝标准化管理水平。目前，全市建成现代水果示范区50个，标准化示范园12个，面积6 165亩，安装机械化灌溉设施6 200亩。

四、科技创新能力提升，产业深度融合发展

近年来全市建设50多个省级以上创新和发展平台，荣获科技成果奖励16项，开展产学研合作项目300多项，申请省产学研结合项目192项，获省科技厅立项支持79项。投入研发资金超8 000多万元，荔枝产业科技贡献率达到70%以上。通过三产融合形成了“旅游+荔枝”“文化+荔枝”“康体+荔枝”等“+荔枝”融合模式，打造荔枝休闲文化旅游带，发展休闲农业与乡村旅游，已建成中国美丽休闲乡村1个、国家级一村一品示范镇7个、省级休闲农业与乡村旅游示范点17个、观光农业与乡村旅游精品路线8条、“初夏到农村品美食”休闲农业与乡村旅游景点线路17条、精品观光农业与乡村旅游线路8条，每年旅游人次超过2 000万。

（许红）

第二十章

广西壮族自治区绿色高质高效行动典型案例

以绿色高质高效创建行动为契机，推动柳江蔬菜特色产品提质增效

——柳州市柳江区蔬菜绿色高质高效行动典型案例

一、基本情况

柳州市柳江区是国家农业开发重点县（区）、全国蔬菜产业发展重点县（区）、全国无公害蔬菜生产示范县（区）、是全国最大的双季莲藕生产基地和香葱生产基地，全城区双季莲藕种植面积6万亩，产量10万吨，每年出口量1万吨左右。莲藕示范区先后被评为“国家AAA级旅游景区”“全国农业旅游示范点”“广西现代特色农业（核心）示范区（五星级）”等，百朋镇被命名为“广西双季莲藕之乡”。全城区香葱种植面积8万亩，产量15万吨，是上海世博会的专供产品。柳江区“葱满幸福”香葱产业（核心）示范区获评“广西现代特色农业（核心）示范区（三星级）”称号，三都镇里贡村荣获“广西四季香葱村”荣誉称号。柳江区是广西第一个，也是广西唯一一个实施全国蔬菜绿色高产高效创建示范县区。

二、行动亮点

1. 产品质量显著提升，优质优价充分体现 全城区有23个蔬菜产品通过无公害蔬菜产品认证，莲藕和生姜产品被认定为绿色食品A级产品，“柳江莲藕”获批国家地理标志保护产品。在莲藕上实施了“农产品质量安全追溯系统搭载视频监控系统全程监控”运用，建立了“香葱产品质量安全追溯系统建设”，实现了农产品从农田到餐桌的全程质量监控。2019年，柳江区春藕平均地头收购价达8.5元/千克，创新全国历史最高价，促进了优质优价的形成。

2. 产业整体效益提高，农民收入节节攀升 2018年，全区蔬菜播种面积45万亩，总产量85万吨，总产值20亿元，总利润14亿元，农民人均蔬菜纯收入3 500元，同比增长11%左右。

3. 生态环境优化，田园风光秀美 大力推广蔬菜病虫害物理防治技术及使用有机肥，实现了蔬菜种植农药负增长及化肥零增长目标。柳江蔬菜基地常年种植，保持绿色，田园风光秀美。莲藕基地先后被评为“国家AAA级旅游景区”“中国美丽田园”“2018年中国十大最美乡村”等。

三、主要措施

1. 强化扶持政策，建立支持保护体系 柳江区政府每年都安排一定的财政资金用于加大蔬菜基地基础设施建设、引进蔬菜新品种新技术新材料、提升产品竞争力等方面。

2. 突出区域规模优势，构建蔬菜产业新格局 通过资源的优化组合和合理配置，形成了以百朋镇为中心的6万亩双季莲藕产区、以三都镇为中心的8万亩香葱产区、以进德镇为中心的5 000亩茄果类蔬菜基地、以成团镇为中心的5 000亩冬季大白菜长廊和3 000亩蒜苗基地、以拉堡镇为中心的2 000亩叶菜类蔬菜标准化生产基地，带动柳江蔬菜产业的发展。

3. 选准模式，大力推广良种良法 选择“春藕—秋藕＋慈姑”“四季豆（香葱）—苦瓜（香葱）—香葱—香葱”“苦瓜（丝瓜）—蒜苗—蒜苗”为主要推广模式，大力推广无公害生产技术，已通过自治区无公害蔬菜生产基地认定11.56万亩，通过农业农村部无公害蔬菜产品认证23个，柳江莲藕和生姜被认定为绿色食品A级产品，“柳江莲藕”获批国家地理标志保护产品，全国首创双季莲藕套种慈姑“一年三熟”生产模式。

4. 强化科技引领，创建高科技示范基地 加强与武汉水生蔬菜研究所、广西农业科学院等科研院所建立长期合作关系，聘请了广西农业科学院生物研究所韦绍龙研究员为莲藕首席专家和广西农业科学院蔬菜研究所陈振东研究员为香葱首席专家，合作建立了双季莲藕套种慈姑栽培技术集成研究与示范基地、香葱高产高效生产基地；建立了国家水生蔬菜西南繁育中心，正在筹备建立全国香葱种苗资源圃。

5. 推行标准化生产，实施品牌战略 打造培育了“柳江莲藕”“柳江香葱”知名品牌，大力推进“柳江莲藕”和“柳江香葱”标准化生产。

6. 搭建服务平台，促进社会化服务 在蔬菜销售环节，以农村蔬菜经纪人为主体，以农村合作组织为带动，政府相关部门为助力，推动蔬菜外销顺畅开展。引进海吉星公司，利用公司庞大的蔬菜产品销售网络渠道，帮助柳江扩大产品外销。

7. 推进农业供给侧改革，探索产品销售新模式 加强海吉星公司建立合作关系，促进蔬菜产品外销；大力发展互联网＋农业，实现了网上销售蔬菜产品。积极融入“一带一路”建设，乘着“一带一路”的春风，将莲藕产品销往新加坡等东南亚国家。

8. 努力推动蔬菜一二三产融合发展，延伸产业链，促进蔬菜产业升级，提高附加值 一是成立蔬菜专业合作社，形成“公司＋合作组织＋农户”紧密合作的经营模式。二是鼓励农业龙头企业发展产品深加工，实现年产莲藕糖系列产品达到5 000吨以上。三是依托莲藕产业优势，推出莲藕原生态观光旅游农业品牌。2012年至今在莲藕基地内已成功举办了八届柳江百朋荷花文化旅游节，每年接待游客量30万人次以上，带动旅游收入上亿元。以蔬菜产业为依托，发展农产品加工业，带动农业休闲旅游业，推动“一二三产”融合发展。

（覃振略、覃振普、周艳芳、韦丹）

第二十一章 四川省绿色高质高效行动典型案例

绿色行动添动力，助推柑橘快发展
——井研县晚熟柑橘绿色高质高效行动纪实

一、基本情况

井研县隶属于四川省乐山市，位于四川盆地西南部，辖区面积840千米^2，属典型中、浅丘陵地貌，中亚热带湿润气候区，年平均气温17.2℃，年平均日照总数1 134.6小时，年平均降雨量1 025.8毫米，全年无霜期334天，是晚熟柑橘生态最适宜区。近年来，按照“生态绿色、种养循环、农旅互动”思路，以建设现代农业示范县为抓手，围绕柑橘主导产业，大力实施“晚熟柑橘绿色高质高效”行动计划，全县晚熟柑橘面积快速增加到10万亩，投产8.6万亩，总产量达12.9万吨，综合产值15.48亿元。建成无公害农产品基地县、省级现代农业示范县。

二、亮点纷呈的六大行动

1. 基础建设行动 县委县政府响亮提出：产业发展到哪里，项目就跟到那里，基础设施就配套到那里。近三年来，整合各类涉农项目，用于柑橘园区田网、路网、水网、电网、互联网等“五网”配套建设，景区化打造。在县域西北部的集益、研经、研城等10个乡镇49个村建成柑橘百里产业大环线，建成省级现代农业产业园1个，柑橘丰产示范园3个。

2. 品种优化行动 十年来，先后引进了爱媛38、春见、大雅、沃柑、明日见等杂交柑橘品种，形成了以晚熟柑橘为主，早中晚熟搭配合理的品种结构，呈现出一年四季有鲜果上市的良好局面，晚熟柑橘良种覆盖率达100%。

3. 标准化生产行动 发布了《井研柑橘绿色生产技术规程》《井研县晚熟柑橘绿色防控技术》，明确了产地环境、生产资料、技术规范、产品等级标准，推进生产设施、生产管理、采后处理、质量管理标准化。完善了投入品管理、产品检测、档案记录等质量追溯制度。2018年，绿色防控覆盖面达100%，果园农药用量减少9.2%。

4. 柑橘品质提升行动 推广“果沼畜（禽）”种养生态循环模式，新建园配套建设沼气池，推进畜禽粪污资源化利用，2018年，化肥用量减少10.5%。推广生草栽培、测土配方施肥、控水增糖、留树保鲜等新技术，有效提高了柑橘果实的外观品质和内在品质。

5. 果园效益提升行动 实现多项技术的集成创新，全县晚熟柑橘栽植容器苗4万亩，果实套袋5万亩，留树贮藏6.5万亩，科技贡献率达到57%。全面推广农机农艺融合，全县拥有耕整地机械 4 260 台（套），果园灌溉保证率达 83%，果园耕作机械化水平达 62%，减少用工 60%。

6. 金融支撑行动 2014 年以来，井研积极探索农村土地流转收益保证贷款和农村承包土地经营权抵押贷款试点工作，创新“收益评估＋多方担保＋银行放贷＋风险共防”可持续的农村信贷模式。截至目前，全县金融机构发放贷款 325 笔，贷款金额 3.54 亿元，当前贷款余额 1.92 亿元，涉及流转土地 4.55 万亩，撬动社会投资 5.3 亿元。

三、卓有成效的行动措施

1. 政策扶持 制定了《井研县涉农项目拨改投管理办法（试行）》等产业发展政策，整合农业、交通、水务、发改等项目资金 1.2 亿元支持柑橘产业。鼓励支持金融机构对柑橘种植家庭农场和种植大户的信贷支撑，创建优厚的产业发展环境。

2. 规划引领 牵头编制了《乐山市现代柑橘产业发展规划（2018—2030）》《井研县百里产业环线规划》等，着力优化柑橘品种布局，构建生态高效晚熟柑橘产业体系。在业主新建柑橘果园时，技术人员帮助业主进行果园详细规划，确保了各果园建园规范，配套合理。

3. 科技支撑 背靠中国柑橘研究所、四川省农业科学院、四川农业大学等科研院校，引进多项柑橘新技术。结合井研县实际，进行技术的组装配套，形成切合井研实际的整套技术。井研县农业农村局技术人员、柑橘协会技术人员定期和不定期进行巡回技术指导，及时解决生产中的技术难题，化解生产风险。

4. 品牌创建 实施“区域公用品牌＋企业品牌”双品牌战略，打造了“井研柑橘”公用品牌，2018 年获得全国柑橘产业 30 强县。新型经营主体注册品牌 13 个，7 个产品获得“三品一标”认证的。2017 年“顺溜血橙”获得全国名特优新农产品。

5. 主体培育 积极引导支持返乡农民工、中青年骨干、外来创业者创办新型经营主体，几年共培育种植柑橘专业合作社 39 个，家庭农场 62 个、种植大户 115 户。井研县繁盛杂交柑橘专业合作社创建省级杂交柑橘产业示范园，形成建园团队与管园团队相得益彰的“双团队”经营模式。

6. 全程服务 井研县政府出台了《关于支持新型农业经营主体开展农业社会化服务的指导意见》，积极引进培育“顶峰农资”“欣宝元”“农技小院”等农业专业化服务公司，开展柑橘产业托管服务和农资技术服务。全县建设柑橘分选处理车间 5 处，商品化处理生产线 3 条，冷藏库 64 座，年加工能力达 16 万吨，柑橘商品化处理率达 85%。通过订单种植到园收购、农超对接、电商营销等方式销往北上广等大中城市，外销率达 80%。

（余东）

第二十二章

贵州省绿色高质高效行动典型案例

政策引领，创新茶叶产业发展模式，准确定位，助推农村产业革命发展

——蓬勃发展的瓮安欧标茶产业

近年来，瓮安县围绕“一城二带三组团”主体功能区战略布局，抓住瓮安成为“都匀毛尖茶核心生产基地、珍稀名贵茶叶生产基地”的机遇，积极引导茶农按照《中国有机茶生产标准》和《欧盟有机茶生产标准》，种植生态有机茶叶，整体打造都匀毛尖“瓮安欧标茶”品牌，成为全省第一家欧标茶生产县。

一、基本情况

瓮安县地处乌江中游，黔中腹地，黔南北部，东经107°07′～107°42′、北纬26°53′～27°29′之间，与黄平、福泉、开阳、遵义、湄潭、余庆六县市接壤。县域面积1 974千米^2，辖2个街道办事处、10个镇、1个乡，100个村（社区），总人口53万人，属亚热带湿润季风气候，四季分明，全县平均海拔1 050米，年平均气温13.6℃，无霜期260～280天，年日照时数1 226小时，年平均降水1 148.2毫米。境内河流纵横，山峦起伏，云雾缭绕，降水充沛，土壤肥沃，适宜茶树生长。瓮安是产茶大县，是全省29个重点产茶县之一。

截至目前，全县共有欧标茶园20.81万亩，投产欧标茶园17.9万亩，产量1.35万吨，实现总产值14.762 5亿元，欧标茶叶生产加工企业67家，其中：省级龙头企业12家、州级龙头企业14家、县级龙头企业9家，获得欧盟认证的有3家，获得全球良好农业的有3家，获得雨林认证的有5家，产品主要以绿茶、红茶、白茶、黄金芽、碾茶为主，先后获得了“中绿杯”金奖和银奖各一次，获“中茶杯”一等奖两次，获“觉农杯”金奖一次，“黔茶杯”一等奖一次。

二、工作亮点

一是创新思路、统筹规划，以功能布局推动茶产业发展。瓮安县紧扣“五步工作法”，围绕农业产业革命“八要素”，以农业产业结构调整为核心，确保农村产业革命取得新突破，巩固脱贫攻坚成果，更好带动农民增收致富。二是龙头引领，抱团前行，以模式创新赋能瓮安茶产业。贵州瓮安鑫产园茶业有限公司是在2012年签约落户瓮安县的省级龙头企业，该公司结合贵州省发展现代山地特色高效农业的导向和瓮安县把茶产业作为农业第一产业的理念，流转、拓荒开发园区总面积12 000余亩发展茶产业，其中黄金芽种面积

达 1 800 亩，是全国最大的黄金芽种植基地，另有 4 800 亩白茶、6 000 亩绿茶及少量其他品种，可产出原材料满足各个茶类系列产品的加工供应，公司实行现代化、科技信息化、集约规模化经营管理，与蜂鸟智慧农业云平台、贵州大学大数据学院、贵州师范学院合作等高校院所机构合作，部署了大数据检测采集、品控溯源、黄金芽智能化遮阳控温和滴管喷灌系统，园区先后通过了欧盟有机、中国有机、SC 种植/加工基地、SGS 危害分析等标准体系认证，是贵州绿茶国家级农产品地理标志示范样板点之一，是国家级农业星创天地，目前已获评省级农业、林业、产业扶贫龙头企业、诚信企业、脱贫攻坚产业投资基金（试点）重点扶持企业。三是品牌推介、招商引资，以诚信招商创龙头企业之路。以商招商，诚信招商，走招大商引大资，建规模茶园，搞精深加工，创龙头企业之路，这是瓮安县招商引资发展茶产业一贯坚持的原则。近十年来，共引进浙江、湖南、台湾橘杨茶业、贵州贵茶公司等省内外客商、企业和投资人，共同助推瓮安茶产业的发展。四是加强领导、重点打造，茶叶产业推动“茶旅一体化”发展。按照“盘活存量，扩大增量，提高效益，助民增收，做强做优”的发展战略思路，在加快农业产业结构的调整步伐同时，瓮安县依托建中、中坪、玉山、岚关等茶叶产业资源和气候优势，紧密结合乡村旅游，集吃住、游玩、购物于一体，进行了科学合理的规划布局，推进“茶旅一体化”的快速、健康发展。

三、主要措施

1. 强化“欧标”引领，注重保障服务 在产业选择中注重茶叶品质提升和产业的转型升级，大力创建“欧标茶”品牌，明确欧标茶产业发展目标与定位，逐步培育出一批规模大、起点高、规格高、水平高、质量高的欧标茶企业及欧标茶园示范基地。为更好推动瓮安茶产业的快速发展，先后出台了《瓮安县促进茶产业发展奖励扶持办法》《进一步推进茶产业发展有关事宜的会议纪要》《进一步推进茶产业更好更快发展的意见》和《关于进一步加快都匀毛尖瓮安欧标茶建设实施方案》等系列文件，从基地建设—厂房—基础设施—品牌打造等全方位给予扶持。县财政每年预算 1 000 万元资金，整合扶贫、石漠化、退耕还林等项目资金 1.5 亿元用于欧标茶园基础设施建设和欧标茶园种植、管护等专有力解决种植户的资金短缺问题。

2. 强化品牌效应 促进市场拓展 打造品质标准，严格按照欧盟标准和充分利用旱坡地、弃耕地、宜茶荒山（草坡）、低产低效林建设欧标茶园，并从源头上对欧标茶园禁用的 63 种农药强化监管，积极开展绿色防控和优化茶园生态系统。2017 年荣获国家级农产品食品（茶叶）出口质量安全示范区，出口茶叶备案种植基地 1.3 万亩，出口茶叶备案企业 1 家。同时做好产销对接，分别与英国太古集团旗下茶叶企业贵州詹姆斯芬利茶业有限公司和宁波可耐尔茶业公司达成合作协议，打造贵州省出口示范企业。

3. 强化利益联结，促进助民增收 采取“龙头企业＋合作社＋农户”和“合作社＋基地＋农户＋贫困户”等模式，充分利用龙头企业、专业合作社的示范引领带动和广州海珠区对口帮扶机遇，建立稳定的利益联结机制，全县已培育 1 000 亩以上产业的村 35 个，带动群众发展产业 1 800 余户。茶叶企业和专业合作社通过土地流转、扶贫资金入股保本分红、产业发展务工等共带动农户 9 827 户，其中贫困户 1 317 户，户均增收 1 058 元。

茶叶产业的发展，吸引外出务工人员返乡就业率达40%以上，青壮年返乡参加技术培训成为技术骨干。解决了农村光棍汉、留守儿童、空巢老人、空心村等问题。

4. 强化基层党建，促进优势互补　瓮安县将驻村工作队临时党支部、村支部与企业党支部联合组成"一村三支部""三支部"之间，相互交叉任职，相互补齐短板，形成团队效应，实现 1+1+1>3 的效果，把党的政治优势、组织优势转化为产业发展优势，发挥党组织的战斗堡垒作用。目前全县13个乡镇（办事处）先后组建了欧标茶等农业企业党支部86个，帮扶贫困户10 512户37 998人。

（朱正江、龚晓辉）

第二十三章 云南省绿色高质高效行动典型案例

打造现代种植模式，助推产业脱贫攻坚
——昭通海升依托现代科技打造优质苹果园

一、基本情况

1. 公司概况 海升集团是目前全球最大的浓缩苹果汁生产企业及出口商，也是中国矮化密植苹果种植模式的领先者，公司从欧洲引进了国际领先的全矮化密植苹果种植技术，在全国建有苹果种植基地57个。2014年8月成立了昭通海升现代农业有限公司，建立了“苹果大苗建园、矮砧密植、格架栽培、水肥一体、企业引领、规模发展”的现代果业种植模式。

2. 示范园建设情况 昭通海升苹果示范园计划在昭通建设示范园规模为5万亩，2015—2019年已在昭、鲁坝区建成3万亩，到2020年底实现建成5万亩示范园目标。

二、行动亮点

1. 用现代模式，引领果业产业升级 昭通海升将苹果基地建设成为世界一流的规模化、机械化、集约化、现代化的苹果种植示范园，为昭通苹果产业发展树立示范亮点，带动昭通市昭、鲁两县区农业结构的换代升级。

2. 用现代技术，促进高效、轻简发展 实现苹果种植的“四省”（省水、省肥、省土地、省人工）、“二高”（高产出、高品质）、“二早”（早挂果、早回收投资）目标，整体提升了苹果产业竞争力，促进昭通苹果产业升级，带动果农增收致富。

3. 多管齐下，带动周边农民致富增收 通过地租收入、劳务就业、搬迁户托管、股份分红，提高扶贫效能。

4. 综合开发，提升生态效益 通过新技术应用，省水70%、省肥60%、省土地80%，节能降耗，有效保护生态环境。

三、主要措施

1. 创新发展模式，走规模化发展之路 海升集团昭通海升农业有限公司在2018年的新建示范园中，创新经营模式，建立股份合作经营模式，由昭通海升现代农业有限公司出资70%，昭阳区农业投资发展有限公司出资30%共同兴建的现代化矮砧密植苹果种植、加工综合体，运用“双绑”模式，采取“企业＋基地＋建档立卡贫困户”方式，建设万亩

苹果产业扶贫示范园，通过地租收入、劳务就业、搬迁户托管、股份分红等提高扶贫效能。

2. 推广简约技术，节本增效 一是园区采用优质无毒矮化 M_9-T_{337} 自根砧苗木，通过矮化砧木、大苗建园、宽行窄株（1 米×3.5 米）、立架设施、高纺锤树形及水肥一体化等现代栽培模式的应用，全面推广以高纺锤形树形为主的简化修剪技术、以生草覆草为主的生态果园建设技术、以滴水灌溉平衡（配方）施肥为主的水肥一体化技术。二是建立了一套高效先进的果园滴灌系统，该系统根据果园气象站采集的气象数据，中控电脑分析计算出不同区域果树的需水量，向田间控制器发出 3G 网络信号或无线指令，自动调整不同电磁阀的开关时间，按需施肥浇水，实现水肥一体化智能控制，从而达到按需灌水的目的，每亩节约化肥施用量 50%以上，节约灌溉用水 30%以上。实现水肥一体化精准控制，极大提高了水分和肥料的利用率，实现信息化、智能化节水施肥管理。实现当年开花，二年见果，三年丰产。使苹果生产由繁杂技术转为简单易行的“傻瓜”技术，由“烦心”果园成为快乐果园。为昭通现代苹果产业发展，建立了样板、树立了标杆。

3. 大数据管理，实行标准化生产 什么时候施肥、施什么肥，什么时候灌水、灌多少，什么时候采收等都是通过科学的检测和数据分析来决定，避免盲目，全基地实行统一的标准进行生产管理。推行果树合理负载管理，根据苹果树龄、长势，合理确定苹果负载量，根据负载量进行定果，结合土壤检测、叶片检测报告等，精准供水供肥。采用植保监控系统，每年监测记录基地病虫草害，整理成册，得出昭通海升基地病虫草害种类及发生规律，对基地发生的病虫草害，进行生物防治。这些先进技术的利用大大提高了海升苹果基地的效益。

4. 全产业链发展，促进产业转型升级 面对新的历史机遇，海升集团以苹果产业为基础和出发点，构建起涵盖生产和加工等多个产业链环节的发展目标和业务构架。目前 20 吨/小时加工能力的分选线及 40 000 吨气调库已建设完工投入使用。并正在和昭阳区委、政府联手打造“昭阳红”苹果品牌，积极发展昭通苹果主题特色农业旅游。

（蔡兆翔）

第二十四章 西藏自治区绿色高质高效行动典型案例

以高质高效为核心，创建全区最大蔬菜产业基地

自1998年山东省济南市援藏引进试种成功至今，白朗县蔬菜产业已形成4个公司、1个示范园、1个协会、26个标准化示范基地的发展格局。目前，全县大棚共5 428座，参与群众达3 200余户，已认证无公害蔬菜产品14个品种，种植蔬菜瓜果品种达136个。2018年全县蔬菜产量达5 254万千克，产值超过亿元。

一、取得的主要成效

1. 引进并试种成功130多种果菜品种 白朗县每年从山东引进果菜新品种进行试验示范及推广。目前，白朗县以白朗绿色蔬菜发展有限公司为主导的农牧业产业化经营主体已引进试种成功的果菜品种达到136种。

2. 引进60多项果菜种植技术 白朗县共引进60余项果菜种植技术，并向蔬菜种植户推广32项大众化果菜的种植技术，有效保障了白朗县蔬菜产业的健康发展。

3. 认证无公害果菜 白朗县通过白朗县蔬菜种植国家级农业标准化示范区平台，推行果菜标准化种植，提升种植技术。目前，已认证无公害果菜产品14个品种。

4. 生产效益大幅增长 由于生产技术和果菜生产设施的不断提高和优化，果菜产量实现产量指标的大幅增长和稳步增。

5. 优化生产环境 一是通过实施大棚，解决了气候对生产的限制，使蔬菜种植户可以根据市场需求，合理生产；二是实施果菜嫁接技术，有效提升果菜抗病性和单位面积产量，减少果菜化肥和农药使用，促进形成环境友好型种植模式。

二、采取的主要措施

1. 政策扶持引导 在区、市、县党委、政府关于“三农”问题的各项惠民政策下，白朗县积极响应日喀则市“6677”工作思路，大力发展果菜种植业，主要内容有：一是通过政府补贴的形式鼓励群众积极参与大棚果菜种植业，通过培训项目大力培养农民蔬菜种植能手实现增收；二是企业对贫困户免费提供果菜种苗；三是山东援藏以政策补贴形式为农民蔬菜种植户廉价提供棚膜、种子、种苗、地膜等生产物资，减少农户成本；四是实施奖励机制，评选出蔬菜种植示范户、年度十佳蔬菜种植能手等措施，提高种植户的积极性；五是政府通过白朗绿色蔬菜发展有限公司平台宏观管理全县蔬菜产业的发展，对26个蔬菜基地的技术指导、市场信息供应等产前、产中、产后服务。

2. 优化品种区域结构　白朗绿色蔬菜发展有限公司作为全县蔬菜产业发展的龙头，积极从内地引进果菜新品种进行试验试种，目前公司已从引进果菜品种中优选出了保罗塔（番茄）、华美1号（辣椒）、西北旅旋风（辣椒）、黄晶（西瓜）等32种果菜品种，并把优势品种免费推广给农民蔬菜种植户，使其直接享受试验成果，实现区域性品种结构的不断优化。

3. 加强技术推广　白朗绿色蔬菜发展有限公司把技术力量作为产业发展的重要支撑，通过政府培训项目和自发组织培训的形式年均开展培训人次达到2 200余人，已推广嫁接技术、穴盘基质育苗技术等果菜种植技术（集成）达到30余项，促进了全县蔬菜产业的发展。

4. 加强标准化生产推进

（1）建立了标准化、工厂化的育苗基地：白朗绿色蔬菜发展有限公司在援藏、农发等资金扶持下，建立了高标准的现代化智能育苗温室，占地近6亩，一次性可育苗30万株，先进的技术可降低种苗发病率，使成活率达到90%以上。

（2）生产标准化：一是通过不断改善生产环境、提高生产技术水平等措施，认证了14种无公害产品；二是投入品使用标准化，在果蔬生产中，始终严守无公害蔬菜生产各项指标，强化肥料、农药等投入品使用和管理力度，保证果蔬生产各项技术操作和使用到位；三是产品标识标准化，白朗蔬菜示范区严格按照无公害产品的生产要求，实行专用箱包装等措施，映得了消费者满意和放心，不断提高白朗“天域绿”蔬菜品牌的知名度。

（3）品管工作标准化：为了给广大消费者提供放心菜、健康菜，确保每批蔬菜的安全性，白朗蔬菜种植示范区积极配合区农业科学院质量标准研究所和济南市动物植物检疫研究所对示范区的产品的质量检测工作，实行送样检测，同时示范区自行开展农残留速测工作或委托第三方检测机构进行产品检测，真正做到不产次品菜，不售劣质菜。

（4）休闲采摘产业链标准化：为了扩大白朗蔬菜的知名度和市场占有率，白朗绿色蔬菜发展有限公司自2011年连续举办“白朗县蔬菜采摘节”，并设立以白朗县蔬菜种植国家级农业标准化示范区为核心的采摘区，以冲堆、彭仓等村为采摘点的“一核六点采摘带”，打响了白朗县“天域绿”蔬菜品牌，扩大了城乡交流，增加了农民收入，推动了都市型农业的发展，促进现代农业与休闲旅游业有效融合。

（5）培训基地建设标准化：在完备的设施资源和强大的技术支撑下，白朗绿色蔬菜发展有限公司被授予“日喀则市科技开发交流中心培训点”“白朗县蔬菜技术培训中心”，并承接和开展各类蔬菜标准化生产技术培训。

（6）优化社会化服务：白朗绿色蔬菜发展有限公司从内地正规厂家统一购进生产物资，并廉价向群众提供棚膜、压膜线、吊秧线、蔬菜种子、农药等物资，保障了投入品渠道和质量安全，有力维护群众利益，使广大农民蔬菜种植户能够就地购买生产所需物资，积极完成产业发展各项后序配套服务工作，实现全县蔬菜产业健康持续发展。下一步，白朗县将围绕“一核一心一轴六片区”万亩蔬菜产业布局开展建设，力争将白朗县建设成为日喀则的“菜篮子”，将白朗打造成为全区最大的有机蔬菜生产基地。

（白朗县农业农村局）

第二十五章 陕西省绿色高质高效行动典型案例

以生态绿色为中心，走高山菜外销致富路

一、基本情况

太白县位于陕西西部，因秦岭主峰太白山在境内而得名。高海拔、独特气候和良好生态是生产绿色高山蔬菜的良好区域。近些年来，该县以生态保护为前提，以和谐发展为基础，围绕“生态立县、特色富民”两大战略，坚定不移地走“生态化、特色化、民本化”发展路子，强力推进绿色蔬菜发展，打开了生态发展、转型突破、绿色崛起和供给侧结构性改革的新局面，实现了生态保护和农民增收的双赢，农民人均纯收入达 9 000 余元。

二、取得的主要成效

近年来，太白按照“四化”同步的要求，充分利用和发挥独特的气候、生态资源优势，以建设“秦岭绿色大菜园”为目标，坚持以规模化、精准化、设施化、产业化“四化”为方向，以专业户、专业村、专业镇“三专”建设为载体，以巩固设施菜、培育精细菜、创优特色菜、发展有机菜为重点，举全县之力调结构、创特色，建园区、促带动，抓质量、树品牌，全县蔬菜产业逐步实现品种多样化、种植精细化、产品系列化、质量无害化，形成了早中晚熟品种搭配，名优新特品种并举，大路菜与精细菜、露地菜与大棚菜互补的生产格局，蔬菜品种亦由最初的 10 多个发展到目前的 21 大类 120 多种，17 个蔬菜品种获得国家绿色食品 A 级认证和欧盟、美国有机蔬菜认证，“太白山”“秦绿”和“雪太”牌蔬菜商标被认定为陕西省著名商标，10 个蔬菜品种获得有机蔬菜转化认证，“太白甘蓝”通过国家农产品地理标志保护认证，太白蔬菜直供西安世园会、深圳“大运会”。该县先后被命名为“全国农产品标准化生产综合示范区”“全国第二批农产品标准化生产综合示范基地县”“全国第五批蔬菜标准化生产示范区”“陕西省无公害农产品生产基地”“中国绿色生态蔬菜十强县”荣誉称号，扶持培育省级一乡一业示范镇 4 个，培育市级以上农业产业化重点龙头企业 8 家；成立蔬菜类种植营销合作社 76 个；培养经纪人 260 多名；发展省级一村一品示范村达到 57 个，咀头镇塘口村被评为“全国一村一品示范村”。2015 年，全县种植蔬菜 10.76 万亩，总产量 45.41 万吨，产值 4.53 亿元。近年来，太白甘蓝、花菜、白菜、萝卜等又获得生态原产地保护产品，建成 1 000 亩供港蔬菜基地。2017 年太白县高山蔬菜首次出口东南亚，成为陕西省保鲜蔬菜出口第一县。每天销售太白山蔬菜 7 000 多吨 80 多个品种。目前，这个只有 5 万多人口的山区县，种植出了 28 大

类390余种高山蔬菜，全县86%的耕地种植蔬菜，85%的群众从事蔬菜生产，73%的农民收入来自蔬菜。蔬菜产业已成为全县最具特色、最有影响力的主导产业和农民增收的重要支撑。

三、采取的主要措施

在推进蔬菜产业发展中，太白主要抓了以下六个方面：一是行政强势推动，增强产业发展合力。实行各级“党政一把手”负责制，强化组织保障；加大财政投入，对园区建设、质量认证、品牌打造、龙头企业等给予重点扶持；修订出台《蔬菜产业扶持办法》《特色产业奖励扶持办法》等，充分调动全县上下的积极性和创造性，推动了太白高山蔬菜快速发展。二是加强科技培训，完善科技服务体系。建起了一支由县、镇、村三级技术人才培训队伍组成的技术支撑体系，编写完善了《“太白山”牌绿色蔬菜标准化生产手册》等20余项标准化操作规程。三是强推园区建设，示范带动发展。围绕“布局区域化、生产标准化、经营产业化、销售品牌化、运作市场化”的发展目标，大力整合产业资源，强化资金科技投入，最大限度提高蔬菜产品附加值，延长销售周期。四是注重品牌建设，打造优质产品。大力实施蔬菜发展“有机”战略，不断强化蔬菜种植户和营销人员农产品质量安全意识，加大农业与旅游业的“联姻”力度等，打造知名品牌。五是狠抓宣传推介，扩大营销网络。充分利用农高会、西洽会及县上举办的“两节一会”“激情户外狂欢节”等平台，大力开展蔬菜促销活动；借助各大传媒，开展全方位、立体式的宣传；与西安66家超市、上海18家超市等签订蔬菜销售合同，实现直销；与西安14个社区、2个龙头企业、5个高校、6个机关达成蔬菜直供意向。六是壮大市场主体，增强带动能力。大力推广“公司+农户”“基地+农户”等产业化经营模式，延长产业链条，实现经济效益和社会效益的双丰收。

（霍国琴）

第二十六章 甘肃省绿色高质高效行动典型案例

甘肃省麦积区苹果有机肥替代化肥项目典型案例

一、基本情况

麦积区苹果有机肥替代化肥项目核心示范区在花牛镇、石佛镇、中滩镇、渭南镇、甘泉镇、马跑泉镇6乡镇13个苹果种植农民专业合作社、公司实施，面积1万亩，辐射带动石佛镇、甘泉镇、元龙镇、伯阳镇、花牛镇、马跑泉镇、麦积镇、渭南镇、新阳镇9乡镇41家合作社（公司）、12个村组实施，面积4万亩，覆盖花牛苹果生产的主要区域。主要示范推广“有机肥＋配方施肥”“畜—沼—果”“有机肥＋绿肥”“有机肥＋水肥一体化”“畜—肥—果”5种技术模式。

二、行动亮点

1. 摸清全区苹果土壤养分及施肥情况 通过总结分析近年来麦积区实施测土配方施肥项目、耕地质量提升与化肥减量增效项目取土化验得出的数据，总体状况为土壤总体呈弱碱性，氮含量明显不足，磷含量中等，钾含量略高，有机质含量偏低，微量元素含量适中。调查数据表明，全区苹果种植平均每亩纯氮施用量达到37.8千克，每亩纯磷施用量为26.1千克，每亩纯钾施用量为20.4千克，有机肥施用量0.5～1吨/亩，普遍存在化肥施用过量、有机肥施用不足的问题。施肥注重秋施肥和春施肥，果实膨大期以微量元素为主。

2. 苹果有机肥替代化肥项目效果明显 通过项目实施，项目区化肥平均每亩施用量较项目实施前234千克减少45千克，降幅为19.23％；有机肥每亩用量较项目实施前的480千克增加了104千克，增加了21.67％。其中1万亩核心示范面积内化肥每亩平均施用量较项目实施前210千克减少65千克，降幅为30.9％；有机肥每亩用量较项目实施前的800千克增加了200千克，增加了25％；4万亩辐射带动区域内化肥每亩平均施用量较项目实施前240千克减少40千克，降幅为16.6％；有机肥每亩用量较项目实施前的400千克增加了80千克，增加了20％。

3. 总结集成出技术模式 项目实施过程中，技术人员深入田间地头，驻点指导农户科学合理施肥，总结出了适宜麦积区果园的“有机肥＋绿肥＋配方肥＋水肥一体化”模式，该模式鼓励专业合作社和种植大户施用商品有机肥，减少化肥用量。结合测土配方施肥，控制苹果总养分需求的同时，增加商品有机肥施入，减少化肥的用量。同时在果树行间采取种植绿肥、翻压还田的方式培肥地力，还能起到覆盖土壤，减少裸露，防止水肥流失的作用。在追肥的时期利用水肥一体化设备，使用水溶性肥料，在灌溉的同时完成施肥，使肥料的施用实现少量多次，减少肥料的浪费，有效提高肥料的利用效率。

三、主要措施

1. 加强组织领导 为保证高质量、高标准、高效率落实项目建设，加强项目工作的组织协调，成立麦积区苹果有机肥替代化肥试点项目协调领导小组和技术指导小组，协调组织各部门及时研究项目实施工作的重大事项、重点问题和重要工作，做好技术落实情况和技术应用情况的田间记载汇总、整理，对现有技术进行不断完善和创新，联系省、市包抓麦积区的专家指导组成员。

2. 完善政策保障 以推进资源循环利用，实现节本增效、提质增效为目标，因地制宜，建立起有机肥替代化肥的组织方式和政策体系。加快建立有机肥替代化肥的生产技术模式和生产运营模式，推进全区林果业转型升级。统筹农业、财政、畜牧、果品产业局等部门的融合项目，强化投入和资金使用监督，加强果品生产基础设施和各类配套设施建设，集成推广有机肥替代化肥的生产技术模式，构建苹果有机肥替代化肥长效机制。加强与畜禽粪污资源化利用、秸秆综合利用、耕地保护与质量提升等项目衔接，确保不同政策同向发力、政策效应最大限度发挥。

3. 严格物资采购 根据当地实际，优化完善补贴物资技术参数，公开招标确定供货企业和产品。要组织区乡农技部门对合作社、企业供应的补贴物资和机具进行发放、登记造册，建立项目档案，实行公示，公示以照片的形式存档，并指导农民科学合理使用补贴物资，确保补贴物资发放到户、施用到田。要严格监督中标企业，严把产品质量关。2018年麦积区苹果有机肥替代化肥项目共采购水溶肥 40.61 吨，商品有机肥 3 756.52 吨，有机物料腐熟剂 293.3 吨，绿肥种子（箭舌豌豆）120 吨，枝条（秸秆）粉碎机 43 台，履带式果园开沟施肥一体机 42 台，手扶式自走割草机 43 台，翻抛机 2 台，沼液车 6 辆，物联网系统＋自动施肥机＋渗灌系统 1 套，果品硬度计和果品测糖仪各 15 个。

4. 加强土样采集化验及试验研究 麦积区全年计划在项目实施区域采集苹果园土壤样品 200 个，全面监测项目实施效果，为项目顺利实施提供翔实的数据支撑，截至目前，已采集处理土壤样品 100 个；在 5 种技术模式上分别设置 1 个试验，在“有机肥＋配方施肥”技术模式上设置“苹果施用商品有机肥替代化肥梯度对比试验”；在“畜—沼—果”技术模式上设置“沼液沼渣替代化肥梯度对比试验”；在“有机肥＋绿肥”技术模式上设置“绿肥种植替代化肥量试验”；在“有机肥＋水肥一体化”技术模式上设置“水溶肥料利用率试验”；在“畜—肥—果”上设置“有机肥施用量对苹果品质产量影响试验”。

5. 落实宣传培训和技术服务 项目实施之初，区农技中心为每家参与项目实施的合作社、公司指派技术人员，要求技术人员深入田间地头，广泛开展技术指导服务。同时在项目核心示范区域树立了宣传标牌，采用现场观摩、举办培训班等多种形式，全方位开展苹果有机肥替代化肥宣传培训。截至目前在项目实施区域培训农民技术骨干 110 人（次），培训果农 1 700 人（次）。

（高飞）

第二十七章 青海省绿色高质高效行动典型案例

多部门联动＋绿色高质高效生产技术集成应用，聚力打造高原特色经济作物生产示范典型

一、基本情况

1. 行动区域基本情况 贵德县位于青海省东部，全县土地总面积525.68万亩。2019年全县各类农作物播面积为22.16万亩，其中，粮食作物种植面积为9.76万亩、经济作物种植面积为5.38万亩、果树种植面积为2万亩、蔬菜种植面积为5.12万亩。贵德县建成千亩以上蔬菜种植基地3个，百亩以上基地9个。全县蔬菜种植、加工、销售的社会化服务组织达到37家。

2. 经营主体基本情况 青海安瑞农副产品开发有限公司成立于2016年1月，是青海安旭集团旗下从事现代农业的子公司。

2018年8月，青海省农林科学院以技术知识入股公司、共同致力于在贵德县打造园艺作物绿色高效生产试验示范基地。依托青海省农林科学院的技术平台，公司加快基地基础设施建设，以河阴镇邓家村为核心基地，已将示范区拓展至河西镇团结村和山坪村，规模为核心区220亩，示范区辐射面积800亩，共有17大类66小类蔬菜品种。主要开展青海特色地方品种长辣椒、循化线辣椒、菊芋、白皮莴笋、紫皮大蒜、鸡腿葱等蔬菜品种的制繁种试验示范，高原特色露地冷凉蔬菜大葱、大蒜、菊芋、菊苣、莴笋、甘蓝等绿色高效种植技术试验示范，引领青藏高原特色蔬菜的规模化种植。主要生产情况如下：

（1）特色蔬菜新品种良种生产技术示范效果良好：2019年在贵德县河阴镇邓家村，由青海省农业技术推广总站、青海省农林科学院、贵德县农业技术推广中心和青海安瑞生物科技有限公司共同打造了青海特色蔬菜种业高效生产示范基地。

（2）线辣椒高效安全标准化生产技术示范初获成功：2019年在贵德县河西镇山坪园艺场，由安瑞公司和当地特色农业产业合作社以订单方式，开展了青海省农林科学院园艺所选育的线辣椒优良品种青线椒1号高效生产示范工作，这是在贵德县黄河滩地首次规模化开展线辣椒高效生产，结合育苗移栽、高垄地膜覆盖、有机肥基肥＋追肥、关键时期叶面肥增施及病虫害综合防控技术，线辣椒新品种示范取得良好效果。

（3）有机肥结合叶面肥技术示范效果显著：蔬菜制种和蔬菜生产存在很大差异，一般蔬菜制种周期是商品化生产周期的1～2倍，由于田间长季节的生长，对于土壤肥力和持续性营养供给的要求很高，传统的施肥方式就是化肥多次追肥以保障不脱肥的方式，但是

由于贵德县地处黄河上游谷地地区，水源环境保护是整个上游地区的主要任务，任何产业都不能造成水源污染，加之沙壤土保肥保水性差，多施入的化学肥料很容易从地下淋洗进入主河道从而造成农业面源污染。

（4）新型植保技术保障了长季节种子生产的需求：早春田间全膜覆盖防草、采用井水而非渠水防止了草籽流入生产田、采用化学诱杀而非喷雾触杀减少化学农药直接进入农田、采用干粉菌剂结合喷粉机防止病虫害等新技术，这种综合防治技术相对于传统防治技术而言，化学农药直接投入减少了85%以上，防效增加了10%以上，示范效果十分显著。

二、行动亮点

1. 提升产品质量 按照园艺作物绿色高质高效创建行动要求，推广、使用有机肥替代化肥，改善土壤理化性状，提高土壤有机质含量，提高耕地地力与耕地环境质量，提升产品产量及质量；优良品种选择、集约化育苗及病虫害物理、生物防治等新技术应用，实现绿色无公害蔬菜生产、减轻蔬菜病害、改善蔬菜商品品质、有效地提高育苗的稳定性和种苗质量，也能够保证作物种苗的周年生产，解除农户自己育苗所带来的风险。

2. 提高生产效益 通过推广蔬菜集约化育苗、覆膜栽培技术，蔬菜移植机、大葱培土机等一系列先进、实用技术及机械，提高了生产效率，降低了劳动强度，节省劳动力。以核心区为主体，展示、推广新品种、新技术、新设备。通过培训、观摩、田间地头实践等方式，提高农户种植绿色蔬菜技术水平，增加收入。

3. 优化生态环境 按照园艺作物绿色高质高效创建行动要求，推广、使用商品有机肥，阿维菌素、苦参碱、农用链霉素等生物农药及黄板、蓝板、杀虫灯等病虫害物理、生物防治技术的应用，改善土壤理化性状，提高土壤有机质含量，提高耕地地力与耕地环境质量，保障农产品质量安全，达到“控肥增效、控药减害、控水降耗、控膜减污”目标，全县化肥、农药使用量较上年减少3%。

4. 提升行动效率 青海省农林科学院以技术知识入股、共同打造园艺作物绿色高效生产试验示范基地，依托青海省农林科学院的技术优势引进优良品种、试验、示范新的栽培技术模式及设备，使基地成为全县乃至全省的露天蔬菜新品种、新技术、新设备展示、示范基地，为《全国基层农技推广补助项目》《新型职业农民培育工程项目》及全县农牧民科技培训提供了实训基地。

三、主要措施

1. 组织保障，政策扶持 严格落实园艺作物绿色高质高效创建行动行政领导责任制和项目执行法人责任制。按照园艺作物绿色高质高效创建行动要求生产的农户及企业给予贷款、培训、生产资料补贴等一系列扶持。

2. 技术集成，标准化生产 引用一系列技术规程，以技术规程推行100%的标准化栽培及病虫害防治技术规程，制定了投入品管理制度、生产档案记录制度、建立产品检测制度、建立产品准出制度、质量追溯体系，形成蔬菜标准化生产基地产品质量安全管理长效机制，开展基地自检、县农产品质量安全检测站复检、省农产品质量安全检测中心送样抽检的三级检测机制，确保农产品质量安全，农产品合格率达到100%。

3. 三产融合，社会化服务 贵德县建有 2 800 米^2 的智能育苗中心，有效地提高育苗的稳定性和种苗质量，同时，积极探索设施农业物联网＋、智慧＋农业模式，农超、农校对接销售模式，建设 3 家电商平台网络销售农产品。全县现有农业生产资料销售企业 23 家，保障农业生产资料的安全、充足供应。

4. 新型经营主体培育，品牌建设 通过园艺作物绿色高质高效创建行动开展以“全环节”绿色高效技术集成、“全过程”社会化服务体系构建、“全链条”产业融合模式开展园艺作物绿色高质高效创建示范。

四、项目实施经验总结

1. 产业转型需要适应政策需求 培育新型农业产业增长点的同时从技术层面解决产业和环境和谐共生的问题，只有生态型的农业生产技术才是青海高原地区适宜的技术，这是广大科研和技术推广人员必须坚持的基本理念。

2. 新技术综合应用是减量增效的关键 农药化肥减量增效需要建立在技术进步的基础上，不能以大幅度减产为代价来换取农药化肥的减量。目前开始应用生物源农药、磷钾素高效利用活性菌等，以支撑当前“双减一增”战略的顺利实施。

3. 多部门联合是技术推广的保障 本项目实施结合了农业科研单位、省级和地方农业技术推广部门、企业和合作社，从技术设计、技术保障和技术实施层面形成了有机结合整体效应。

4. 新型组织方式为技术示范提供了硬件保障 土地适度规模化是农业新技术推广的必要条件之一，本项目的实施主体是企业和合作市，是在适度规模化的流转土地上开展的示范推广，项目技术实施有具体的抓手。

（李江）

第二十八章 宁夏回族自治区绿色高质高效行动典型案例

以绿色高质高效为目标，构建供港蔬菜全产业链条

宁夏地处祖国西北内陆，干旱少雨、光照充足、冬无严寒、夏无酷暑、昼夜温差大，是农业农村部规划确定的黄土高原夏秋蔬菜生产优势区和设施农业优势生产区。近年来，宁夏回族自治区坚持“冬菜北上、夏菜南下”战略，供港蔬菜异军突起，蓬勃发展，短短几年时间，占领了香港高端市场，并销往深圳、广东、上海、北京等市场，宁夏菜“好看、好吃、安全”，成了香港市民的共识，香港渔农署授予宁夏9家基地“信誉农场”荣誉称号，“宁夏菜”成为香港市民的“首选菜”。供港蔬菜的发展，促进了农业生产方式及生产经营主体思想观念的转变，加快了宁夏蔬菜产业现代化进程。

一、基本情况

1. 生产规模 2019年全区供港蔬菜面积20.29万亩，总产量44.64万吨；生产企业61家，建成生产基地88个，供港澳蔬菜备案基地32个，备案面积8.1万亩。

2. 种植品种 以菜心为主，占70%左右，搭配种植芥蓝、江门、雪斗、娃娃菜、西兰花、结球生菜、菠菜、香菜等二十余种蔬菜。

3. 产出效益 2019年宁夏供港蔬菜总产值34.32亿元。以菜心为例：一般每年种植4～5茬，每茬单产500～600千克，亩产2 000～3 000千克，亩产值1.3万～1.6万元，每亩平均成本10 000元，平均每亩纯收益3 000～6 000元。

4. 销售市场 2006—2011年，宁夏回族自治区生产的供港蔬菜大部分进入港澳市场，随着种植面积扩大，逐步销往珠三角及长三角区域。2019年销往香港、澳门市场的蔬菜占生产量的34%，销往珠三角、长三角、北京、西安等地产品占生产量的66%。

二、行动亮点

1. 产品质量上佳 宁夏夏季冷凉，是生产冷凉蔬菜的优势区域，生产的菜心纤维少，口感甜，爽滑细嫩，清甜可口，得到粤港澳市场的高度认可。供港蔬菜从生产到销售进行全程质量控制，农药、化肥等投入品按照绿色食品严格管理，从采收到市场经过产地、海关、市场三级检测，实现了从田头到餐桌的全程质量控制，产品达到绿色食品标准，成了广东和香港市民餐桌上的“明星菜”。

2. 生产效益显著 2019年宁夏供港蔬菜总产值34.32亿元，蔬菜销售总产值23.64亿元，带动制箱场、制冰厂、冷链运输、有机肥等关联产业产值10.68亿元，解决劳动就

业 2 万多人。

3. 品牌效益突出 宁夏供港蔬菜每年 4～10 月份上市，与广东及云贵高原菜心 11 月至来年 4 月种植形成错季周年供应，由于口感好，品质佳，“宁夏菜”成为高品质蔬菜的代表。

三、主要措施

1. 强化政策扶持 宁夏各级政府从土地流转、基地水电路配套等方面提供支持，政府配套田间地下灌溉管道、整修园区道路、配套电力设施，企业进行大规模土地流转，按照机械化生产要求，平整土地，分期播种，分批采收，天天上市。2019 年将供港蔬菜纳入永久性蔬菜生产基地，达到标准的每个补助 50 万元。

2. 推行标准化生产 基地进行规模化生产，每个基地不小于 1 000 亩。实行“六统一”标准，统一品种、统一施肥、统一用药、统一采收标准、统一检测、统一标识；平均每亩施用优质有机肥 600～800 千克；所有供港蔬菜企业都配有农残检测室；建立了物联网质量追溯体系，保障了产品质量安全。

3. 构建全程产业链条 供港蔬菜按照“市场需求、生产季节互补、以销定产”的原则，集产前、产中、产后于一体，生产、运输、销售于一体，形成了“公司＋市场＋基地＋农户”的产供销一体化模式。企业负责生产和销售，投资冷藏库、生产资料、人工工资等；冷链运输由社会力量承担，产品采收后 2 小时内进入保鲜库，打冷 6～8 小时后装入泡沫箱，出库后装入冷藏车 38～50 小时到达目标市场。探索出“规模化种植＋标准化生产＋精细化分级＋优质优价收购＋品牌化销售”的现代化全产业链运营体系。

4. 强化质量控制 建立投入品管理、生产档案、产品检测、基地准出、质量追溯等 5 项全程质量安全追溯管理制度，统一编制生产档案，详细记载农事操作；投入品实行专人负责，建立进出库台账；统一产品质量追溯标识，建立了“生产有记录、信息可查询、流向可跟踪、责任可追究”全程产品质量追溯体系。

5. 推进流通体系建设 自治区农业农村厅、商务厅、市场监督管理厅、银川海关、银川市综合保税区等部门联合，与香港、深圳、广东等海关、质量监管部门等沟通对接，制定了《宁夏蔬菜直供香港市场工作方案》，利用银川综合保税区优惠政策，对供港澳蔬菜检疫、通关进行互认，打通直供港澳渠道。借助粤港澳大湾区建设契机，宁夏农业农村厅与广东省农业农村厅签订了《粤港澳大湾区“菜篮子”建设战略合作协议》，宁夏成为首批与广东省签署大湾区“菜篮子”建设战略合作协议的省（自治区）。

（宁夏回族自治区园艺技术推广站）

第二十九章

新疆维吾尔自治区绿色高质高效行动典型案例

打造富民支柱产业，发展农村绿色经济

一、基本情况

博湖县地域辽阔，气候湿润，土地平坦肥沃，光能资源较丰富，年均无霜期 175 天，年降水量 64.7 毫米，年平均气温 7.9 ℃，≥10 ℃的有效积温为 3 400 ℃，昼夜温差大，有利于农作物及果蔬糖分积累。受博斯腾湖小气候的调解，适宜蔬菜作物生长，具有成熟度好、色泽好、外观综合性状优、病虫害少、产量高、品质优的特点，畅销国内外市场。

近年来，博湖县按照“生态立县、旅游兴县、绿色崛起、同步小康”的发展思路，坚持“把蔬菜产业打造成富民支柱产业”的定位，充分利用区位优势和资源优势，发展绿色蔬菜产业，生产的蔬菜畅销国内外市场。博湖县蔬菜种植面积每年保持在 5 万亩以上，年产鲜食蔬菜、瓜果 60 余万吨，加工用蔬菜 30 余万吨，在增加农民收入方面发挥了重要作用。2019 年蔬菜绿色高质高效示范创建工作的实施，使博湖县蔬菜产业结构提档升级，结构布局日趋合理。博湖县在政策扶持、基地建设、技术服务、质量监管等方面深入推进蔬菜产业发展。

二、行动亮点

博湖县农业农村局依托博湖县富民蔬菜专业合作社和塔温觉肯乡阔村四季绿色蔬菜专业合作社，在本布图镇、塔温觉肯乡创建绿色蔬菜高质高效核心区 2 个，面积 1 000 亩，组建社会化耕种收社会化服务组织 2 个。引导广大群众参与基地建设，示范面积 3 000 亩，大力推进蔬菜标准化生产，积极发展绿色、有机蔬菜。

1. 关键技术普及率提升 建设 2 个绿色防控示范区，绿色防控体系覆盖率达 80%；测土配方施肥技术覆盖率达 90%以上，农膜回收利用率达 85%左右。示范区的建立使社会化服务和订单种植达 80%以上，化肥、农药减量 3%以上，每亩成本指标降低 6%以上，蔬菜优质率比非示范区增加 5%以上。

2. 产业效益水平提升 增加精细高档蔬菜比重，提高蔬菜产品质量、产量和档次。推进农作制度创新，推广多茬高效种植面积模式，扩大亩产值超万元的高效蔬菜种植面积，蔬菜单产提高 500 千克，每亩平均效益提高 800～1 000 元。

3. 质量安全水平提升 依托蔬菜专业合作社和蔬菜加工企业，大力推进标准化生产，

积极发展绿色和有机蔬菜，建立菜园档案和可追溯制度。全县蔬菜质量安全水平保持稳定，农残抽检合格率98%以上。

4. 科技创新水平提升 加强新品种、新技术、新模式的推广和品种结构优化，推广设施栽培、节水灌溉、新型育苗、绿色防控、农药化肥减量增效集成增效技术。

5. 产业化经营水平提升 扶持兴办各类蔬菜专业合作社，指导龙头企业加快规模扩张和产品升级换代。加大“生态品牌”“原产地品牌”和绿色、有机蔬菜品牌创建，提高博湖辣椒等蔬菜的知名度，创新蔬菜现代化营销方式，推进农超对接。

三、主要措施

1. 加大政策扶持力度 发挥县委1号文件杠杆作用，通过以奖代补的方式，围绕农业产业发展、特色农业产业项目等方面给予资金补助。鼓励农民专业合作社等新兴经营主体开展绿色、有机农产品认证和蔬菜产品分级包装，对农业观光园、采摘园进行资金扶持，引导农牧民将绿色有机农产品作为优质旅游资源，发展乡村旅游产业，带动“后备箱”经济。

2. 加大示范推广力度 集成示范推广优质丰产品种、深翻、间作套种、轮作、生物防治、残膜回收等绿色生态环保技术模式，重点推广应用有机肥、高效低毒低残留生物农药，推广防虫网、粘虫板、杀虫灯、性诱剂、防雾滴棚膜、膜下滴灌、高温闷棚等技术，举办各类蔬菜培训10期以上，2 000人次。

3. 强化蔬菜产品质量安全监管 强化蔬菜产品专项整治，以高剧毒和限制使用农药为重点，严查、严打在蔬菜用药中非法使用高毒农药行为。有针对性地制定蔬菜质量抽检计划，对重点产品、重点区域、重点监控单位加大抽检力度和执法力度，确保当地蔬菜产品质量安全。

4. 开展集约化育苗技术示范 加快蔬菜集约化育苗场建设，提高优质种苗供应能力，在塔乡、本布图等地建立集约化育苗繁育中心，解决蔬菜育苗关键技术，提高优质种苗供应能力。

5. 推进全程社会化服务体系建设 以“合作社＋农户”模式，通过统一规划、统一育苗、统一田间管理指导、统一分级包装处理、统一销售，实现从整地、播种、田间管理到收获的一体化标准服务，实现良种、良法、良制配套，提高生产组织化程度。

6. 培育壮大特色农产品品牌 加大对农民专业合作社的扶持，打造具有博湖特色的知名品牌，扶持培育“农湖”“臻绿园”“博光湖”“搏湖”等蔬菜品牌。积极扩大蔬菜外销，形成特色农副产品产供销一条龙，成立蔬菜购销合作社5家，实现近80%的蔬菜通过合作社销售。

（沈凤瑞）